자연사박물관과
생물다양성

Natural History Museum and Biodiversity

by

LEE Byung-Hoon

자연사박물관과 생물다양성

이병훈

사이언스북스
SCIENCE BOOKS

머리말

한 나라에 국립자연사박물관 하나 없다는 것은 참으로 국가와 개인 모두에게 참을 수 없는 부끄러움이자 자존심마저 상하는 일이다. 이것은 곧 나라의 자연을 보존, 연구하고 교육하는 중심 기관이 없다는 말이 되기 때문이다. 도대체 나라의 자연을 이루는 생물과 광물 등의 표본을 한곳에 모아둔 곳이 없어서 청소년을 비롯한 우리 국민과 외국인들이 이 나라의 〈금수강산〉을 한눈에 볼 수 없다는 것이 말이나 되는가? 곧 문화 선진국 대열에 서겠다고 하는 이 마당에 말이다.

이러한 판단은 바야흐로 모든 일이 경제 논리로 해석되는 나라 안의 분위기에서 한낱 감상적인 자연주의라고 치부될지 모른다. 그러나 생물다양성협약이 체결되어 나라마다 생물종(生物種)에 대한 주권이 인정되고 그에 따라 길가의 풀 포기와 벌레들도 미래의 유전 자원으로 보호되고 있다. 이러한 지구촌의 변화에도 불구하고 유독 한국의 생물종들은 그 증거로서의 표본들이 대부분 외국에 나가, 〈국제적 고아〉가 되어 있다는 사실을 우리는 어떻게 설명해야 할까?

그래서 이러한 국가적 맹점과 망각을 깨우치고자 학계가 1990년부터 5년간 국립자연사박물관 건립 운동을 펼친 바 있다. 그러나 정부는 국립자연사박물관의 건립 계획을 발표하고 1996년부터 지극히 영세한 예산으로나마 추진하는 듯하더니 최근 2년간 예산이 전무한 상태에 빠져 있다. 게다가 서류상의 준공 목표는 몇 번이나 연기되어 멀리 2020년으로 잡혀 있다. 이른바 〈금수강산〉 한국에 제대로 된 자연사박물관 하나 없이, 2001년을 〈한국 방문의 해〉로 정하고 2002년에는 월드컵 대회를 치룬다고 한다. 그러나 나라의 중요한 기본도 갖추지 않고 장터만 요란하게 울려대는 이 원시적 행태에 학계와 국민은 문화민족으로서의 자존심을 어떻게 가누고 지켜 나갈 수 있단 말인가?

필자는 이렇게 허탈한 시점에서 무엇인가 남겨야겠다고 생각하였다. 더욱이 올해는 국립자연사박물관 설립 추진 운동이 시작된 지 꼭 10년째가 되는 해이다. 그러나 다시 원점으로 돌아간 셈이니 이제 되돌아보지 않을 수 없다. 아니 지구 환경과 생물다양성의 위기를 맞아 스스로 각성하고 새로운 문제 의식과 비전을 일궈내야 할 것이다. 그리고 이 시점에서 이 작은 기록이 국내 상황을 점검하고 확인하는 증언이 되기 바란다.

이 운동이 시작되던 때만 해도 자연사박물관이 무엇인지 아는 사람은 드물었다. 그러나 그 후 언론의 지원으로 차츰 알려지고 수년 전 정부의 국립자연사박물관 부지 선정 작업에 전국의 44개 지방자치단체가 응모하면서, 이제는 국민 다수가 알게 되었고 그 설립의 필요성에 대해 어느 정도 국민적 공감대가 형성되었다. 이제 남은 것은 정부와 국회가 이러한 국민의 열망을 제대로 읽어 민족적이고도 국가적인 숙제 해결을 위해 얼마나 과감히 투자하느냐 하는 문제이다.

이 책을 내는 이유 중 하나는 이와 같이 자연사박물관에 대한 인식이 전국적으로 확산되긴 하였으나 그에 대한 개론서 하나 없다는 데 있다. 비록 필자의 안목과 지식이 엷기는 하나, 필자가 갖고 있는 이 분야의 자료와 정보를 모아 안내서를 내야겠다는 생각을 했다. 특히 그 필요성과 미래의 가능성, 그리고 세계에서 본 한국의 위치와 자연사박물관이 갖는 생물다양성과의 관계 등은 이 시점에서 꼭 짚고 넘어가야 할 중요 사항이라고 생각했다.

제1부에서는 자연사박물관과 생물다양성에 대한 개론적 서술을 시도하였다. 자연사에는 생물뿐 아니라 지질, 고생물, 광물, 인류 등이 들어가나 모두 다루지 못하고 생물쪽에 치우쳤고, 그중에서도 계통분류학에 편중되어 있음을 스스로 아쉽게 생각한다. 게다가 자연사박물관의 여러 가지 사업 중에 생물다양성 문제를 중점적으로 다뤘는데, 이것은 오늘날의 자연사박물관들이 그 목적과 기능상 생물다양성 보전과 불가분하게 연관되어 있기 때문이다. 또한 자연사박물관들이 종수준과 생태계 수준에서는 어느 나라에서나 생물다양성 보전의 주역이자 최고의 이슈이기 때문이다.

제2부에서는 그간의 국립자연사박물관 추진 과정과 오늘의 현황을 다뤘는데, 그것은 한국의 자연사박물관 운동이 10년에 이른 지금의, 건립 준비 작업 중단이라는 위태로운 갈림길에서 필자가 남기고 싶은 기록들이다.

부록에서는 한국의 자연 연구가 어디까지 와 있고 앞으로 해야 할 과제는 무엇인가를 살펴보았는데, 필자 등이 쓴 연구 보고의 요약과 기타 참고 자료를 실었다.

자연사박물관에 대한 인식이 이만큼의 〈성숙〉 단계에 이른 데에는 많은 사람들의 성원이 있었다. 이 운동에 직접 동참했던 임원들(부록 2 참조)에 대해서는 당시에 상임위원장을 맡았던 필자로서 뜨거운 감사를 드리지 않을 수 없다. 이 추진 위원회의 회원인 26개 학회와 단체가 당시 이 운동에 참여하여 베풀어 준 성원과 협조에도 역시 진심으로 고마움을 전한다. 이 밖에도 국내 주요 박물관계와 자연사 분야 인사들 가운데 많은 분들이 외곽에서 뜨겁게 응원해 주셨다. 특히 자연사 분야가 아니면서 이 운동을 적극 응원해 준 분들이 있다. 그 가운데 특히 전상운 전 성신여대 총장과 안휘준 서울대 교수, 그리고 한병삼 전 국립박물관 관장과 송상용 한림대 교수에게 거듭 깊은 감사를 드린다. 한편 본 추진 위원회 회장을 맡아 3년을 넘게 수고해 주신 조완규 당시 서울대 총장께도 깊이 감사드린다. 그분의 소신과 리더십이 아니었다면 이 운동은 결코 그만한 결집력으로 수년을 버티지 못했을 것이며, 그 후에 정부의 최종 결정을 이끌어 내지도 못했을 것이다.

이와 함께 이러한 활동을 성원해 준 많은 언론인을 기억하지 않을 수 없다. 그 가운데 이용수 박사(한림대 객원 교수, 당시 동아일보 과학부장), 이광영 교수(전북대 초빙 교수, 당시 한국일보 과학부장), 그리고 조홍섭 한겨레 환경팀장 등은 당시의 이 운동을 지원함은 물론, 국민 대다수에게 생소했던 자연사박물관을 알리는 데 결정적인 역할을 하였다. 이 모든 분들은 국립자연사박물관 설립 여부에 상관없이 앞으로 언젠가는 이뤄질 한국의 자연사박물관 문화 정착에 공헌한 분으로 남아야 할 것이다.

끝으로 이 책을 내는 데 도움을 주신 모든 분들과, 특히 사이언스북스 편집부에 깊은 감사를 전한다.

2000년 11월
이병훈

이 책에 대하여
—— 자연사박물관은 무엇이며 왜 필요한가?

〈자연〉하면 우리는 푸른 산과 들, 그리고 그 위에 흐르는 냇물과 햇빛 아래 거니는 사슴들을 연상한다. 그리고 어느 여름날 소나기라도 내린 후 무지개가 뜨면 그 아름다움에 가슴 두근거려한다. 마치 워즈워스의 시에서처럼.

인간이 이렇게 자연에 감탄하고 그리워하는 것은 필경 인간의 뿌리가 그 곳에 있기 때문일 것이다.

약 35억 년 전에 최초의 생명체가 지구 위에 생긴 이후, 이 생물은 면면히 계속된 지구 변화 속에서 자연 선택을 통해 끊임없이 갈라지고 변하여 오늘날엔 천만 종 이상의 생물들이 살고 있다. 인간이 아무리 만물의 영장이라 해도 그중의 한 종일 뿐이다. 그러나 이렇게 다양한 생물들의 진화 과정에서 오늘날의 인간에서 보는 고도의 지능과 감성, 나아가 사회성을 창출해 낸 것도 바로 자연이었다. 인간이 물리적으로 자연 없이 살 수 없는 것은 물론, 정서적으로도 자연 속에서 가장 쾌적함을 느끼는 것은 이러한 자연 속의 진화를 통해 우리의 감정 중추가 자연에 적응하도록 빚어졌고, 이것이 또 자연 속의 다른 생명체에 대한 애착으로 우리의 정서 속에 자리잡았기 때문일 것이다. 인간이 야생의 다른 생물들을 거의 본능적으로 좋아하고 사랑하는 것은 바로 이러한 진화의 결과 때문이며, 이렇게 만들어진 인간의 심성을 하버드 대학의 윌슨 교수는 〈생명 애착 Biophilia〉이라 불렀다(Wilson, 1984).

그러나 오늘날 지구상에서 생물 진화의 요람이었던 숲은 원래의 절반으로 줄어들었다. 지구 생물종의 2분의 1이 지구 육지 면적의 6%에 불과한 열대림에 살고 있지만, 이 열대림이 매년 76,000㎢씩 줄고 있는 것이다(Wilson, 1988). 이로 인해 생물은 매일 50-100종씩 사라지고 있다. 이것은 공룡이 사라진 6,500만 년 전의 중생대 말기, 즉 많은 생물들이 원인 불명으로 사라진 이후 가장 빠른 속도로 일어나고 있는 생물의 대멸종 사건이다. 그러나 지구의 역사상 멸종이 크게 일어났던 일은 약 5차례 있었으나, 지금처럼 인간이라는 단일한 생물종에 의해 급속히 절멸이 일어난 일은 일찍이 없었다.

그러나 이러한 생물 멸종은 결코 하나의 이변이 아니다. 농경 시대가 시작된 약 1만 년 전에 지구상 인구는 불과 수백만이었으나, 서기 기원 당시엔 1억 5천만으로 늘었고, 서기 1800년경에는 10억으로, 그리고 1930년경에는 20억으로 늘었다. 그리고 그 후 불과 70년 후인 오늘날엔 거의 그 3배인 60억을 넘어섰다(Raven, 1998). 이와 같은 급속한 인구 증가는 필연적으로 생활용품의 생산, 공장 건설, 농경지 확장, 인구의 도시 집중을 초래하고, 이 과정에서 자연의 보존보다는 활용과 파괴와 오염을 불러일으켰다. 이로 인해, 야생 생물들의 서식처이면서 지구의 허파요, 노폐물 처리장인 숲과 녹지가 현저히 줄어들게 되었다. 결과적으로 〈온실 가스〉인 대기중의 이산화탄소는 원래보다 15%가 늘고, 성층권의 오존은 6-8%가 줄어들었다. 마침내 이러한 대기의 변화는 지구 기온의 상승을 부채질하여 앞으로 50년 후에는 해수면이 평균 24cm 높아지며, 아울러 자외선의 위험을 증대시켜 인간에 여러 가지 재앙을 가져올 절박한 상황을 야기하고 있다.

이와 같이 인간을 떠받치는 부양체로서의 지구 생태계를 훼손시킨 근본적인 이유로는 여러 가지를 들 수 있다. 만물의 영장이요 최고의 지능을 자랑하는 인간이 결과적으로 자기 몰락의 함정을 스스로 판 것은 얼핏 풀리지 않는 수수께끼이기도 하다. 여기에서 우리는 인간의 진화를 유도한 자연은 물론, 지금도 우리를 입혀 주고 먹여 주고 치료약을 대주는 대자연에 대해 과연 얼마나 알고 있는가? 그리고 자연을 이처럼 무참히 짓밟아 스스로 무덤을 판 인간의 본성에 대해서는 또 얼마나 알고 있는지 묻지 않을 수 없다. 인류 역사에 오늘과 같이 눈부신 문명을 만들어 준 것은 분명 인간의 호기심에서 나온 발견과 발명들이었다. 더욱이 도덕성까지 발전시킨 유일한 생물로서의 인간은 여러 가지 종교적 교훈 속에서 박애와 평화를 외치고 또 실천하고 있다. 그러나 이와 반대로, 구태여 나치의 6백만 유태인 학살과 크메르 루즈의 2백만 살육을 들지 않더라도, 오늘날 중동과 아프리카, 그리고 유고에서 일어나는 부족 또는 종교간 살육의 현장을 보면서, 인간은 과연 박애와 잔학성을 함께 가진 두 얼굴의 괴물이 아닌가 의심하지 않을 수 없다.

이제 하나밖에 없는 지구에 60억 인구, 아니 20년 후엔 80억으로 늘어날 인류의 생존을 보장할 길은 없을까? 그러나 자연을 이토록 파괴하고 생물종을 없애는 한, 지구 생태계가 인간의 생존을 계속 지탱할 수는 없다. 이제 인간은 자연 생태계의 생활 원리는 과연 무엇이며 인간의 본성과 행태는 과연 어떤 것인가를 물어야 한다. 이 두 가지를 알지 않고서는 지구와 인간을 구제할 방법은 나오지 못할 것이다. 불행히도 자연 생태계의 구성과 구조, 그리고 기능에 대해 우리가 이미 알고 있는 것은 극히 일부이다. 예를 들어, 생물계의 구성원으로서의 종에 대해 밝혀진 것은 실제 존재하는 종의 10분의 1에 불과하다. 게다가 각 종의 성질과 주위와의 관계까지 아는 것을 목표로 한다면, 우리가 현재 알고 있는 것은 극히 빙산의 일각에 불과하다. 더욱이 우리

인간의 본성에 대해서는 더욱 그렇다. 이제 인간의 유전자 보따리인 게놈 연구가 한창이고 뇌의 연구에도 박차를 가하고 있으나, 유전자들의 기능과 상호 관계, 그리고 뇌에서 어떤 작동이 일정한 행동 패턴이나 가치 판단 및 그에 따른 태도 변화로 유도되는지, 그리고 그 과정에 대한 메커니즘을 알기까지는 실로 요원하다.

지구상 생물종은 앞으로 50년 내에 그 4분의 1이 사라질 것으로 추정되고 있다. 이러한 지구 환경의 급속한 변화 속에서 인간의 미래가 연속되기 위해서는, 환경으로서의 자연을 파악하여 보존하고 지구의 지배자로서의 인간을 이해해야 하며 자연과 인간의 관계를 알아내야 한다는 결론에 이른다. 우리에게 자연에 관한 연구와 교육이 절실히 요청되는 이유가 여기에 있다.

그러나 자연과 인간에 관해 연구, 전시하며 교육하는 시민 대학으로서의 자연사박물관에 관한 한 우리나라는 황무지요 망각 지대라 하지 않을 수 없다. 우리는 누구나 금수강산을 사랑하고 자랑한다. 산하가 수려하고 경관이 아름다워 외국 관광객도 많이 찾아 들고, 따라서 우리는 나라의 자연을 잘 관리, 보존하여 후대에게 물려주어야 한다고 한다. 사실상 지형지세가 복잡하여 한반도는 가히 자연의 작품이라 할 만하다. 빼어난 산과 아름다운 산림들을 비롯하여 그 사이사이에 발달한 하천과 습지, 호수가 국토를 수놓아 다른 밋밋한 대륙 국가들에 비해 아기자기하기 그지없다. 게다가 해안선의 길이는 17,000㎞에 이르고 서해안의 조간대는 세계 5대 갯벌에 들어갈 만큼 잘 발달해 있어 한반도는 가히 여러 가지 생태계를 고루 갖추고 있다. 한반도에 살고 있는 생물만 해도 온대지방 국가로서는 매우 높은 다양도를 보여주고 있다. 예를 들면 꽃식물이 약 3,000종이 보고되어 있는데 이 숫자는 영국의 1,400종에 비하면 두 배가 넘는다. 곤충인 개미를 들어도 영국에는 불과 40여 종이지만 한반도에는 알려진 것만 120여 종이니 3배가 넘는다. 고유종(固有種)의 경우도 영국에 사는 꽃식물 1,400여 종 가운데 영국 고유종은 불과 43종으로 3.1%이지만, 한반도의 꽃식물 약 3,000종 가운데 고유종은 640여 종으로(Lee, 1994) 20%에 육박하여 영국의 5배이다.

결국 생태계의 종류로 보나 생물종 수로 보아서는 한국이 열대 국가들에 비해 적지만 영국, 독일, 프랑스와 같은 북반구의 온대 국가들에 비하면 훨씬 많아 생물다양성 부국이라 할 만하다.

그럼에도 불구하고 우리의 자연을 집중적으로 연구하고 교육하는 기관이 없는 것은 왜일까? 또 한반도에만 서식하는 생물들을 표본으로나마 모아 놓은 곳이 없는 것은 왜일까? 세계를 통틀어 그 나라의 생물과 광물 등 자연사 표본을 수집하고 연구하는 자연 연구와 교육의 중심은 국립자연사박물관을 비롯한 공·사립 자연사박물관들이다. 그리고 이러한 자연사박물관이 전 세계에 약 5,000개가 운영되고 있다(Howie, 1993; Mares, 1993). 미국엔 1,200여 개, 독일에 600여 개, 영국에 300여 개, 프랑스에 230여 개, 캐나다와 러시아에 각각 200여 개, 일본에 150여 개가 있다. 국민소득이 비교적 낮은 아르헨티나와 폴란드에도 각각 100여 개가 되며 동남아의 말레이시아, 태국, 방글라데시에도 10여 개씩 있다. 이 자료에 의하면 북한에는 1개가 있으나, 남한엔 단 한 개도 없는 0으로 표기되어 있다. 우리가 그처럼 자랑하는 금수강산을 연구하는, 그래서 나라 자연의 특성과 패턴을 알아내고 한반도 고유의 가치를 창출하는 연구 중심 기관이 없다는 것은 실로 한심스런 일이며 국민과 후손에 대한 크나큰 수치가 아닐 수 없다. 더욱이 올림픽을 치르고 세계 무역량 12위에 이르러 드디어 OECD에 가입한 〈선진국〉 입장에서랴! 그러나 한국은 OECD 29개 회원국 중에서도 자연사박물관이 없는 유일한 국가이며 전 세계의 국가들 가운데는 138번째의 자연사박물관 최빈국(最貧國)이다.

이러한 이유로 한국에는 동·식물 조사와 환경 모니터링에 필수적인 참조 표본 시설이 없었다. 따라서 지금까지도 생태계 조사와 연구는

단지 피상적으로 이뤄져 왔다. 한국산으로 보고된 생물은 약 29,800종
이고(대한민국, 1997) 그 가운데 약 180종이 절멸위기종으로 알려져 있
다. 하지만 이것은 극히 일부 조사된 생물에서 나온 숫자일 뿐이며 실
제로 야생에 얼마나 있으며 얼마가 멸종 위기에 있는지 모른다. 체계
적인 정보와 자료의 축적이 없고 이에 대한 전문적 연구와 분석이 없
기 때문이다. 이러는 가운데 호랑이, 여우, 뜸부기 등은 멸종되었고 개
구리 등 양서류의 절반이 사라졌다. 반달가슴곰, 파초일엽, 금강초롱
등이 절멸 위기에 있는가 하면 미선나무 등도 마찬가지다. 민물고기
200여 종 가운데 50여 종이 한국 고유종이지만 20여 종이 사라졌거나
멸종 위기에 있다. 놀라운 것은 한국 고래의 식용 작물 약 2만 품종
가운데 74%가 1985년 이후 불과 10년 사이에 사라졌다는 사실이다
(환경부, 1997). 결국 한국의 자연 생태계는 언제 허물어질지 모르는,
매듭이 듬성듬성한 거미줄이 되어가고 있다고 보아야 할 것이다.

한국에 자연 연구의 중심 기관이 없다는 데서 오는 피해는 이에 그
치지 않는다. 구 대한제국의 19세기 중엽부터 외국의 수집가, 의사, 군
인, 생물학자들은 한국을 다녀가며 막대한 생물 표본을 가져갔다. 그
때문에 한국산 생물종 약 29,000종을 한 곳에서 볼 수 있는 장소가 없
다. 대부분 외국에 가야 볼 수 있다. 더욱이 동물 약 17,000종 가운데
한국 고유종은 약 3,000종(17.2%)으로 추산되지만(Lee, 1994a) 이들의
기준 표본이 국내에 있는 경우는 겨우 420여 종뿐이고(Lee et al., 1997)
나머지의 기준 표본들을 보려면 역시 런던, 파리, 워싱턴, 뉴욕, 그리
고 일본에 가야 한다. 주목할 만한 일은 해방 후 북한의 생물 역시 동
유럽의 여러 나라가 1950년 후반부터 최근까지 20여 차례 북한에 원
정 조사팀을 보내 막대한 수의 표본을 가져간 사실이다. 이렇게 해외
로 반출된 생물의 표본은 동구권과 일본에 곤충만도 약 250만 점이
넘을 것으로 추산되고 있다(Kwon and Lee, 1997).

이처럼 우리의 생물종들은 국내에 보존됨이 없이 전 세계에 모두

흩어져 〈국제 고아〉가 되어 있다. 그 원인은 한마디로 권위 있는 자연사박물관이 없기 때문이다. 더욱이 유엔은 1992년에 환경개발회의를 열어 세계의 150여 국가 정상들이 모인 자리에서 기후변화협약과 생물다양성협약을 체결하였다. 그래서 나라의 자연 관리와 생물종 보존은 국민의 복지와 경제를 위한 것뿐만 아니라, 생물다양성협약이라는 국제적 약속 이행 차원에서 발전시켜 나가지 않으면 안 될 국가적 과제가 되었다. 이 협약의 전문(前文)에는 모든 생물의 주권이 그 생물이 살고 있는 나라에 있음을 명시함으로써, 특히 그 경제적 귀속을 분명히 하고 있거니와 제7조는 나라 생태계에 대한 명세 조사 inventory와 감시 monitoring를 수행하도록 요구하고 있다. 그러나 이러한 협약 이행은 표본, 인력, 시설, 정보 따위의 하부 구조가 없이는 불가능한 것이다. 다시 말해 이에 관해 집중적으로 다루는 국가 연구 기관이 없다는 점이 한국의 자연 보존에서의 위기 상황을 단적으로 웅변하고 있다. 좀더 구체적으로 말하면 참조 표본과 그에 관한 시설과 인력 없이는 생물의 분포, 전파, 쇠퇴 경위, 멸종 등의 변동 사항을 알아낼 수가 없는 것이다. 다시 말해 자연사박물관의 설립과 발전 없이는 나라의 자연 보전은 물론, 이에 관한 국제 협약 이행도 불가능하게 되어 있다는 말이다.

사실상 이러한 절체절명의 필요와 문제를 해결하고자 1991년 2월에 국내 26개 학회와 단체는 〈국립자연사박물관 설립 추진위원회〉를 발족시켜 국내와 국제 심포지엄, 세미나, 야외 전시회 개최와 건의문 채택 등으로 정부에 그 설립을 요청하였다. 언론의 지원하에 그러기를 4년 후인 1995년 5월에 정부는 드디어 국립자연사박물관의 설립을 발표하였다. 그러나 그 후 최근까지 3년간 그 진행은 예산과 조직 편성 운영 면에서 지극히 영세하였고 진행은 지지부진하였다. 그나마 1998년 말경에 이뤄진 1999년도 예산 편성에서는 완전히 누락되었다. 이러한 상황은 2000년에도 이어져 현재 예산 전무로 총 중단 상태에 있다. 물론 계획상으로는 2020년이 완공 목표이다. 그러나 이것은 몇 번이나 연기된 것이며 얼마나 더 물려질지 모른다. 국민의 역사와 긍지, 정체성, 유전자원 보전 등 국민의 자존과 교육, 그리고 경제적 활용 면에서 이토록 시급한 과제가 이처럼 등한시되고 있다는 사실이야말로 국가의 발전과 자주성을 저해하는 원시문화적 행태가 아니고 무엇이겠는가? 여기에서 필자는 이제 우리가 해야 할 일은 국민 대중에 대한 홍보를 계속하고 그에 따른 건전한 여론 형성과 그를 수용하는 정책 수립이라는 민주주의의 절차를 더욱 강화해 나가는 것이라고 생각한다. 즉 비용 효과 면에서 단기적 이익만을 추구하는 근시안적 정책 수립 또는 유권자들의 표를 얻거나 민원성 요구를 무마하는 차원의 아부적 행정, 그리고 일부 영향력 있는 인사의 로비에 의해 예산을 배정하는 것 같은 구시대적 작태에서 벗어나기를 간절히 바라는 것이다. 필경 앞으로의 녹색 세대는 나라 자연 유산 보존의 원동력이 될 것이며 더욱 이뤄질 민주화의 정치 발전은 정당한 공론이 정책 반영으로 보상되는 공명 정치의 길을 열어줄 것이다. 아무쪼록 국립자연사박물관과 자연사박물관 문화의 확립은 나라의 기본이라는 인식이 확산되어 우리의 문화적 자존의 바탕이 하루 속히 확립되기를 간절히 바란다.

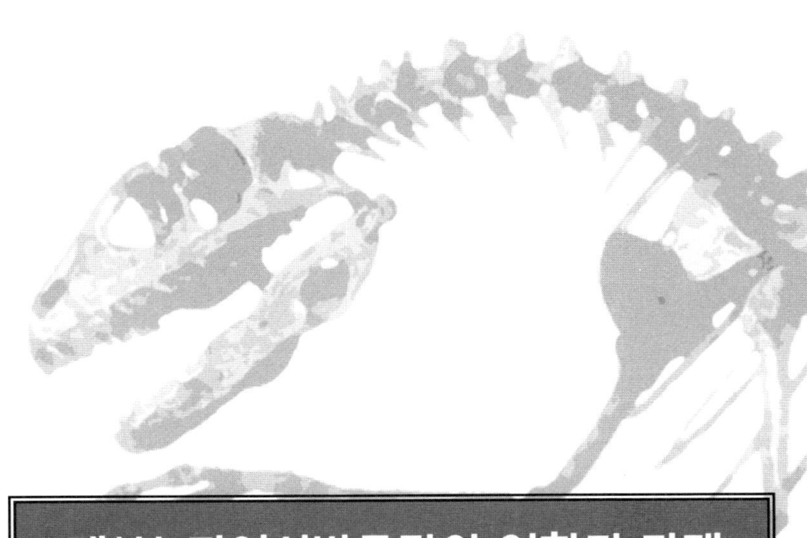

제1부 자연사박물관의 역할과 과제

제1장

21세기 자연사박물관이 나아갈 방향

우리에게 〈박물관〉은 아직도 생소하다. 게다가 자연사박물관은 더욱 그렇다. 그러나 지구 환경이 급변하고 갖가지 광물, 동·식물, 생태계 등 자연 유산들이 훼손되고 사라짐에 따라 이들을 모아두고 후세에 남길 필요성은 점점 더 커지고 있다. 더욱이 생물다양성협약이 체결됨에 따라 나라마다 생물 자원에 대한 주권이 인정됨으로써(UNEP, 1994), 죽어 있는 생물도 표본으로 남기면 후대가 DNA 유전자원으로 이용할 귀중한 경제 자산이 되므로 이들을 보존하고 연구하는 자연사박물관의 역할은 점점 더 증대되고 있다. 이러한 사회적 수요를 대변이라도 하듯 선진국의 박물관들은 나날이 증가하고 있다. 미국에는 매주 한 개씩 그리고 영국에는 보름마다 한 개씩 늘고 있다. 그럼에도 〈우리에게 아직도 생소한 그 무엇인〉 박물관은 구미의 〈생활화된 박물관〉과는 너무나 먼 것 같다.

전 세계에는 약 5,000개의 자연사박물관이 있다(Mares, 1993). 그리고 그 수는 앞으로 매우 빠른 속도로 늘어날 것으로 보인다. 또한 전 세계적으로 자연사 표본은 약 25억 점이 보존되어 있는 것으로 나타났

표 1-1 세계 주요 국가의 자연사박물관 수

국가명	자연사박물관	국가명	자연사박물관
북아메리카		유럽	
미국	1,176	독일	605
캐나다	206	영국	297
멕시코	10	프랑스	233
		러시아	205
남아메리카		네덜란드	123
아르헨티나	100	폴란드	100
브라질	86	스위스	79
		루마니아	59
아시아		헝가리	29
일본	150	핀란드	24
중국	23		
이스라엘	19	아프리카	
인도	16	남아프리카	54
태국	12	공화국	
말레이시아	11	우간다	9
방글라데시	10	이집트	9
북한	1	르완다	3
남한	0		

(Mares, 1993)

는데(Howie, 1993), 그 숫자는 앞으로 기하급수적으로 증가하여 2050년에는 그 5배인 약 130억 점이 될 것으로 예측되고 있다. 이러한 증가는 급속도로 파괴, 훼손되고 있는 자연 환경에 따라 인류에게 주어진 자연 유산이 나날이 손상되고 있기 때문만은 아니다. 여기에는 박물관 자체가 갖는 역할과 사명, 그리고 21세기를 향한 새로운 임무가 박물관의 증가를 근본적으로 촉진하고 있기 때문이다.

이제 우리는 21세기의 새로운 문턱에 들어섰다. 지난날을 뒤로하고 새로운 천년을 맞이한 것이다. 그러나 인류는 환경 파괴, 인구 폭발, 기술과 정보의 혁명, 지구촌의 상호 의존적 정치 환경에 의해, 그리고 물질적 부의 분포 변화, 교육 수준의 상승, 문화적 다양성의 쇠퇴, 생물학적 다양성의 급속한 상실, 가치관의 변동 등 여러 가지 급격한 변화의 도전들에 직면하고 있다.

이러한 시대적 상황에서 박물관이 해야 할 역할은 과연 무엇일까? 앞에 말한 종래의 전통적 기능으로 만족할 것인가? 여기에서 우리는 도대체 현대를 변화시키고 있는 힘의 요소들은 과연 무엇인지, 그리고 박물관에 미치는 영향으로는 어떤 것이 있는지 살펴볼 필요가 있다.

미국박물관협회 American Association of Museums(AAM)는 미래의 박물관이 나아갈 바를 〈새로운 세기를 위한 박물관 Museums for a New Century〉으로 보고하면서 앞으로 시대를 바꿔 나가는 힘의 요소로서 다음 네 가지를 꼽았다(AAM, 1984).

그 첫째가 다양한 목소리이다. 종래의 계층적 구조가 무너지고 모든 결정 과정에는 의견이 광범하게 수렴된다. 즉 각계 각층의 참여가 유도되고 아래로부터의 수용이 이뤄진다. 이와 같은 의견의 교류와 수렴은 전자 매체, 즉 인터넷의 발달로 더욱 빨라지고 광범하게 이뤄짐으로써 민주주의적 방식을 촉진한다. 이에 따라 개인과 기관은 사회를 위해 그들의 역할이 과연 어떻게 바뀌어야 하는가를 묻게 된다. 따라서 박물관도 내부적으로 관리와 운영 체계가 어떻게 달라져야 하고 대외적으로는 어떤 변화를 꾀해야 하는지가 모색되어야 할 것이다.

둘째가 문화적 다양성이다. 세계가 통신과 교통의 혁명을 치르면서 더욱 밀착된 지구촌 시대를 열어가고 있다. 다양한 민족이 함께 사는 다원적 문화 시대를 펼치고 있는 것이다. 따라서 다른 종족과 문화에 대한 인식과 존중이 확산되어야 하며 그러기 위해서는 새로운 생활 스타일과 상이한 가치 체계에 대한 이해가 뒤따라야 한다. 이러한 목표 달성을 위해 박물관이 수행해야 할 역할은 막중하다. 즉 표본 수집과 연구, 전시, 그리고 교육 등 모든 박물관 활동에는 문화적 다양성에 대한 고려가 반영되어야 하고 그럼으로써 서로 다른 문화와 인종 간의 존중과 조화를 도모할 수 있어야 한다.

셋째가 교육의 변화이다. 자녀의 수가 감소하고 평균 수명이 연장되며 노령 인구가 팽창함에 따라 유치원 교육과 성인 교육이 크게 확대되었다. 더욱이 성인 교육은 어떤 실용적 목적뿐 아니라 빠르게 변화하는 기술적, 제도적 환경에 적응하기 위해 적절한 수단을 찾는 삶의 방식이 되어버린 것이다. 이것은 학교가 사회가 요구하는 전문성에 적절한 인력을 양성하는 〈주문 생산〉에 응하기에도 바쁜 처지가 되었기 때문이다. 따라서 박물관은 학교들의 이러한 주문 생산에 덧붙여 성인 교육과 전인(全人) 교육, 그리고 교양 교육과 평생 교육을 실현하는 차원에서 수행해야 할 사명과 역할이 더욱 커지고 있다.

마지막으로 정보 시대로의 돌입이다. 앞으로는 정보와 지식이 가장 중요한 상품이 될 것이다. 과학 기술이 사회 발전의 원동력이 되고 그 과정에서 정보처리 도구로서 컴퓨터가 위력을 발휘한다. 각종 정보와 다양한 선택 가운데 컴퓨터는 인간과 인간 사이의 상호 작용을 촉진하는가 하면 이에 관한 고도 기술을 두고 특히 보건 분야에서 과연 그 사용이 합당한가 아닌가에 대한 윤리 문제를 야기하게 될 것이다. 아울러 이와 같이 조성될 정보의 홍수 가운데서 박물관은 적절한 정보와 지식을 선별하여 전시와 교육으로 대중에게 제공하는 정보의 여과기와 파수꾼으로서의 역할을 다해야 하는 또 하나의 막중한 사명을 떠 안게 되었다(NHM, 2000).

이러한 논의가 있은 지 12년 후에 미국의 스미스소니언 연구소는 역시 위의 미국박물관협회와 연합으로 국제 심포지엄 〈새 천년을 바라보는 박물관 Museums for the New Millennium〉을 개최하였다(Smithsonian Institution, 1996). 이 모임은 스미스소니언 연구소 창립 150주년

기념 행사로서, 그로부터 30년 후인 서기 2025년에 세계는 과연 어떻게 달라질 것인가, 그리고 박물관은 그에 따라 어떻게 변해야 하는가를 다루고 있다. 앞의 미국박물관협회가 이미 예측한 바와 다소 중복되긴 하나 예상 시점을 30년 후로 잡은 점이 다르며 좀더 실제적이고 현실적이라는 점에서 간추려 볼 필요가 있다.

이 보고서에서 우선 세계적 변화를 몰고 가는 힘을 6가지로 집약하고 있는데(Jarratt, 1997), 이를 기초로 앞으로 일어날 변화와 박물관 사회에 미칠 영향을 정리해 본다.

• 먼저 현재의 세계는 세 개의 세계로 나뉘어지며, 이 각각은 박물관에 대해 서로 다른 필요와 기대를 떠안게 된다.

이 세 가지 세계 가운데 하나, 즉 제1세계는 오늘날 지식과 고도의 기술, 그리고 서비스를 압도적으로 제공하고 있는 〈풍요 국가〉들로 이뤄진다. 바로 미국과 유럽, 일본 등을 들 수 있다. 이들은 서기 2025년에는 세계 인구 85억 가운데 약 14억(약 16%)을 차지하게 된다.

제2세계는 인구 증가, 경제 발전, 각종 개발이 한창 진행되고 있는 나라들로 이뤄지며, 총 인구가 현재 약 34억이지만 2025년에는 약 47억이 되어(총인구 85억의 55%) 지구상 인구의 절반을 넘게 된다. 중국, 터키, 태국 등이 이 범주에 들어간다.

제3세계는 현재 약 10억 인구를 갖지만 2025년에는 24억이 된다(총인구 85억의 약 28%). 그러나 이 나라들에서는 급격한 인구 증가가 개발의 성과를 잠식해 버리는 경향을 빚으며 나이지리아, 르완다, 방글라데시를 들 수 있고 브라질도 이 테두리에 들어갈 가능성이 농후하다.

이러한 세 가지 세계의 출현이 박물관계에는 어떠한 영향을 미칠 것인가? 제1세계에서는 현재에도 박물관이 계속 증가하고 있는 것으로 보아 2025년경에는 일반 시장과 함께 박물관도 포화 상태에 도달할 가능성이 크다. 반면에 제2세계에서는 박물관이 급증한다. 바로 박물관이 제공하는 서비스와 지식에 대한 수요가 엄청나기 때문이다. 이 나라들은 자신들의 문화적 정체성을 찾고 그로부터 자존과 긍지를 얻어내려 한다. 따라서 박물관 교육의 중요성과 역할이 크게 증폭되고, 이에 따라 박물관 교육의 기회가 대폭 확장되는 결과를 가져온다. 뿐만 아니라 이 나라들에서 급속히 늘어날 여가 선용과 관광에 대한 욕구 역시 박물관의 시장성을 크게 증대시킨다. 아울러 경제 성장이 다른 두 세계보다 훨씬 높게 유지될 이 나라들에서는 각종 사회 기반 시설을 확충하고 환경 문제를 해결하는 일이 크나큰 국가적 이슈가 되며, 이에 따라 박물관 역시 사회 기반 시설이고 환경 문제 해결의 주역이 될 수 있다는 점에서 그 수가 크게 늘어날 가능성이 짙다.

• 세계의 3분화 현상 다음, 두번째로 꼽을 수 있는 것은 대도시화(大都市化)이다. 현재 세계적으로 이미 50%의 인구가 도시에 살고 있다. 그러나 2050년에는 75%가 도시권에 살 것으로 추정되며 해안의 도시에 집중될 것으로 보인다. 이러한 도시화 경향에 따라 등장하는 것이 주민들 마음속에 발동하는 도시적 심성(都市的 心性)이다. 바로 쾌적함과 아름다움을 찾아 자연을 보기 원하고 자연이 손상됨이 없이 그대로 있기를 바라는 것이다. 바로 관광이 오늘날 점점 더 성행하는 것은 이러한 심성 발달의 단적 표현이라 할 수 있다. 현재 이러한 관광은 세계적으로 매년 4%씩 증가하고 있다.

• 다음으로 세계는 중산층적 가치관으로 주도될 것이다. 중산층은 그들의 안전 보장을 바라고 그런 점에서 맑은 공기와 물, 그리고 쾌적한 환경과 범죄로부터의 자유를 외치며 개인적 권리와 사생활의 보장을 요구한다. 여기에 빼놓을 수 없는 것이 교육의 혜택

이다. 모든 사람이 살아가면서 시시각각으로 내려야 할 결정에 참고가 될 정보를 원하는 것이다. 박물관은 중산층이 요구하는 이러한 안전과 정보에 대한 욕구를 충족시킬 자원이 되므로 그에 대한 수요는 크게 증가할 것이 확실하다.

- 다음으로는 우리의 통신 수단으로서 영상 세계가 창출되고 있다는 점이다. 영상을 통한 의사 소통은 말보다 쉽고 강력하며 직접적이다. 비디오게임, 멀티미디어, 텔레비전, 인터넷, 가상 현실 등이 시간과 공간을 초월한 매체로 등장하고 있다. 그러나 이러한 영상 매체의 발달은 어떤 것이 진짜이고 어떤 것이 가짜인지 진위(眞僞)를 구분할 수 없는 혼동에 빠지게 한다. 따라서 이런 데서 오는 의문은 자연히 실물과 진품(眞品)을 보여주는 박물관의 역할과 가치를 드높이고 박물관 교육의 필요성을 더욱 증대시킬 것이다.

- 그러나 영상 매체는 오락성이 크고 어른 아이 모두가 쉽게 접근할 수 있어, 이미 오늘날 우리가 보는 바와 같이 〈울타리 없는 학교 schools without walls〉를 만들어 내고 있다. 특히 초등과 중등 교육에 컴퓨터에 의존한 〈홈스쿨링 교육 home-schooling programme〉이 널리 파급되고 있으며 이는 곧 가상학교 virtual school의 출현을 의미한다. 이러한 상황에서 자녀 교육상 보완책으로서 박물관 의존도는 엄청나게 늘어날 것이다. 더욱이 평생 교육이 생활화되는 추세에서 박물관은 평생 교육의 현장으로서 그 효용을 더욱 높일 것이다.

- 앞으로의 시대는 지식 기반 사회이다. 정보와 지식을 창출하고 이를 풀이하여 알기 쉽게 전시(展示)나 인터넷으로 제공하는 박물관이야말로 그 역할이 커지지 않을 수 없다. 게다가 공식 노동 시간이 단축됨에 따라 여가가 늘어나고 그에 맞물려 오락과 휴식으로 활용할 장소로서 박물관을 찾아가는 기회는 더욱 늘어날 것이다.

이상 두 기관에서 우리 사회의 미래를 예측하고 박물관 사회에 미칠 영향과 박물관이 새롭게 발휘해야 할 역할에 대해 토의된 바를 살펴보았다. 그러나 앞으로 나타날 어떤 경향도 박물관의 가치와 사회적 임무가 증대될 것을 예기치 않는 것이 없다. 더욱이 앞에 말한 세계의 3분화 추세를 놓고 볼 때 한국은 필연적으로 제2세계의 범주에 들어 중국과 함께 21세기 초부터 박물관의 수가 급속히 증가하는 문화 시설 급팽창의 길을 갈 것이 확실하며 우리는 이에 따른 대비를 착실히 해 나가는 지혜와 용단을 발휘해야 할 것이다.

이러한 사회 변화의 경향은 모두 박물관의 운영과 조직, 그리고 기능에도 궤도 수정을 요구하고 있으며 특히 사회적 봉사 기능을 강화하는 방향으로 일대 변혁을 불러오고 있다. 다시 말해 표본의 보존만 하더라도 단순한 수집과 연구가 아니라 수집된 표본에서 의미를 추출하여 사회적 요구에 대응해 나아가는 수집이 되어야 한다는 것이다. 즉 오늘날의 박물관에는 사회의 구성원들이 사회에 적응하고 발전하는 데 필요한 지식을 사회에 공급한다는 목적이 새로 부여되고 있다. 즉 현대 사회를 고루 풍미하고 있는 갖가지 우려와 변화, 그리고 도전들은 박물관으로 하여금 스스로의 생존과 지탱을 위해 사회의 정보 욕구를 충족시키지 않으면 결코 살아남을 수 없는 새로운 도전에 직면하게 만들고 있는 것이다(Duckworth, 1994).

이와 같은 문제들을 극복하고 해결하기 위해 박물관은 종류 여하를 막론하고 우선 방문자들이 자신을 둘러싸고 있는 인간적 또는 비인간적인 모든 것들이 상호 연결되고 또 의존적임을 이해하도록 교육해야 할 것이다. 특히 환경 문제가 자연사박물관에 큰 변화를 가져올 것으로 예상되고 있다. 마치 새로운 정보 시대가 종래의 모든 도서관을 휩쓸어 그 목적과 사회적인 역할을 바꿔 놓았듯이 말이다(Sullivan, 1994). 따라서 보존과 연구라는 기본 임무 외에 생태학적으로 소양을 갖춘 시민 교육이 무엇보다 중요하다. 이에 아울러 생명에 대한 존중과 그에 따른 보존 대책이 조사, 연구, 전시되고 또 교육에 반영되어야 한다. 이때 결국 중요한 목표는 생태학과 보전에 관한 윤리 의식이며 서로 다른 문화 상호간의 이해와 존중에 대한 교육이라 할 수 있다(Sullivan, 1993; Davis, 1996). 또한 박물관 세계는 방문객이 찾아오기를 바라는 세상이 아니라 박물관 종사자들이 찾아가는 세상으로 변하고 있고, 박물관을 설립 운영하는 사람 중심에서 박물관을 이용하는 사람 중심으로 바뀌고 있음에 유의해야겠다. 또 박물관 자료 중심에서 자료와 함께 정보 중심으로 나아가고 있고, 현실 공간에서 가상 현실 공간으로 나날이 확장해 나아가고 있다.

이와 같이 급변하는 상황에서 한 나라의 국민을 위해 박물관에 부과된 의무와 사명은 실로 막중하다. 따라서 이러한 긴급 과제를 수행할 박물관은 국가와 인류의 공동 자원이고 재산이며 정신적, 물질적, 나아가서 문화적 풍요를 가져다 줄 소중한 희망으로 기대를 모으고 있다.

제2장

자연사박물관의 역할

박물관들이 공통으로 직면하고 있는 새로운 변화와 도전 속에서 자연사박물관들이 맡게 된 임무와 사명은 과연 무엇이며 어떻게 달라지고 있는가? 우선 기본적으로 박물관의 정의를 살펴보고 이러한 임무를 들어보기로 한다.

국제박물관협회 International Council of Museums(ICOM)가 내린 정의에 의하면 〈박물관이란 비영리 목적으로 세워진 항구 단체이며, 문화유물, 유적 및 환경 자료를 수집, 보존, 연구, 전시하여 사회 일반에 공개하고 연구, 교육, 감상을 도와 사회 발전에 기여하는 기관이다〉(ICOM, 1974).

이와 같이 생물, 광물, 인류에 관한 표본을 수집하고 보존하는 일은 박물관이 해야 할 중요한 임무이다. 그러나 이보다 더 중요한 것은 이러한 표본을 토대로 자연을 이해하고 지식을 발전시키는 일이다. 이때 자연의 탐구와 이해는 바로 연구와 교육, 그리고 전시를 통해서 이루어지나 이 모든 것은 표본이 있음으로써 가능해진다. 어쨌든 박물관의 기본 기능은 표본 보존, 연구, 교육의 세 가지 목적 기능으로 이뤄지나 이를 달성하기 위해서 수집, 조사, 전시의 세 가지 방법 기능이 수행된다고 할 수 있다(서, 1995). 그러나 이 가운데 특히 표본 수집과 전시는 박물관을 일반 연구소나 대학과 구별하는 뚜렷한 차이가 된다. 이때에 이들 기능 가운데 어느 쪽에 비중을 두느냐는 박물관의 주목표와 재정 규모에 따라 달라지나 대체로 큰 박물관일수록 고루 갖추는 경향이 있다.

이와 같이 박물관은 표본을 수집하고 연구와 교육에 활용함으로써 과거와 현재를 성찰하고 미래를 꿰뚫어 인간의 적응을 돕고 장차 닥칠 여러 가지 가능성을 탐색케 하는 곳이다. 이에 관한 활동들은 우리의 호기심을 자극하고 탐구하는 즐거움을 더해줄 뿐 아니라 새로운 정보와 지식을 제공하여 새로운 개념 체계를 창출하게 한다. 이것은 곧 인간의 지적 욕구를 만족시킬 뿐 아니라 삶의 질을 높이고 급변하는 환경 시대에 인류와 하나뿐인 지구를 살리는 길이 되기도 하기 때문이다. 그러나 이러한 실용적 목적을 빼고 말한다면 박물관은 편안하고 쾌적한 분위기에서 무엇인가를 발견하고 명상하며 그 가운데 영감을 얻어 나가는 탐구와 창의력 개발의 현장이라고 할 수 있다.

이러한 박물관의 기본 기능을 바탕으로 한 박물관이 좀더 구체적으로 수행하는 역할과 사명은 박물관의 종류 여하를 막론하고 그 박물관의 〈임무 성명 mission statement〉으로 표시된다. 즉 그 박물관의 기본 목적과 넓은 의미의 목표, 그리고 이러한 목적과 목표가 달성되기 위한 수단이 간단히 진술되기 때문이다. 따라서 이 성명의 내용은 이 박물관이 펼치는 모든 사업에 대한 정책 결정의 기준이 된다(AAM, 1990; ASC, 1994).

자연사박물관의 경우 이러한 임무 성명은 일반적으로 자연에 대한 연구로 지식을 늘리고 이를 전시와 교육을 통해 널리 일반에게 보급하는 것으로 된다. 그러나 이러한 임무는 박물관의 역점과 규모, 그리고 후원자의 뜻에 따라 얼마든지 다를 수 있다. 그러나 전형적인 예로

서 시카고의 필드 자연사박물관 Field Museum of Natural History의 임무
성명을 들어본다.

　필드 자연사박물관은 자연에 관한 지식을 보존하고 늘리며 보급하는
한편, 각자의 자연에 관한 지식과 자연에서 느끼는 기쁨을 고양하는 것
을 목적으로 한다. 본 박물관의 주 관심 영역은 과거와 현재의 모든 생
명체, 그리고 인간과 그 밖의 생물 및 생명의 진화에 있다. 필드 자연
사박물관은 이러한 목적을 달성하기 위해 관심 분야의 표본을 수집, 보
존하고 이에 대한 독창적 연구를 증진하고 출판하며 아울러 전시, 강연
과 기타의 매체를 통해 널리 보급한다.

　즉, 표본의 수집, 보존, 연구, 전시, 그리고 대중 교육인 셈이다. 특
히 오늘의 급변하는 환경 시대를 맞아 자연사박물관의 사명과 역할이
지구 변화와 인간 사이에 다리 역할을 하는 것으로 주어지고 있음은
거의 당연하고 자명하다. 즉 자연사박물관은 현재 지구상 생물종들이
과거 6500만 년 전 이래 가장 빠른 속도로 절멸되고 있는 상황에서
과연 지구가 무릇 생물의 생존을 지켜낼 수 있느냐, 아니냐 하는 문제
에 대해 일반 대중에게 얼마나 잘 알리는가에 달려 있다는 것이다
(AAM, 1984).
　이제 자연사박물관은 그와 같은 사회적 변화와 요구에 대응하지 않
을 수 없게 되었고, 따라서 그들의 임무 성명을 대개 다시 쓰게 되었
다. 즉 박물관의 환경 대응적 역할, 특히 생물다양성의 손실 같은 주
요 이슈에 관한 목표를 설정하여 그 달성을 강조하게 된 것이다. 구체
적으로 미국의 국립자연사박물관은 임무 성명을 다음과 같이 쓰고 있
다(NMNH, 1993). 즉 〈국립자연박물관은 자연계와 자연계 내에서의
인간의 위치를 이해하는 데 기여할 것이며 따라서 자연계와 인간의
총체성 integrity과 다양성 diversity을 이해하고 풀이하며 보전하는 데

전력함으로써 대중이 이에 적절한 지식을 갖고 미래 세계에 처하여 스스로 선택할 수 있게 돕는 활동을 임무로 한다〉(NMNH, 1993).

이어 이 박물관은 운영 지침 action statement으로서 〈국립자연사박물관은 정책 결정자들이 지구의 자원을 사용하고 관리하는 데 책임 있게 임무를 수행함으로써 지구의 자연 유산들이 지니는 총체성, 안정성, 그리고 아름다움을 계속 유지하도록 지원하고 격려한다〉라는 내용을 밝히고 있다. 이어 그 목적 속에는 이 박물관이 정확하고 객관적인 정보를 제공하는 신빙성 있는 지식의 출처가 되어 결정자들이 지구상의 문화와 자연 자원을 책임 있게 사용하고 보전하도록 돕는 일이 들어 있다.

오늘날의 환경 시대에 적응하고 사회에 기여하는 박물관이 되기 위해서는 자연사박물관에서의 수집과 연구에 대한 관리가 사회와 과학에 봉사하는 박물관으로서의 관점과 목표를 향해 이뤄지도록 수행되어야 할 것이다. 예를 들어 연구 활동은 어느 일개 연구부나 개인 프로젝트가 아니고 박물관 전체에 걸친 〈협동 사업〉이 되어야 하고, 예산 역시 학제적 주제를 다루기 위한 팀 단위 제안에 따라 편성되어야 한다. 따라서 그 평가 역시도 목표 수행과 수월성에 기초해서 이뤄져야 한다. 즉 박물관을 사회와 과학이라는 손님을 의식한 〈기업〉으로 바꾸는 자세가 필요하다.

1994년
캐나다 자연박물관 관장
알란 에머리 Alan R. Emery

이와 같은 자연사박물관의 역할과 앞으로의 사명에 입각해 자연사박물관이 기본적으로 수행하는 사업들은 무엇인가 살펴보기로 한다.

1 표본의 수집과 보존

표본 수집과 보존은 전시와 함께 박물관이 나타내는 고유 기능이요 특징임은 이미 앞에서 말한 바와 같다. 자연사박물관의 역할은 앞의 임무 성명에서 언급되었거니와 그 목적을 달성하기 위해 연구, 표본 보존, 교육 가운데 표본 보존에 대해서는 어떻게 진술되어 있는지를 알아보기로 한다. 즉 〈미국 국립자연사박물관은 국가 표본 보존관을 발전, 보존, 관리함으로써 지구상의 문화적, 생물학적, 지질학적 다양성과 지구 자연계의 아름다움을 기록하고 밝혀내며, 아울러 현재와 미래 세대들의 이익을 위해 지구와 그 생태계를 이해하는 데 필요한 기반을 확보한다〉로 되어 있다. 이제 이러한 목표 달성에 기여할 여러 가지 자연사 표본 가운데 생물 표본의 효용과 그 세계적 현황을 알아보기로 한다.

1-1 생물 표본의 효용과 가치

자연사박물관에서의 표본은 주로 생물, 광물, 화석, 인류학 자료 등으로 이뤄진다. 이 가운데 생물은 수억 년의 지구 환경 변화를 거치는 동안 자연 선택에 의해 이뤄진 진화의 산물로서 종마다 독특한 유전 정보의 집합을 이루고 있다. 따라서 이 속에는 지구 변화의 역사는 물론 생물종들 사이의 상호 작용과 그 결과 이뤄진 생물학적 다양성의 온갖 비밀이 숨어 있다. 특히 생물 표본의 경우 앞으로 환경 변화에 따라 이 생물들이 형태, 기능, 그리고 유전적 성질과 분포에서 어떻게 달라질 것인가를 엿보게 하는 단서를 담고 있다. 다시 말해 표본은 지구상에 생명이 걸어온 변화와 역사의 산 증거들이며 아울러 미래를 내다보게 하는 단서가 된다.

실제로 표본에는 채집 날짜, 산출 장소의 지리적 위치(위도, 경도, 고도), 성별, 서식처 타입, 숙주, 먹이, 토양 또는 기타 퇴적물 타입 등의 정보가 꼬리표로 따르는 것이 이상적이며 필요에 따라서는 그 생물의 풍부도, 즉 수도abundance(數度)와 소리를 내는 생물의 경우 소리 또는 노래의 타입과 과시 행동(誇示行動) 등 행동학적 정보가 따라야 한다. 또 DNA 조사를 위해 조직 시료가 채취되기도 한다. 이러한 기본적 정보가 있을 때 비로소 깊이 있는 연구가 이뤄질 수 있다. 이러한 생물 표본이 일반적으로 나타내는 의미와 효용성을 좀더 살펴보면 다음과 같다(AMNH, 1997).

1) 종의 존재와 특징의 증거

생물 표본은 그 생물종의 형태적, 유전적 변이가 들어 있는 하나의 기록이다. 따라서 표본이 나타내는 종의 특징을 토대로 종의 존재를 입증하는 기준 자료가 된다.

생물상(生物相) 조사나 환경 영향 평가 등 각종 야외 조사에서 얻은 생물 표본이 어떤 종인가 알기 위해서는 이미 동정(同定)되어 보관 중인 참조 표본과 비교하여야 한다. 이때 참조 표본으로서의 기지종(旣知種)과 같으면 그 종으로 확인되는 것이며, 다르면 미기록종(未記錄種)이 되거나 신종(新種)으로서의 가능성을 검토하게 된다. 신종임이 밝혀질 경우 이 종은 이명법(二命法)에 따라 명명되고, 이때 연구된 표본은 그 생물종으로서의 증거와 기준 표본이 된다. 따라서 동정된 표본이 없이는 야외에서 채집된 생물이 어떤 종인지 확인할 길이 없다.

2) 분포 변화 기록

생물 표본에는 채집 당시의 서식처에 관한 정보가 따르므로 표본들을 토대로 분포 범위와 시간적 변화에 따라 분포가 어떻게 달라지는

지를 알 수 있다. 이러한 조사를 통해 종의 동태와 진화 양상을 파악할 수 있고, 또한 외래종의 출현과 여러 가지 생태계에 일어난 변화를 탐지할 수 있다.

3) 과거 절멸종에 관한 기록

한 지역에 서식하는 종들이 과거에 채집되어 그 표본이 보관되어 있으나 현재 야외 현장에서 관찰되지 않을 경우, 이 종은 절멸되었거나 희귀종 또는 절멸위기종이 되었을 가능성이 높다. 절멸종의 경우 이 표본은 과거 그 종의 존재에 관한 증거일 뿐 아니라 그 종의 진화와 생태계 변화를 이해하는 데 중요한 자료가 된다. 또한 그 종이 과거에 일정한 범위로 서식하였으나 현재는 그 분포가 축소되었을 때 그 종을 회복하기 위한 대책을 강구하는 데 필요한 정보를 주기도 한다.

4) 생물의 환경 스트레스 반응 기록

동일 종의 생물 표본들이라 할지라도 이들 사이에 과거에 채집된 표본과 최근 표본을 비교하여 어떤 차이가 날 경우, 이 표본들은 그 원인을 추적하는 데 필수적인 자료가 된다. DDT로 인해 새의 알 껍질이 얇아졌다는 사실도 이와 같은 새알 표본의 비교를 통해 알아낸 것이다.

5) 유전학적 증거와 유전자 은행

생물 표본은 그 생물종의 DNA를 담고 있는 유전 정보의 그릇이다. 오늘날에는 화석에서조차 DNA를 추출하여 유전 정보를 추출할 수 있으므로 분류, 생태, 진화 연구뿐 아니라 미래 세대가 유전공학적으로 활용할 자원으로서 중요하게 여겨지게 되었다. 따라서 자연사박물관에서의 수집은 생물의 경우 개체에 그쳐서는 안 된다. 즉 조직 단편, 종자, 열매, 알콜 보존 조직, DNA 추출액 등 다양하게 수집이 이뤄져야 한다. 또 종자를 보관하였다가 필요할 경우 발아시켜 육종하거나 DNA를 추출해야 하는 경우도 있기 때문이다. 물론 종자와 배양 미생물같이 농업계나 의약계통의 연구소에서 보존, 유지되는 경우도 있으나 자연사박물관들도 이제는 생물 표본을 잠재적 유전자원으로 보게 되었고 따라서 다양한 형태의 표본을 취급하기 시작하였다. 즉 유전자은행 Gene Bank으로서의 기능을 발휘하게 된 것이다.

6) 자연 보전 자료

생물 표본은 위의 조사뿐 아니라 외래종, 지표종, 주춧돌종, 재배 또는 사육 생물의 야생 근연종, 약물 치료종 그리고 병원충과 매개종 등을 탐색하는 데 필수적인 자료가 된다. 따라서 생물 표본은 자연 보전 활동에도 매우 필요한 존재이다.

과학자들은 이러한 표본을 연구하여 흔히 자신들 사이에만 느끼는 흥분과 놀라움, 그리고 학술이나 환경 문제 해결에만 사용할 것이 아니라, 그 뜻을 풀어 일반 방문객이나 정책 결정자들에게 호소하는 데 써야 할 것이다.

1994년
미국 스미스소니언 국립자연사박물관 홍보사업부장
로버트 설리번 Robert Sullivan

표본의 이러한 중요성에도 불구하고 표본이 우리가 지식을 늘리고 전파하는 도구라기보다 마치 박물관의 존재 이유 그 자체인 양 여기는 것은 본말(本末)이 전도된 오해라는 점에 유의해야 할 것이다.

1994년
하와이 주립 비숍 박물관 관장
도널드 덕워스 Donald W. Duckworth

그림 2-1 프랑스 국립 자연사박물관 지하 동물표본 수장고(파리)

1-2 자연사 표본 보존의 세계적 현황

자연사박물관에 표본이 처음에 모인 것은 전통적으로 왕족이나 부호들이 여러 가지 희귀한 물건들을 수집하여 신분과 부의 상징으로 내세우기 위한 것이었다. 그러나 그 후, 세계 박람회나 과학 탐험 원정의 결과로 모아진 표본들이 자연사박물관 설립의 기초가 된 경우가 많았다. 미국 시카고의 필드 자연사박물관이 1893년에 열린 콜롬비아 세계 박람회 때에 수집된 표본들을 기반으로 출발한 것이 그 대표적인 예이다.

그림 2-2 일본 지바 현립중앙박물관 조류표본

　다음으로 이렇게 시작된 자연사박물관들은 자체적으로 원정 탐사를 조직하여 동·식물, 광물, 화석 등을 추가적으로 수집하고 축적해 왔다. 오늘날 세계의 자연사박물관들은 주로 이러한 방법으로 매년 막대한 표본을 축적하고 있다. 이로 말미암아 프랑스 국립자연사박물관과 미국 국립자연사박물관에서는 각각 매년 300만 점과 100만 점의 표본이 늘어나고 있다. 셋째로 자연사박물관들은 그들 사이에 필요하거나 희귀한 표본들을 서로 교환하여 표본을 수집하였다.

　이 밖에 일반 수집가들로부터 기증을 받는 경우도 많다. 그러나 이 경우 표본에 관한 과학적인 데이터가 따라오지 않거나 신빙성에 의문이 있는 경우가 많아 신중을 기해야 한다. 이와 비슷한 것으로 다른 곳으로부터 빌려오는 대여의 방법이 있다. 또 박물관의 자체 예산으로 구입하는 방법도 쓰이고 있다.

　그러나 오늘날엔 산업화, 도시화가 급속히 일어나고 이와 함께 수행되는 각종 개발에 환경 영향 평가가 선행되고 또 생물다양성협약에

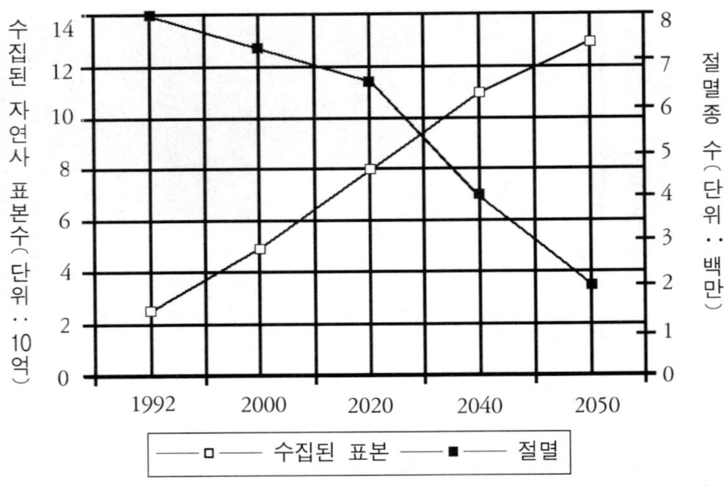

그림 2-3 생물종의 절멸 속도와 자연사 표본 증가의 상관성(Howie, 1993)

따라 각종 생태계 조사를 실시해야 하므로 위의 기본적인 수집 이외
에도 표본을 입수할 기회는 기하급수적으로 늘어나고 있다. 그러나 한
편 희귀 동·식물 국제 거래에 관한 협약이나 생물다양성협약 등으로
인해 표본의 교환, 이동이 점점 규제를 받게 되므로 표본의 국가간 이
동에 의한 수집은 점점 어려워지고 있다.

어쨌든 자연사박물관에서는 수집된 표본의 관리를 종래 해당 분야
의 연구실에서 하던 것과는 달리 연구실과는 별도로 관리하고 있는
추세이다. 즉 종래의 큐레이터의 직책은 사라지고 있으며 그 대신 연
구원과 표본 관리원 Collection Manager이라고 하는, 보다 전문화된 직
책으로 분화되고 있는 것이다. 이러한 표본 관리의 전문화에 따라 표
본의 보존과 그 전산화에 관한 기술 역시 활발히 발전되고 있으며, 영
국, 미국, 프랑스, 네덜란드의 국립자연사박물관에서 그 사례를 볼 수
있다. 이와 같은 보존에 관한 한, 도시 교외에 표본관을 증축하여 운
영하고 있는 스미스소니언 국립자연사박물관의 〈박물관 지원 센터 Mu-

seum Support Center〉(한국건축가협회, 1996b)와 지하에 방대하게 설치된 프랑스 국립자연사박물관의 〈동물표본관 Zoothèque〉은 기술과 규모 면에서 가히 괄목할 만하다 할 수 있다.

현재 지구상에는 자연 표본이 통틀어 약 25억 점 보존되어 있다(Howie, 1993). 그 가운데 생물이 약 20억 점이고, 그중 15억 점은 곤충이다. 그러나 급격한 환경 파괴와 변화는 더욱더 많은 표본의 수집과 조사를 요구하고 있어 앞으로 50년 안에 세계의 자연사 표본의 수는 약 130억 점이 될 것으로 추정되고 있다. 이것은 바로 지난 70년간 자연사 표본의 수가 300%나 늘어났다고 하는 사실에서 충분히 납득할 수 있다.

1-3 표본에 대한 연구와 그 실용성

자연사박물관에서는 주로 표본을 토대로 한 분류학과 생태학적 연구가 많이 이뤄진다. 그러나 이러한 연구는 흔히 우리의 생활과 경제에 관계없는 연구로 간주되고 있는데 이는 사실상 일방적인 오해이다. 특히 분류학적 연구가 실제로 우리의 생활과 경제에 어떻게 관련되고 또 공헌한 바가 있는지 그 사례를 들어보기로 한다.

1) 보건

매년 말라리아 환자는 2-3억 명이 되며 그 가운데 약 100만 명이 사망하고 있다.

말라리아 병원충은 *Plasmodium*속에 속하는 원생동물인데 분류학적 연구를 통해 여기에는 4가지 종이 관계됨이 밝혀졌으며, 이 가운데 모기를 통해 인간에게 가장 높은 사망률을 일으키는 종은 바로 *Plasmodium falciparum*임이 알려졌다. 또한 이러한 병원충을 옮기는 매개충에는 여러 가지 모기가 있음을 알게 된 것도 분류학 연구에 의해서다.

처음에는 모기 가운데 *Anopheles gambiae* 1종으로 알고 있었으나 자세한 분류학적 연구 결과 사실은 6종이 되며 각기 생활사와 말라리아 매개 능력이 다르다는 점을 알게 되어 선별적으로 적절한 살충제를 사용함으로써 퇴치에 효과를 거둘 수 있었다.

이와 비슷하게 미국의 모기 *Anopheles quadrimaculatus*, 인도의 *Anopheles culicifacies*, 태국의 *Anopheles dirus*도 자세한 분류학적 연구 결과 사실은 각각 몇 가지 다른 종으로 이뤄지고 말라리아 매개 능력과 살충제에 대한 저항성도 역시 서로 다르다는 것을 알게 되었다.

2) 의약 개발

인간이 약으로 사용한 식물은 약 20,000종이다. 개발도상국가 국민의 약 80%는 아직도 이러한 민간 요법으로 식물을 취해 병 치료에 쓰고 있다. 더욱이 페니실린, 마이신 등을 비롯해 지금까지 개발된 항생제 3,000종 이상이 갖가지 야생의 미생물에서 추출된 물질들이다. 이러한 생물의 활용에는 무엇보다 분류학적 연구가 선행되어야 함은 물론이다.

태평양주목 *Taxus brevifolia*의 껍질에 난소와 유방암을 억제하는 강력한 물질이 들어 있다는 것이 알려진 지 오래다. 그러나 1명의 환자를 치료하는 데는 3그루의 주목의 껍데기가 필요하며 이렇게 벗겨진 나무는 결국 죽고 만다. 만약 현재 살아 있는 주목들을 이러한 목적에 쓴다면 이들이 멸종하고 말 것은 시간 문제이다. 그러나 이러한 항암 물질을 아무 나무에서나 마구 찾을 수는 없었다. 결국 이 나무와 가까운 근연 관계의 나무들을 조사하였다. 그 결과 유럽주목나무 *Taxus baccata*는 약간의 나뭇잎에서도 쓸 만큼의 택솔 taxol이 나올 수 있다는 것을 알게 되었고, 이 나무들의 생존에도 안전하면서 값싸게 얻을 수 있음을 알게 되었다.

여기에 관련해 태평양주목에는 곰팡이가 기생하는데 분류학적 연구 결과 신종인 *Taxomyces andreanae*로 밝혀졌으며, 더욱이 바로 이 곰팡이도 택솔을 만든다는 것을 알게된 것이다. 따라서 이 곰팡이 재배를 통해 택솔을 더 값싸게 제조할 수 있게 되었다.

3) 식량 개발

• 멕시코의 식물분류학자인 구즈만 Rafael Guzman은 오랫동안 볼 수 없었던 옥수수 야생종인 *Zea perennis*를 찾아냈다. 이 야생종은 재배 옥수수인 *Zea mays*의 근연종이다. 그 후 구즈만은 또 다른 야생종을 발견하고 옥수수 전문 분류학자인 일티스 Hugh Iltis와 더블리 John Doebley에게 보낸 결과, 이번엔 신종 *Z. diploperennis*임이 밝혀졌다. 그리고 이 새로운 종은 재배종에 피해를 주는 7가지 비루스병에 저항성을 크게 나타낸다는 것을 알았고, 재배종인 옥수수 *Zea mays*와 염색체 수가 같아서 두 종간에 교배가 가능하다는 것도 알았다. 결국 그들은 두 종을 교배시켜 신종의 비루스 저항성을 새로운 잡종에 옮겨줄 수 있었다. 연간 옥수수 소모가 600억 달러에 이르는 점을 감안하면 이렇게 교잡을 통해 얻은 신품종의 질병 저항성이 수확 증대를 도와 인류의 식량 공급에 기여한 공헌은 이루 말할 수 없을 정도로 크다.

• 식물분류학자 일티스와 유젠트 Don Ugent는 1962년에 안데스 산악 지역을 답사하면서 1,000점에 이르는 표본을 채집하였다. 그런데 그 가운데 재배 토마토의 근연종인 야생의 신종 토마토의 씨앗을 발견하였다. 이 야생종 씨앗을 키워 재배 토마토와 교배시켰더니 육질과 당도가 훨씬 높은 신품종 토마토를 얻게 되었다. 결국 이로 인해 토마토 산업에서 얻은 소득 증가는 연 800만 달러에 이르게 되었다.

4) 농업 해충 퇴치

• 담배나무를 해치는 담배나방 tobacco budworm은 처음에 3종뿐인 것으로 알았으나 분류학적 연구를 통해 실은 12종임이 밝혀져 선별적

으로 적절한 방법을 써서 퇴치할 수 있었다.

• 솜깍지벌레가 캘리포니아의 귤 농사를 망치고 있었는데 한 분류학자가 오스트레일리아에서 무당벌레 1종이 이 깍지벌레의 강력한 천적임을 알아내고 미국으로 들여와 귤밭에 방사한 결과 귤 수확에 큰 성과를 올릴 수 있었다.

• 병해충의 원산지를 찾아내는 일은 이 병해충을 구제하는 데 결정적인 단서가 된다. 왜냐하면 바로 그 원산지에서 보통 이 병해충의 천적을 발견할 수 있기 때문이다. 실례로 미국의 사탕무멸구 1종은 남아메리카 원산의 *Euttetix*속에 속하는 종류로 알려져 있어 남아메리카에서 그의 천적을 찾아보았으나 허사였다. 그 후 분류학자가 이 해충을 자세히 연구한 결과 *Euttetix*속이 아니고 유럽 원산의 *Circulifer tenellus*임을 알게 되어 유럽에서 다시 천적을 찾게 되었고 결국 지중해 연안에서 천적을 발견하여 사탕수수멸구를 퇴치할 수 있었다.

5) 임업 해충 퇴치

1992년에 캐나다의 브리티시 컬럼비아 British Columbia 주의 숲에는 매우 특출한 나무 해충이 나타났다. 그러나 이에 관한 분류 전문가를 찾을 수 없어 결국 이것의 정체를 알아내는 데 1년이 걸렸다. 즉 그것은 일종의 나무좀딱정벌레 *Buptestis hemmoradialis*였다. 그러나 이때엔 이미 이 곤충이 그 숲에 들어와 번식기를 두 번이나 거쳐 많이 퍼진 뒤여서 퇴치에 큰 어려움이 따랐다. 즉 평소에 분류학자가 넉넉했다면 이렇게 큰 경제적 손실을 막을 수 있었을 것이다.

6) 수산업 증대

동북태평양 어업에서 북태평양대구 *Gheragra chalcogramma*는 1980년대에 수확량과 경제 면에서 가장 뛰어난 어종이었다. 그러나 이 종은 사실상 몇 개 근연종들의 복합군이었으며 치어(稚魚)들이 구분되지 않아 선별적으로 경제성이 높은 종을 가려 수입을 좀더 올릴 수 없었다. 그 후 어류 분류학자들의 노력으로 서로 다른 어종들의 치어 구분이 가능해졌고 따라서 좀더 수확률이 높은 종의 치어들을 골라 키워 수입 증대를 획기적으로 올릴 수 있었다.

7) 검역 개선

미국에서 캐나다에 수입된 밀에 흑수병(黑穗病)의 흔적이 나타났는데 그 병원체는 곰팡이인 *Neovossia indica*로 확인되었다. 그래서 미국으로부터의 밀 수입 금지 조치가 검토되고 있었다. 그러나 이 병원체를 자세히 연구한 결과 밀이 아니고 쌀에 기생하는 곰팡이인 *Tilletia barclayana*로 판명되었다. 즉 이 병원충으로 감염된 쌀이 저장되었던 미국의 창고에 밀이 저장되었다가 캐나다로 옮겨올 때 따라온 것이다. 철저한 분류학적 연구가 아니었더라면 밀의 캐나다 수입은 금지될 뻔하였다.

8) 생태 관광 보완

예를 들어 미국의 관광 수입은 연 2,500억 달러에 이른다. 그 가운데 20%가 생태 관광에서 오는 수입으로 계산되고 있다. 또한 동아프리카의 앰보셀리 Amboseli 국립공원에 사는 사자 한 마리가 지난 15년간 벌어들인 수입은 50만 달러에 이르며 그 곳의 코끼리들은 연간 60만 달러를 벌어들인다. 이러한 수입 효과를 세계적으로 계산해 본다면 엄청난 수입원이 아닐 수 없다.

이러한 생태 관광을 효과적으로 하기 위해서는 야외 안내서, 영화, 비디오, 녹음과 기타 과학적 해설서의 배포가 제대로 이뤄져야 하는데, 그러기 위해서는 먼저 주로 자연사박물관에서 이뤄지는 분류학적 연구들을 통해 논문, 검색표, 모노그래프, 명세 조사가 발행되고 이뤄져야 한다.

다시 말해 오늘날의 자연사박물관들은 기초 학술적 이론의 개발을 비롯해 자연사 표본과 생태계에 대해서뿐 아니라 보건과 경제적 소득에 공헌하는 실생활 적용의 연구를 수행하는 새로운 면모를 보여주고 있다.

2 자연사 조사와 연구

모든 박물관에서의 연구는 주로 표본에 기초를 둔다. 만약 이러한 표본에 관한 연구나 표본을 기초로 한 연구가 없다면 표본이 갖는 내재적인 의미나 실제적 효용은 드러날 수도 없고 따라서 이해될 수도 없다. 다시 말해 연구는 그것이 순수 학술적인 지식을 도출하기 위해서나 전시 제작을 위해서나 결과적으로 표본에 생명을 불어넣어 주는 일이 된다. 그것은 표본이 매우 중요한 정보의 원천이며 모든 박물관에서 과학자나 예술가의 창조성을 피어나게 하는 바탕이 되기 때문이다. 더욱이 과학자들은 여러 가지 표본을 비교하고 이들과 어떤 개념 사이의 관계를 알아내는데, 그런 작업을 할 수 있는 곳은 주로 표본이 많이 모여 있는 박물관이며 이런 점에서 박물관은 흔히 사물의 존재를 설명하는 새로운 발견과 이론의 근원이 되어 왔다.

다시 자연사박물관으로 이야기를 돌려 앞에 인용한 미국 자연사박물관의 임무 성명 가운데 연구에 관한 진술을 살펴보면 다음과 같다. 즉 자연계와 자연계 내에서의 인간의 위치를 이해하기 위한 연구로서 그 목표를 〈1) 지구와 태양계의 물리학적 진화를 탐구하고 기록하며, 2) 지구상의 식물과 동물을 발견, 기재, 분류하고 이들의 진화적, 생태학적 관계와 역사를 연구하고, 3) 인간다움이란 과연 무엇을 말하는가를 배우고 인간의 기원과 인간생물학을 탐구하며 인간과 환경의 상호작용이 나타내는 패턴을 구명하며, 4) 자연계와 인간의 문화가 만들어 낸 작품들에 관한 지식을 추구하고 그에 대한 호기심을 만족시킨다〉

에 두고 있다. 그러나 최근의 여건 변화에 따라 이러한 연구의 기본
틀 위에 새로이 나타나고 있는 방향과 중점 사항이 있다. 여기서는 먼
저 우리가 흔히 말하는 〈자연사 natural history〉는 과연 무엇을 말하며
따라서 과거의 연구는 어떠하였는데 오늘날과 미래의 연구, 조사는 어
떤 방향으로 나아가는가를 살펴보기로 한다.

2-1 〈natural history〉의 뜻과 연구

영어의 내추럴 히스토리 natural history를 〈자연사(自然史)〉라고 많
이 옮겨 쓰고 있다. 그러나 그것이 과연 자연의 역사에 대한 연구인지
아니면 자연 자체에 대한 연구인지를 놓고 항간에 논란이 많은 것이
사실이다. 물론 이에 대한 개념 정리의 시도가 있었으나(임양재, 1991;
이창진, 1992; 章基弘, 1994; Choe, 1995), 여기에 그 의미를 다시 정리
해 보고자 한다.

우선 〈natural history〉의 〈history〉는 원래 〈역사〉가 아니고 〈지식〉,
〈기록〉, 〈이야기〉, 〈경험〉, 〈탐구〉 등의 뜻을 나타내는 말이었다. 그
어원은 그리스어 historia로, 진리에 대한 정보와 연구, 기억할 만한 사
건의 이야기, 또는 생물에 대한 기술(記述)을 의미한다. 따라서 natural
history는 영어의 history를 문자 그대로 옮긴 〈자연의 역사〉가 아니고
〈자연에 대한 연구, 또는 자연을 탐구한 결과 얻은 지식〉을 뜻하였으
며, 굳이 옮긴다면 〈박물지(博物誌)〉, 〈자연지(自然誌)〉, 또는 〈자연
학(自然學)〉이 된다. 이미 이러한 연구가 〈자연지〉, 또는 〈박물지〉로
옮겨져 불리운 경우는 여러 가지 생물을 관찰하여 기술한 아리스토텔
레스의 『동물지(動物誌, Historia Animalium)』와 그의 제자, 데오프라스
토스(B.C. 372-287)의 『식물지(植物誌, Historia Plantarum)』가 있다. 그
후, 로마 시대의 플리니우스(A.D. 23-79)는 자연에 대한 백과전서인
37권의 『자연지(自然誌, Naturalis Historiae)』(1777)를 썼다. 뿐만 아니라,

18세기 프랑스의 뷔퐁은 44권의 『자연지(自然誌, Histoire Naturelle)』(1749-1804)를 써, 이 분야의 기틀을 다졌다.

한편, 최근 판 옥스퍼드 사전에는 natural history가 다음과 같이 설명되어 있다.

1) 자연물, 식물 또는 동물의 성질에 관한 연구나 과학적인 설명.
2) 자연물에 관한 사실들, 어떤 장소 또는 인물이나 사물 무리가 나타내는 특성들의 집합.
3) 초기에는 자연물, 동물, 식물, 광물에 관한 분류학적 연구를 말했으나, 최근에는 동물 연구에 국한하여 나타냄.

다시 말해 이러한 의미로 보면 natural history를 결코 자연의 〈역사〉라고 할 수 없는 것이다. 더욱이 〈자연사〉를 〈自然史〉로 옮겼을 때 〈史〉는 순전히 〈역사〉를 뜻하는 말이므로 〈자연의 역사〉로서의 〈自然史〉는 원래의 의미를 왜곡하고 있는 셈이다. 따라서 〈自然史〉라는 표현은 결국 natural history에 대한 오역이라 할 수 있다.

그러나 이러한 자연에 관한 기재(記載)적 연구나 지식과는 별도로 17세기에 이르러는 자연물에 대해 역사적 원인과 형성 과정을 밝히려는 시도와 설명이 르네상스기의 연금술 철학자를 따라 natural history의 또 하나의 가지로서 싹트기 시작하였다(Sloan, 1990). 이어 데카르트는 그의 『철학 원리 Principles of Philosophy』(1644)에서 태양계와 지구, 그리고 식물과 인간의 형성 과정을 성서적 테두리에서 시간적 순서에 따라 기술함으로써 종래의 natural history에 새로운 의미를 부여하게 되었다. 이어 18세기에 뷔퐁은 자연 연구에 단순한 기재뿐 아니라 발생, 유전, 생식의 다양한 접근을 병행하였고 칸트는 그와 비슷한 맥락으로 natural history를 〈기재로서의 연구 Naturschreibung〉와 〈역사로서의 연구 Naturgeschichte〉의 두 가지로 구별하였다. 그 후, 자연 연구에서도 적어도 생물학 분야에서는 현대 진화생물학으로 이어짐으로써 natural history에는 사물의 형성 과정에 대한 연구가 추가되었고, 이에 따라 그 역사적 연구의 성격이 첨가되었다.

그러나 오늘날의 문제는 natural history를 〈자연사(自然史)〉로 옮김으로써, 마치 자연의 역사적 연구가 natural history의 그 모두인 양 인식하는 일부 주장에 있다. 이 말의 번역에 관련하여 일본의 한 학자는 다음과 같이 말하고 있다.

> Natural history라는 말은 〈자연사(自然史)〉로 번역되거나 〈자연지(自然誌)〉로 옮겨지기도 한다. history는 어원으로 거슬러 올라가면 〈지식〉, 〈기록〉, 〈이야기〉, 〈경험〉, 〈깊은 연구〉 등의 의미가 있으므로 〈지(誌)〉라는 말이 적당하다는 의견도 있다. 그러나 자연사학(自然史學)의 대상이 되는 모두가 지사적(地史的) 시간의 경과 속에서 성립된 점을 생각하면 〈自然史〉 쪽이 〈自然誌〉보다 어울리고 이미지에도 맞는다고 할 수 있을 것이다(糸魚川, 1993).

결국 그의 〈自然史〉도 일종의 편의상 의역(意譯)인 점을 면치 못하고 있다. 이럴진대 뷔퐁 이후의 자연에 대한 〈역사적 연구〉의 추가를 살려 〈自然史〉로 쓴다는 논리도 틀릴 것이 없는 것으로 보인다.

그러나 산업혁명 이후의 급속한 사회적 변화와 자연의 훼손은 특히 현대인으로 하여금 우거진 숲과 맑은 물 등 녹색의 자연을 동경하게 하였으며 때묻지 않은 자연만이 인류의 미래를 보장할 수 있다고 보는 새로운 자연주의를 팽배시키고 있는 것이 사실이다.

필경 이러한 이유로 최근의 자연 연구에 종사하는 많은 박물관들이 종래의 natural history museum을 museum of nature로 개칭하거나(예: 캐나다의 Canadian Museum of Natural History는 Canadian Museum of Nature로 개칭되었으며, 네덜란드의 National Museum of Natural History는 간단

히 NATURALIS로 바뀌었다), 새로 출발하는 경우에도 그 명칭에 natural history 대신 nature를 쓰는 경향이 늘고 있다. 특히 한자(漢子)의 모국인 중국에서 베이징에 있는 자연사박물관을 영어로는 Beijing Natural History Museum이라 칭하면서도 한자로는 자연사(自然史)를 쓰지 않고 북경자연박물관(北京自然博物館)이라고 쓰고 있다는 사실은 natural history의 의미를 제대로 가려내고 또 앞으로 어떻게 부를까를 고민하는 우리에게 시사하는 바가 크다.

물론 이러한 호칭에 대해서 앞으로 더욱 논의되어야 하겠으나 이 책에서는 일단 자연의 역사적 연구의 부가적인 줄기를 살려 〈자연사박물관(自然史博物館)〉으로 쓰기로 한다. 그러나 필자로서는 앞에서처럼 〈자연〉이 주는 시대적 이슈로서의 이미지와 모든 사람에게 친근하게 주는 호소력을 고려하여 앞으로는 〈자연박물관〉으로 호칭하는 것이 보다 현실적이고 그 사명과 목적에 부합되지 않을까 생각한다.

2-2 자연 연구의 새로운 방향

대체로 자연사박물관에서의 연구는 전통적으로 어떤 테마나 문제 위주보다는 연구원의 전공 분야에서의 순수한 호기심에서 출발하거나 박물관이 표방하는 주제와 프로젝트에 따라 수행되었다. 그래서 연구 목표는 주로 연구자에 의해 설정되고 그 업적은 박물관이 세운 목표의 달성이 아니고 연구 자체의 수월성에 의해 평가되는 것이 보통이었다(Emery, 1994).

그러나 오늘날의 자연사박물관은 사회가 갖는 관심과 필요를 외면할 수 없게 되었다. 오히려 사회가 요구하는 바를 경청하고 그에 충실히 따르는 연구 기관이 될 것을 요구받고 있다(Sullivan, 1994). 한 걸음 더 나아가서 심지어는 방문객과 후원자의 취향과 목적에 맞는 사업을 벌이도록 노력해야 하기도 한다. 예를 들어 분류학적인 일이라 하더라도 사회적 이슈에 직접적으로 관련되어 생활 면에서 어떤 가치를 발휘하는 연구와 전시라야 환영받게 된 것이다.

다시 말해 자연사박물관은 이제 바깥 세계를 내다봐야 하며, 세상이 박물관이 갖고 있는 전문 지식과 표본들을 어떻게 이용하기를 바라는지 살펴야 하는 것이다. 이에 따라 박물관은 예를 들어 스스로 다음과 같은 질문을 던질 수 있다.

> 자연사박물관의 연구 주제 예
> ·사회와 국민이 중요하다고 보는 자연의 다양성은 어떤 것인가?
> ·대중이 알고 싶어하는 과학적 질문은 무엇인가?
> ·시민의 생활과 경제에 관계되는 문제로서 보건 의료상 중요한 생물체는 무엇인가?
> ·농업에 응용할 수 있는 연구 주제는 무엇인가?
> ·어떤 생물이 환경의 질을 민감하게 나타내는 지표가 되는가?
> ·어떤 생물이 오염 물질을 분해시키는가?
> ·토종 생물을 위태롭게 하는 외래종은 어떤 경로로 침입하고 토종에게 위해를 가하는가?
> ·어떠한 생물종이 산업적으로 이용되어 상품 가치를 발휘하는가?

런던 자연사박물관의 네일 차머스 관장은 이러한 새로운 연구 방향을 실현하고 그에 부합하는 직제 개편을 선두 지휘한 사람으로서 〈이에 대답하고 해결에 도움이 되는 연구와 교육 사업을 벌인다면 자연사박물관은 번영할 것이며, 그렇지 못할 경우엔 도도 새나 매머드 코끼리처럼 영원히 절멸되고 말 것〉이라고 하였다(Chalmers, 1990). 실제 그의 실용적 연구 철학을 바탕으로 런던 자연사박물관에서는 그에 걸맞는 행정 개혁은 물론, 여러 가지 연구와 전시 프로젝트가 새롭게 설계되어 운영되고 있다.

2-3 연구와 조사의 주류

현재 대형 자연사박물관들이 펼치고 있는 연구 주제들을 살펴보면, 전통적으로 이뤄져 오던 분류학과 생태학 분야, 그리고 광물, 고생물, 인류학 분야뿐 아니라 기초 학술적 이론의 개발과 함께 최근에는 특히 인간의 경제와 실용에 이익이 되는 주제를 강조하고 있음을 엿볼 수 있다. 여기에 주로 런던 자연사박물관과 미국의 국립자연사박물관이 표방하고 있는 대표적인 주제들을 살펴보고자 한다.

1) 영국 국립자연사박물관의 연구 주제 예

① 생물다양성의 명세와 감시 및 평가

지구상의 생물다양성을 이해하고 그 의의를 파악하는 일은 자연 자원의 관리와 보전을 위해 필수불가결하다. 연구원들은 열대 우림, 해저 생물군집, 육상 생물 등을 세계 또는 지역적인 수준에서 연구하여 생물종 및 생태계의 유형과 분포를 파악함으로써 생물다양성의 보존 기술을 개발한다.

생물종의 명세는 생물다양성의 보전과 지속 가능한 유지를 위해 선행되어야 할 필수적 기본 단계이다. 이러한 명세와 그에 따르는 분류학적 작업을 통해 다음을 얻을 수 있다(AMNH, 1999).

- 생물다양성의 유형을 여러 가지 서식처와 생태계에 걸쳐 탐지하고 기록한다.
- 고유 생물종의 분포 지역과 보호를 요하는 지역을 알아낸다.
- 다음에 수행할 감시 monitoring의 기준 자료 baseline data를 확보한다.
- 생물다양성의 요소들을 동정함으로써 자연 자원의 보전과 지속적인 활용

을 가능하게 한다.
- 의약, 농업 또는 경제적 가치를 갖는 생물의 신종을 발견한다.
- 관광 산업을 돕는다.

② 환경 영향 평가

오늘날 공기와 물의 오염, 지구 온난화, 오존층 파괴, 열대 우림 감소, 그리고 인구 과잉 등으로 인해 환경 문제는 날로 심각해지고 있으며 이에 따라 일반 대중의 정부에 대한 대책 요구도 점점 더 거세지고 있다. 국민의 삶의 질을 유지하고 높이기 위한 이러한 노력을 돕고 또 생물 가운데에 환경 변화에 민감한 종들을 찾아 종 다양성의 변화를 기록하는 지표로 쓰기 위해 여러 가지 환경 영향 평가와 지표종 조사가 이뤄지고 있다. 이들 박물관에는 이미 참조 표본이 많이 소장되어 있으므로 이러한 조사와 연구를 활발히 진행시키고 있으며, 특히 분류학과 생태학에 관한 전문 지식으로 환경 평가에 관한 연구를 수행하고 있다.

③ 생물 자원 탐색

식품, 의류, 의약품, 건축 자재, 그리고 종이와 고무 등 많은 생활 필수품이 여러 가지 생물로부터 생산된다. 이러한 생물 자원들을 고갈시키지 않으면서 지속적으로 이용하려면 이러한 생물종들의 성질과 개체군 및 생물학에 대해 충분히 연구하고 여기에 관련된 해충이나 기생충이 무엇인지를 파악하면서 보전 방안을 강구해야 한다. 연구원들은 이와 같이 경제적으로 중요한 생물들을 분류학적으로 연구하고 특히 어류, 삼림의 나무들과 재배 곡물 및 가축의 해충과 기생충에 대해 연구한다.

④ 광물 자원 연구

광물의 구조와 성질을 알게 되면 광물을 인공적으로 만드는 데 도움이 되며 산업적으로도 크게 활용할 수 있고 또 자연 광물을 보전하는 데 도움이 된다. 따라서 연구원들은 이러한 연구에 많은 노력을 기울이고 있으며, 한 걸음 더 나아가 이러한 광물 형성을 가능케 했던 고(古)기후 환경도 함께 연구하고 있다.

⑤ 인간의 건강

연구원들은 병원성 기생충과 매개충을 분류하여 동정(同定)할 수 있는 전문가들이다. 따라서 세계보건기구 WHO는 이 박물관에 세 개의 연구 센터를 설치하고 연구원들과 긴밀히 협조하여 지구상의 질병 퇴치에 노력하고 있다.

⑥ 인간의 기원과 진화

연구원들은 인간의 진화 과정에서 환경이 발휘한 역할에 대해 연구하며 인간이 유인원으로부터 어떻게 분리되었는가를 탐구하고 있다. 따라서 직립 보행, 도구 제조, 두뇌의 변화, 현대인의 기원과 다양성이 연구 주제가 되고 있다.

2) 미국 국립자연사박물관의 연구 주제 예

이곳에서 이뤄지는 수많은 사업 중에 학제간으로 이뤄지는 대형 프로젝트 몇 가지를 들어 보기로 한다.

① 생물다양성 사업

1990년에 개시된 생물다양성 사업은 지구상의 생물들이 열대, 해안 생태계, 그리고 온대 환경에서 인간의 간섭과 침입으로 어떻게 영향을 받고 위협되고 있는지를 다루고 있다. 실제로 〈삼림 분단에서 오는 생물학적 동태(動態)Biological Dynamics of Forest Fragments의 연구〉, 〈카리브 해의 산호초 생태계에 대한 생물상 조사 Biological Survey and

Inventory of Carribean Coral Reef Ecosystem〉, 〈양서류 집단의 감소
Declining Amphibian Populations 연구〉, 〈문화적 다양성과 원주민의 생
태적 지식 Cultural Diversity and Indigenous Ecological Knowledge 조사〉
등을 수행하고 있다.

② 델타 지구 변화 프로그램 Delta Global Change Program
나일 강, 양자 강, 미시시피 강, 론 강(프랑스)의 델타 삼각주들이
어떤 속도로 어떻게 변하고 있는지에 대해 13개 국제 연구소 합동으
로 장기적으로 연구하고 있다.

③ 육서 생태계의 진화 Evolution of Terrestrial Ecosystem
현재 일어나고 있는 지구 온난화 등 지구적 환경 변화가 육지 식물
과 동물의 생태와 진화 그리고 분포에 어떻게 영향을 주는지를 지구
역사 4억 년을 거슬러 연구하고 있다. 이때에 여러 가지 화석과 지질
학적 기록들이 과거로부터 현재에 걸쳐 일어난 생태적 변화들의 단서
를 줌으로써 현재와 미래를 예측하는 데 중요한 정보가 된다.

④ 고고생물학 사업 Archaeobiology Program
과거에 동·식물이 어떻게 가축으로 순화되었는가, 그리고 이것이
고대 농업 경제에는 어떻게 영향을 미쳤는가를 추구하는 것이다.

⑤ 인간의 기원 Human Origins Program
주로 과거의 생태계가 인간이 주는 압력들에 어떻게 반응했는가,
그리고 반대로 인간은 생태계의 진화에 어떻게 영향을 주었는가에 초
점을 두고 있으며 이때 기후와 생태적 조건들이 어떻게 인간의 진화
를 허용했는지를 함께 탐구한다.

⑥ 분자분류학적 연구 Molecular Systematics

분자유전학적 기술이 진화생물학 등에 기여할 큰 잠재력을 고려해서 이 박물관은 분자분류학 연구실을 설립하였다. 주로 DNA와 단백질의 분자생물학적 연구를 통해 현화식물이 어떻게 진화하여 꽃의 발생을 유도했는지, 동물과 식물(특히 새와 꽃 사이)은 어떻게 상호 진화를 시켰는지를 다루고, 아울러 멸종 위기의 동·식물이 지리적 변이를 나타내는 원인과 화석으로부터는 어떻게 DNA를 추출하여 이들의 진화에 관한 정보를 얻는가를 연구한다.

이러한 분자분류학적 연구는 사실상 1980년대부터 세계의 주요 자연사박물관에 급속히 확산되기 시작하여, 오늘날엔 자연사박물관의 각종 연구 분야를 지원하는 필수적인 분야가 되었다.

그러나 이러한 분류학적 연구도 현대에 들어서서는 위에 말한 DNA 분류학 위에 다시 분지계통학 cladistics과 컴퓨터 기술의 적용으로 방법론과 기법상 대혁신을 이뤘다. 이러한 엄연한 사실에도 불구하고 자연사박물관에서 하는 일이 주로 단순한 테크닉으로서의 분류 작업뿐이라고 보는 일부 통념은 시정되어야 할 것이다. 그렇다고 자연사박물관에서의 분류학적 작업이 모두 DNA분류학으로 이뤄지는 것은 아니다. 그 기초와 전 단계로서 형태적 관찰에 의한 종 또는 개체군 분류가 이뤄진다. 그리고 이 단계에서 이뤄지는 형태적 분류 작업은 대체로 명세와 모니터링, 생태적 연구와 환경 영향 평가 등 여러 가지 자연 조사 작업에서 주류를 이루므로 자연사박물관에서는 매우 중요한 기본 작업이다. 그러나 형태적인 관찰로 해결되지 못하는 분류학적 문제나 진화생물학적 문제에 부딪쳤을 때에는 생태학, 행동학, 세포학, 분자생물학적 방법 등 포괄적 접근을 통해 종합적인 관점에서 결론을 얻는 것이 보통이다.

위에 자연사박물관에서 이뤄지는 생물 분야 연구 가운데 분류학이 언급되었으나 이외에도 생태학, 행동학, 유전학 등 다양한 연구가 독립적으로 이뤄지고 있다. 또한 기타 지질학, 광물학, 고생물학, 인류학 등 자연의 역사와 현재, 그리고 환경 변화에 따르는 자연계의 변동에 관한 주제들이 연구되고 있다.

3 전시

박물관에서 이뤄지는 표본 수집, 연구, 전시 등은 모두가 새로운 정보와 지식을 산출하여 전문가와 일반 대중에게 제공함으로써 학술과 생활에 기여하는 활동이라 할 수 있다. 그러나 이렇게 생산된 지식이 알기 쉽게 풀이되어 대중에게 전달되는 것은 적어도 자연사박물관에서는 주로 전시를 비롯한 여러 가지 교육 활동들을 통해서 이뤄진다.

참고로 미국 국립자연사박물관이 그의 임무 성명에서 전시를 비롯한 교육 사업을 펴 나가는 까닭을 든 것을 보면 다음과 같다.

미국 국립자연사박물관의 전시 관련 임무 성명
1) 수집된 표본들과 수행한 연구의 결과를 가능한 한 널리 일반 대중에게 알기 쉽게 전달하고 또 접근할 수 있게 하며,
2) 과학에 대한 대중의 이해를 돕고 아울러 미래 과학자들에게 영감을 불어넣어 주며,
3) 자연 보전과 한정된 자연 자원의 이용에 관련해 이뤄지는 각종 결정이 책임 있게 이뤄지도록 격려한다.

이러한 교육 사업 가운데 전시는 사실상 박물관의 고유 영역이라 할 수 있다. 수집하고 연구하고 교육하는 일이 박물관, 연구소, 대학의 공통점이라면 박물관을 연구소나 대학과 차별화할 수 있는 것은 오직 전시이기 때문이다. 따라서 박물관에서의 전시 업무는 박물관의 고유

그림 2-4 미국 국립자연사박물관 현관 내부 전시(워싱턴)

그림 2-5 프랑스 국립자연사박물관 조류·포유류 전시(파리)

그림 2-6 미국 자연사박물
관 생물다양성 전시(뉴욕)

그림 2-7 일본 기타큐슈 자연사박물관 지형·지질 전시

기능으로 보거나 교육 활동을 위해서나 가장 비중을 두어야 할 사업 중의 하나이다.

자연사박물관에서의 전시는 종전에는 대체로 광물 또는 동물의 표본 하나 하나를 정교하게 다듬거나 박제하여 적당한 네모판 위에 올려 놓고 설명문을 붙여 놓는 것이 고작이었다. 그러나 현대에 들어서서 전시는 표본, 장비, 설명과 미술적 상상력을 요구하는 하나의 종합 예술로 발전하였다. 바로 관람객으로 하여금 편안하고 즐겁게 감상하며 배울 수 있도록 배려하기 때문이다. 박물관은 결코 엄격한 학교의 수업 현장이 아니며 보통 여가 활동의 하나이기 때문이다.

3-1 전시의 종류와 변화

전시는 여러 가지 유형으로 분류된다. 즉 사실 전시 factual exhibit와 개념 전시 conceptual exhibit, 주제 전시 thematic exhibit로 나눌 수 있고, 또는 상설 전시와 특별 전시나 이동 전시로 나누기도 하고 동적(動的) 전시와 정적(靜的) 전시로 분류되기도 한다. 대체로 예전에는 단편적인 사실들을, 예를 들어 광물, 포유류, 파충류, 곤충, 이끼류 등 종류별로 나열하는 사실적이며 정적인 전시가 많았다. 그러나 자연 현상은 결코 조각 조각 단절된 상태로 나타나는 것이 아니고 모두 연결되어 있으며 끊임없이 움직인다. 그리고 요소들간에 서로 영향을 주고받으며 상호 의존적이다. 따라서 이러한 구성 요소들 자체를 배우고 감상하는 것도 중요하지만 자연을 이해하는 데는 요소들 상호간의 관계를 이해할 수 있는 동적이며 개념적인 전시가 더 효과적일 것이다.

이와 같이 주제적이며 심미적이고 동적인 개념을 전달하는 데는 실물 표본, 모조품, 사진, 설명 라벨, 배경 그림, 조명, 음향이 적절히 안배되어 전체적인 조화를 이뤄야 하며 관람자가 전시에 〈참여〉할 수 있으면 더욱 효과적일 것이다. 따라서 관람자에 대한 주제 전달을 연출하기 위해서는 주제에 관한 전문가뿐 아니라 디자이너, 교육학자, 편집 전문가 등 다양한 전문 인력이 동원되어야 한다. 그러나 이렇게 골고루 균형을 갖춰 전시하는 것은 박물관이 갖고 있는 소장품의 규모, 전시 주제, 동원 기술과 재정 정도에 따라 이뤄질 수 있고, 또 박물관의 역점 사항에 따라 비중이 달라질 수도 있다.

더욱이 오늘날 누구에게나 관심사가 되고 있는 인구 폭발, 사막화, 생물 멸종, 대기 오염과 지구 온난화, 열대림과 서식처의 감소, 암의 발생, 유전자 공학 등에 이르면, 단지 자연 현상에 그치지 않고 인류의 문화와 인간의 자연에 대한 간섭에 긴밀히 연관되어 있음을 볼 수 있다. 다시 말해 이러한 주제는 인문, 사회, 자연과학의 종합적 접근을 통해서만 이해가 가능하고, 그래야만 자연을 전체적이고도 철학적인 조망에서 파악할 수 있으며, 해결을 기대할 수 있을 것이다. 전시가 단지 하나의 기법이 아니고 예술이며 종합적 연출이라는 이유가 바로 여기에 있다.

그러나 이러한 전시를 통해 방문객이 받는 교육적 영향은 과연 어떠한 것이어야 하나? 여기에서 우리는 학습, 즉 어떤 추상적인 생각이나 과정을 포함해서 모든 사물에 대한 지식을 우리 기억 속에 추가하는 일과, 이해, 즉 어떤 주제의 구조를 파악하여 그에 관련된 다른 사물과의 관계를 포괄적으로 의미 있게 알아내는 일을 구별해야 할 것이다. 자연사박물관에서의 전시가 학습과 이해 사이에 어디에 더 중점을 두어야 하느냐에 대해서는 논란이 있으나 과학적 개념에 대한 대중의 이해 증진에 목표를 두어야 한다는 데 비중이 기울고 있다. 즉 단순한 사실 학습보다는 자연계에 대한 포괄적인 검토와 개념, 그리고 흥미 유발과 새로운 세계관의 창출에 그 목표가 있다고 보아야 한다는 것이다(Davis, 1996).

그러나 이러한 개념적 주제 전시와 별도로, 예를 들어 공룡의 알이나 달에서 가져온 돌멩이처럼 그 자체가 흥미와 학습의 대상이 되기에 충분한 경우가 많다. 이와 같은 경우 사실 전시는 얼마든지 독립적이거나 또는 개념 전시와 섞여서 이뤄질 수 있음을 고려해야 할 것이다.

한편 어떠한 전시가 그의 교육 목표를 달성할 수 있느냐 하는 전시의 주제와 구성은 관람하는 대상 여하에 따라 얼마든지 달라질 수 있다. 그 주제와 소재가 방문객에게 경험적으로 얼마나 익숙해 있는지 아니면 매우 생소한 문제인지, 그리고 개념적 구조상 얼마나 단순한지 아니면 복잡한지에 달려 있다는 말이다. 그러나 전시의 주제나 내용은 어디까지나 간단해야지 너무 복잡하면 방문객은 외면하는 것이 보통이다. 왜냐하면 이미 앞에서 말한 바와 같이 방문객은 대체로 여가 선용의 차원에서 편안하게 보면서 즐기려 온 것이지 결코 학교 수업을 받으러 온 것이 아니기 때문이다.

3-2 전시 제작의 과정

전시는 전시 제작 자체가 요구하는 다양한 전문성에서뿐 아니라 특히 오늘날 주제적으로 지향하는 전시의 종합성에 따라 제작 과정에도 여러 분야의 전문가가 참여하는 종합적 접근이 필요하게 되었다. 따라서 종전에는 흔히 연구원(큐레이터)과 디자이너가 관여하는 것이 전부였으나 오늘날에는 팀 접근이 강조되고 있다(DeMars, 1991). 다시 말해 과학적으로 정확하고 교육상 흥미 유발적이면서도 동시에 전시가 매력적으로 설계됨으로써 주제가 호소력 있게 전달되기 위해서는 연구원과 디자이너뿐 아니라 조정자 coordinator, 디자이너, 대중 교육 전문가가 본격적으로 참여해야 한다. 그 밖에 제작 감독, 표본 보전 전문가 conservator, 공작 담당자 preparator, 평가와 모니터링을 위한 일반 관객, 그리고 업무 추진을 위한 행정 담당자 등 다양한 직종이 합류하기도 한다. 이들이 전시 제작 과정상 이른 시기에 관여할수록 시행 착오를 피할 수 있고 능률과 효과를 올릴 수 있다.

전시 제작의 구체적 과정은 박물관의 규모와 재정, 그리고 지향하는 철학에 따라 다양하나 다음 6단계가 제안되고 있다(DeMars, 1991).

1단계: 제안 proposal

전시의 목표, 개념, 그리고 동원될 표본의 명단이 간략히 제시된다. 이러한 제안은 박물관의 어떤 요원도 할 수 있으나, 과학적 내용의 정확성을 위해 연구원(scientist 또는 curator)의 서명이 있어야 한다.

2단계: 주제 진술 theme statement

전시의 개념과 목표를 상세히 진술한 것이며 관람 대상이 주로 누구인가를 지정한다. 이것은 연구원(scientist 또는 curator)이 전시 제작의 다른 핵심 요원과 협의하여 작성하는데 전시의 제목, 동원될 표본에 대한 기술, 대여받아야 할 표본과 표본 보존 방안도 제시된다. 아울러 전시의 예정 위치에 관한 평면도가 작성되고 주요 토픽, 강조점, 이야기의 줄거리, 주요 단위들main units의 구성, 취급 범위 등이 표시된다. 이와 같은 주제 진술이 제시됨으로써 전시 제작 요원들은 제작의 방향과 내용에 대해 미리 익숙하게 되고 따라서 의견 제시를 할 수 있게 하는 것이다.

3단계: 전시 디자인 초벌 작성

이것은 전시 초벌 원고를 만들어 가능성을 타진하기 위한 것이다. 전시 제작상 요원들의 역할이 진술된다. 또한 개념적인 약도 모델이 작성되는데 여기에는 2차원의 입면도가 첨부되고 전시 각 부분에 해당하는 초벌 원고와 표본 리스트가 지적된다. 이때에 대중 교육 전문가는 이에 대한 일반 모니터의 의견을 들어 여기에 첨부한다.

4단계: 소요 시간 및 비용 평가

전체적인 시간 비용 분석을 위해서는 전시 요원들이 각자 검토하여

자기 몫에 대한 의견을 개진하는 일이 필요하다. 진행 조정자 coordi-
nator는 이렇게 작성된 평가서를 토대로 소요 시간과 비용에 대한 예
비 평가서를 작성한다.

5단계: 디자인 2차 초벌 작성

전시의 입면도와 평면도에 최종 축소 모델 final scale model과 초벌
원고가 첨부된다. 이것은 주제 개념과 원고 및 디자인에 대해 전시 제
작 착수 전에 최종 평가를 받고 그에 따라 조정되기 위한 것이다.

6단계: 최종 명세 단계

진행 단계 전체를 좀더 구체적으로 기술하되 시간과 비용을 거듭
분석하고 제작 일정을 최종적으로 결정한다.

한편 이와 같이 6단계이기는 마찬가지이나 약간 다르게 권하는 아
래와 같은 방식도 있다(Miles et al. 1988).

1단계: 예비 계획과 승인 획득

전시의 목적, 주제, 성취 목표, 그리고 필요한 자원의 입수 여부가
진술되고 이를 토대로 가능성 타진이 이뤄진 다음 재정 지원자 또는
부서에 제출되어 승인을 받는다.

2단계: 계획

전시의 주제와 동원될 자원, 그리고 진행 일정이 상세하게 기술된다.

3단계: 시행(전개, 제작, 설치 및 내장 dressing)

전개 단계에서 주제에 관한 전문가, 디자이너, 교육 전문가, 편집 기
술자가 모두 합동하여 비가시적인 주제의 개념이 가시적인 물리적 구

조로 형상화된다. 제작 과정에는 도안가, 그래픽 디자이너, 미술가, 인쇄 기술자 등이 동원되며 표본 보존 전문가와 안전 전문가가 참여할 경우도 있다.

4단계: 전시 개시와 평가

전시가 방문객에게 공개되면서 나타나는 반응을 평가하여 일부 수정을 가함으로써 전시의 개선과 완성을 도모한다.

5단계: 정비

전시에 등장하거나 장치된 모든 것에 이상 발생 유무를 점검하여 시정한다. 흔히 전시품, 오디오 기능, 작동 시설, 청결을 비롯해 온도, 습도, 조명 등을 점검한다.

6단계: 갱신과 수정

전시의 내용과 방식에 있어 시종일관하게 끊임없이 평가를 진행함으로써 관련된 정보, 자료, 전시 기법에서 정확과 신선함을 유지한다.

이러한 전시 제작의 진행 방식에 관해서는 주제와 목표, 그리고 동원할 수 있는 자원의 규모에 따라 위의 어느 방식이나 또는 변형된 순서를 취할 수 있다.

위에 소개한 두 가지 진행 방식 가운데 앞의 것을 제안한 예일 대학 피버디 자연사박물관의 DeMars는 그의 6단계 전시 제작 과정을 개발, 시행한 경험에 입각해 몇 가지 유의할 것을 촉구했다(DeMars, 1991). 이와 같은 종합적 팀 접근 team approach에는 우선 각자 전문 영역에서 탈피한 개방적 자세와 함께 다른 전문성에 대한 존중과 상호 의사소통의 분위기 조성이 무엇보다 필요하다는 것이다. 또한 그 자신이 이러한 구상을 하고 이를 실현하는 데는 그에 적절한 행정 개편이 이

그림 2-8 일본 비와호 박물관 방문객용 관찰 실험실

뤄지기까지 4년이 걸렸다. 즉 그러한 접근에 걸맞는 조직이 필요하며, 아울러 인내가 요구된다는 말이다. 또한 이러한 전시 디자인 진행 과정에서 매우 중요한 것은 설계 작업 초기와 중간, 그리고 사후 평가이며 아울러 관람객인 대중이 전시에 동원되는 표본 못지않게 중요하다는 것이다. 즉 전시 제작 핵심 요원 각자에게 〈대중 의식〉이 없다면 결코 전시에 성공을 거둘 수 없다는 것이다.

3-3 방문객의 유형과 참여 전시

일반적으로 박물관의 방문객은 세 가지 유형으로 분류된다(Allan, 1960). 첫째가 약 12세까지의 어린이들로 이때에 전시는 비교적 단순하면서도 색깔이 화려하고 가능하면 직접 만지고 움직이거나 갖고 놀 수 있어야 한다. 또 이들의 생각의 수준이나 생활 환경에 직접 관계되

66

는 것이 아니면 관심과 흥미를 끌 수 없다.

둘째로는 신체와 정신적으로 성숙한 성인이면서 전문 지식이 없는 일반 대중이다. 이들은 박물관 관객의 주류를 이루는 집단으로서 전시의 목적을 음미할 만큼 사실적 정보가 충분히 담겨져 있는 한, 이들에게는 다양한 전시가 제시, 수용될 수 있다. 물론 전시의 주제가 생소할 수도 있으나 표본, 라벨, 배열, 색상, 조명, 그리고 음향과 조화를 이룰 때 이들의 주의를 충분히 유도할 수 있는 것이다. 결국 이들이 전시 앞에서 관찰하고 생각하는 시간은 좀더 길어져 교육 효과를 높이게 된다.

셋째는 전시의 주제에 대해 이미 전문가의 식견을 가진 고도의 지식 집단이다. 그들은 전시의 주제와 소재들, 그리고 그 개념적 구조를 면밀하게 관찰하고 분석한다. 그리고 무언가 새로운 것이 없는가 열심히 찾는다. 전시가 아름답거나 조화롭다는 점은 이들에게 그렇게 중요하지 않다. 경우에 따라 박물관이 오히려 이러한 지식인들로부터 여러 가지 전문 지식을 받아 도움을 받아야 할 때도 있다.

이와 같이 방문객을 크게 세 가지 유형으로 나눠 보았으나 세부적으로는 더 많을 수 있다. 그러나 방문객의 수준과 유형이 어떻든 간에 박물관의 전시는 결국 이들에게 흥미와 새로운 문제 의식을 유발하고 전에 생각 못했던 넓은 세계로 눈을 뜨게 하는 효과를 발휘해야 한다. 즉 호기심의 만족과 더불어 새로운 창의적 사고의 기쁨을 누릴 수 있게 해야 하는 것이다. 그리고 그들의 방문이 결국 새로운 공간적, 시각적 경험이 되고, 그러한 경험이 무의식적으로 학습으로 이어져야 하는 것이다.

이러한 교육적 효과 달성을 위해 흔히 참여 전시와 동적(動的) 전시가 강조되고 있다. 표본이나 전시품이 노출되어 가깝게 볼 수 있거나 만질 수 있고, 또 기계적 작동으로 그 기능을 이해하거나 경험할 수 있으며, 때에 따라서는 직접 실험할 수 있게 설비를 갖춰 놓는 것이다.

이러한 방식의 전시는 사실상 자연사박물관보다도 과학박물관에서 많이 발전되어 왔다. 미국 시카고의 과학산업박물관 Museum of Science and Industry이나 독일 뮌헨의 도이치 박물관 등이 좋은 예이며 특히 어린이에게 매우 인기이다. 샌프란시스코의 탐구실험관 Exploratorium (1969년 설립)은 그 엄청난 흥미 유발과 교육 효과로 말미암아 특히 과학 교육에 획기적 전기를 마련한 것으로 평가받고 있다. 방문자가 직접 다루고 실험해 보는 경험의 장으로 설계되어 있는 것이다. 즉 과학이란 과학자만이 할 수 있는 것이 아니고 박물관을 찾는 일반인도 직접 할 수 있는 일상적인 것이라는, 그래서 스스로 우주와 세계와 만물의 현상을 스스로 밝혀낼 수 있다는 경험과 자신감을 심어줌으로써 결과적으로 과학이 결코 신비가 아니라는 점을 인식시키는 데 목표를 두고 있다(Hein, 1990).

이러한 시도에서 박물관에 들어서면 방문객은 곧 스스로 만지고 느끼며 꾸며 나가고 또 도전하는 실험가와 탐험가가 되는데 이러한 참여의 특징은 한마디로 전시와 관람자 사이에 일방통행이 아닌 쌍방통행의 상호 조작 interactivity에 있다 할 수 있다. 이러한 상호 활동에서 오는 효과는 최근의 멀티미디어와 인터넷의 발전과 이용으로 비약적으로 증대되고 있는 상황이다(제1부 제2장의 멀티미디어와 사이버 자연사박물관 참조). 여기에서 오는 엄청난 교육적 효과로 말미암아 이러한 접근은 과학, 기술계 박물관뿐 아니라 미술, 고고인류학 분야의 박물관에까지 영향을 미치고 있으며 특히 자연사박물관에 더욱 침투, 보편화되고 있다.

4 교육

박물관의 요소로 흔히 표본, 연구, 전시, 그리고 교육을 든다. 그러나 이 네 가지 중에 앞의 세 가지의 가치와 효용은 교육을 통하지 않

그림 2-9 영국 런던 자연사박물관 과학 탐구 교육실

고는 발휘될 수 없다. 다시 말해 교육이야말로 박물관 활동이 사회적으로 유용한 것이 될 수 있는 가장 확실한 통로이며 보상이라 할 수 있다. 여기에 박물관과 자연사박물관의 교육이 나타내는 성격과 목표를 살펴보기로 한다.

4-1 박물관 교육

종래의 박물관 교육은 학생이나 일반의 단체 관람을 돕기 위해 제공되는 것이 고작이었다. 그러나 오늘날 박물관의 교육은 전시와 시범demonstration, 각종 행사, 그리고 워크숍에 이르기까지 다양한 프로그램에 걸쳐 적용되는 활동으로 발전하게 되었다(Hooper-Greenhill, 1999b). 다시 말해 박물관에서 이뤄지는 수업과 전시 이외에도 각종 강연, 영화, 특별 탐구활동, 야외 관찰, 서적과 잡지의 출판 등에 이르는 넓은 영역에 교육적 의미와 역할이 확대된 것이다.

종래 19세기와 20세기 후반에 들어서기까지도 교육은 정보를 학습자에게 전수하는 것이 고작이었고, 학습자는 될수록 많은 정보를 흡수하는 것이 과제였다. 그러나 오늘날의 학습 이론에 따르면 학습자는 자신이 갖고 있는 지식과 기능, 그리고 배경과 개인적 동기에 따라 그들이 받는 교육적 경험에 대해 독특한 해석을 구축해 나간다(Hooper-Greenhill, 1999a). 따라서 교사에게는 이 과정에서 적절한 교육 환경을 조성하고 전문가로서 설명해 주며 학습 기능의 발전을 돕고 또 각자가 만들어 내는 의미와 해석을 시험하고 수정할 기회를 제공할 책임이 따른다. 이에 따라 박물관들은 재빨리 여러 가지 새로운 전시 기법을 고안해 냈고, 주로 만지고 질문하고 대안을 제시하며 보조 그림과 소리를 사용하는 방법을 연출하게 되었다. 이러한 시도의 일단으로 전시에서도 그 교육적 효과를 높이기 위해 전시에 대한 안내 설명, 설문지 응답, 현장 실험 등이 시행되고 있으며, 최근에는 인터넷에 의한 교육과 정보 제공의 기회를 만들어 박물관 밖에서도 박물관 방문이나 박물관이 펼치는 교육 활동의 혜택을 누릴 수 있게 되었다.

한편 사회 교육과 평생 교육의 중요성이 점점 증대됨에 따라 박물관 교육은 오늘날 박물관의 대외적 봉사의 중추가 되었다. 다시 말해 〈수집품이 박물관의 심장이라면 교육은 박물관의 정신〉(AAM, 1984)이라고 할 만큼 그 역할이 강조되고 부각된 것이다.

이와 같이 교육이 박물관 기능의 핵심이라면 박물관에서의 교육은 어디까지나 학교에서의 교육과 연대해야 한다는 것은 하나의 필연이 될 것이다. 그러면 이 두 가지 기관이 어째서 제휴, 협력해야 하고 동반자적 입장에 서야 하는가를 살펴보기로 한다(Sheppard, 1993).

4-2 박물관과 학교 교육의 연대성

1) 말과 시각적 교육의 상보성

학교와 박물관은 각각 말과 표본이라고 하는 두 가지 학습 언어를 사용하는 곳이다. 뿐만 아니라 교실에서의 교수 방법과 박물관에서의 시각적 학습 테크닉이라고 하는 두 종류의 전문성을 각기 제공한다. 만약 이와 같은 두 가지 학습 언어와 교수 방법이 조합된다면 학생들로서는 어떠한 발상과 발견을 스스로 이끌어 내고 재미를 느끼는 데 크게 도움이 될 것이다. 즉 학교와 박물관은 이러한 이유에서 연대, 협동해야 하는 이유가 충분하다고 할 수 있다.

2) 책과 실물의 보완성

박물관에서 실물을 만날 수 있다는 것은 박물관 교육이 갖는 강점의 하나이다. 진짜이거나 실물인 물체가 발휘하는 교육적 힘만큼 강력한 것은 없다. 교과서나 비디오, 컴퓨터와 녹음에서 보고 듣던 것을 실물로 직접 보고 대할 때 느끼는 감동은 그 어느 모조품에도 비교할 수 없기 때문이다. 즉 학습자가 실물이나 표본을 직접 다루거나 가까이 관찰할 때 학습 과정에 미치는 효과는 지대하다(Hooper-Greenhill, 1999b). 그래서 달에서 수집해 온 돌멩이, 별똥, 공룡과 맘모스의 화석, 현미경 속의 움직이는 아메바, 먼 밤하늘의 별 등을 관찰하는 일은 실로 흥미롭기 짝이 없다. 이러한 실물들은 학습 과정에 감각적 차원을 부가하고 의문과 탐구심을 촉발하며(Sheppard, 1993) 추상적 경험을 구체화하고 오래된 지식을 이끌어 내어 흥미를 유발하는 데 기여한다.

이 과정에서 교사의 임무는 학생과 표본 사이에 일어나는 상호 작용, 즉 대화를 촉진하는 일이다. 즉 학생들의 시각적, 인지적 기능을 북돋아 주고, 세밀하게 관찰, 비교, 대조하며 데이터를 수집하고 분석한 후에 결론을 내리고 평가하게 하는 것이다. 바로 이때의 시각적 접근이 학교에서 주로 말에 의존하는 학습 과정에 보완적으로 작용하여 경험을 완성하는 데 이바지하는 것이다.

우리의 어린이들은 정보의 홍수 속에 살고 있으나 대부분 어떠한 매체에 의해 걸러진 상태로 주어지므로 실물이 주는 정보를 직접 만나는 기회는 상대적으로 적은 상태이다. 따라서 어린이들은 사물이 어떻게 돌아가고 만들어지는가는 물론, 그들 자신이 어떤 가치 있는 무엇을 직접 창출해 낼 때 그것이 얼마나 멋지고 신나는 일인가를 경험하는 일이 매우 드물어지고 있다. 그러나 박물관이야말로 이러한 실물과의 만남을 통해 체험적으로 학습을 완성시키는 효과적인 교육 환경이 되고 있다.

3) 참여

학생들로 하여금 학습 동기를 유발하는 가장 효과적인 방법은 여러 가지 교육 자료를 보고 만지고 작동해 보고 또 운전해 보는 등의 조작을 통해 참여를 유도하는 것이다. 더욱이 학생들은 각자 서로 다른 능력을 갖고 있다. 즉 언어적 능력, 수리적 능력, 공간적 능력, 음악적 능력, 운동 능력, 대인 능력, 자기 내적 능력 등이다(Wolins, 1993). 또한 학습자를 창의력이 풍부한 혁신적 학습자 innovative learner, 사실들을 탐구하는 분석적 학습자 analytic learner, 실용성을 추구하는 상식 학습자 common sense learner, 그리고 잠재된 가능성을 개발하는 자기 발견 학습자 dynamic learner로 나누기도 한다. 박물관은 학생들에게 전시의 관찰, 조작 실험, 표본 조사, 설문 응답, 청강, 탐구 활동, 야외 답사, 사육 및 재배, 그리고 과학자들과의 대화 등을 제공함으로써 각자의 지적 능력과 학습 방식에 적합한 다양한 자료와 프로그램을 선택할 수 있는 곳이다. 이러한 참여의 이점(利點)은 특히 과학박물관과 자연사박물관과 같이 자연 또는 실험과학적 성격의 박물관의 경우, 보다 수월히 적용될 수 있다.

4) 즐거움

박물관 교육은 다양한 체험을 통해 즐거움을 누리는 데 그 특징이 있다. 박물관에 가는 목적은 극장에 가는 경우처럼 즐거움에만 있는 것은 아니다. 박물관의 큰 목표는 물론 교육에 있으나 박물관에서의 다양한 체험과 참여는 재미를 느끼게 하고, 그 결과 학습이 이뤄지면 여기서 얻는 새로운 발견과 성취는 재미와 기쁨을 한층 더해준다. 그래서 박물관에서의 학습을 학교 수업과 구별하여 여가 학습 leasure-learning이라 부른다(Hooper-Greenhill, 1999b).

그러나 이러한 박물관 학습도 학교에서 배운 이론적 바탕 위에서 효과적으로 달성되는 것이며 이와 같이 얻어진 체험적 경험은 책으로 배우는 학교에서의 학습을 보완적으로 완성하는 것임을 잊어서는 안 된다.

결국 박물관의 전시와 모든 교육 프로그램은 흥미를 유발하도록 설계되어야 할 뿐 아니라, 〈재미있는 분위기〉를 조성하기 위해서는 그 〈재미〉에 앞서 우선 물리적으로 실내가 쾌적하고 편안하며 안전하도록 배려되어야 하는 것이 중요하다. 교육 효과는 바로 긴장 없는 환경에서 극대화될 수 있기 때문이다(Richter, 1993). 즉 〈가장 효과적인 학습은 위협의 부재, 다차원적 교수법의 적절한 구사, 실생활적 체험, 그리고 학습 장애 요인의 파악에서 비롯된다〉는 연구 결과가 이를 뒷받침하고 있다.

여기에 관련해 공간, 조명, 채색, 음향 등의 물리적 환경 조건과 휴게실, 화장실, 매점, 식당 등 편의 시설과 친절한 안내원 등 모든 편의 시설이 고루 갖춰지는 총체적 연출이 필요하다.

이와 같이 재미있고 편안하게 조성된 박물관의 전시와 분위기는 방문자가 후에 다시금 찾아오게 하는 중요한 동기 유발의 요소가 되며, 이것은 곧 성공적 박물관이 되게 하는 또 하나의 요체이다.

4-3 자연사박물관 교육의 특징과 목표

앞에서 박물관 교육의 일반적인 특징을 살펴보았다. 그러나 다시 자연사박물관이라면 어떠한 면모와 양상을 나타낼 것인가? 학교에서는 보통 물상, 생물, 지리, 사회 등 전통적인 학문 영역에 따라 학습이 이뤄진다. 그러나 자연 현상은 그렇게 단편적으로 분리된 것이 아니다. 따라서 과목별 학습은 종합적인 이해와 주제의 포괄적인 파악에 한계를 준다. 자연사박물관에서의 교육은 바로 이러한 과목의 단편성을 초월하여 영역과 영역 사이를 이어줌으로써 주제의 통합적 이해를 가능하게 한다. 다시 말해 자연의 전체적인 조망과 이해, 그리고 그에 관한 철학적 음미를 가능하게 하는 것이다.

특히, 환경이 주제인 경우 교육 효과를 높이기 위해서는 환경에 관한 교육 (지식), 환경을 위한 교육 (태도, 가치관, 행동), 그리고 환경을 통한 교육(자원)의 삼위 일체적 접근이 바람직한 것으로 제안되고 있다(Davis, 1996). 자연사박물관이야말로 이러한 삼위 일체적 접근으로 바로 앞에서처럼 자연 현상을 포괄적으로 이해하는 데 이상적인 교육 현장이라고 할 수 있다.

이상에서 학교 교육 지원, 시민 교육, 평생 교육, 여가 선용, 환경 교육의 차원에서 자연사박물관이 수행하는 교육 활동을 살펴보았다. 그러나 이 밖에도 실제 펼쳐지고 있는 사업은 실로 다양하다. 이미 앞에서 말하였으나 그 밖에도 토요 강좌, 워크숍, 학생 세미나, 저명 과학자 초청 강연회 등이 있다. 이들 교육 프로그램을 옥내와 옥외 프로그램으로 대별할 수 있으나 이 두 가지를 적절히 조합하여 운영할 수도 있다. 또 프로그램은 대상이 어떤 연령층인가에 따라, 그리고 가족 단위인지 동호인, 지도자, 장애인들인지에 따라 적절히 개발, 운영될 수 있다.

그러나 공식 교육의 일환으로 학점 취득으로 이어지는 프로그램도 있다. 예를 들면 간호사 교육, 교사 교육, 현직 교사 재교육 등이 있으며, 좀더 본격적인 것으로 이웃 대학의 위탁을 받아 석사, 또는 박사 교육을 하는 경우가 많다. 구미의 주요 국립자연사박물관을 비롯해 대형 자연사박물관에서는 이러한 대학원 교육과 훈련이 오랜 전통 속에 많이 이뤄지고 있다.

이러한 특징을 갖는 자연사박물관에서 교육 활동의 목표는 어떻게 설정하고 있는가? 캐나다 자연박물관의 경우를 들면 다음과 같다(한국건축가협회, 1996). 즉 아래의 목적 달성을 위해 프로그램을 개발, 시행함으로써 방문자로 하여금 자연에 관한 지식을 습득하여 자연에 대한 태도와 행위를 개선하도록 유도하는 것을 목표로 삼고 있다.

1) 교육 목적

① 자연 교육

자연에 대한 지식 및 관리자로서의 태도와 활동을 증진하기 위해 자연과의 감정 이입과 일체감을 키워나간다.

② 과학 교육

자연과학에 대한 인식과 이해 및 관계를 증진시킨다. 특히 젊은이들이 자연과 자주 접촉하는 사이에 경험하는 과학적 과정 process, 사고, 그리고 발견이 삶을 살아나가는 데 중요한 영향을 준다는 것을 이해하도록 한다.

③ 토론의 길잡이 교육

인간의 자연에 대한 활동이 자연에 어떻게 영향을 미치는가에 대해 토론할 때 길잡이가 되게 한다. 그럼으로써 표본 수집에 기초한 연구를 바탕으로 자연에 관한 문제와 이슈에 대해 토론할 수 있게 한다.

자연사박물관은 이러한 교육 목적 밑에 각급 학교의 자연 교육을 실질적으로 도울 수 있다는 점에서 과학 교육의 향상을 위해 중요한 자원이 되고 있다. 즉 자연사박물관에는 자연 환경을 이루는 요소로서 각종 동·식물 및 광물 등의 표본이 풍부하고 이에 대한 전문가들이 있으며 자연의 구성, 기능, 그리고 인간과의 관계에 대해 효과적으로 학습하도록 돕는 교육 전문가가 있다. 특히 농어촌의 경우 주위 환경에는 이에 관한 자료가 풍부하며 따라서 학생들은 성장 과정에서 이미 자연이 나타내는 각가지 모습과 현상에 익숙할 수 있어 효과적으로 학습할 수 있는 준비와 태세가 갖춰져 있는 셈이다. 예를 들어 미국의 뉴멕시코 자연사박물관은 이런 데 대한 자연사박물관의 장점과 농어촌 환경의 이점을 활용하여 농어촌 학교의 교사를 상대로 워크숍, 야외 답사, 자연사 계절 학교 등을 실시하였다. 그 결과 과학 교육의 성과를 한층 높이고 아울러 기타 유사한 환경에 있는 학교들에 적용할 수 있는 한 모델을 개발할 수 있었다(Gottfried et al., 1991). 이러한 목적 달성을 위해 다음과 같은 목표를 설정한다.

2) 교육 목표

① 자연에 접촉함으로써 새로움과 상쾌함을 느끼고 자연을 이해하며, 자연계의 기적과 신비에 대해 경외심을 가짐으로써 자연과 인간의 관계를 올바르게 음미하고 평가하게 한다.

② 개인, 지역, 국가가 자연에 대한 관리자임을 이해하고, 개인적으로 적절하고 의미 있는 방법을 자각하여 실현할 수 있는 능력을 배운다.

③ 과학 분야의 중요한 과정, 사고, 발견에 대한 기초적인 이해가 우리의 사회와 삶의 질을 어떻게 개선할 수 있는가를 깨닫게 한다.

④ 이러한 교육의 성과가 자연의 연구, 보존, 개발에 기여하고 특히 어린이와 가족을 대상으로 할 때에는 다음 세대가 자연에 대해 올바른 자세와 인식을 갖는 지도자가 되게 한다.

⑤ 대중의 관심을 자연계에 유도하고 대중의 의견을 조절하는 장(場)으로 자연사박물관을 활용하며 국가 자연 유산의 보존이 국민의 건강과 복지에 연계된다는 사실을 인식하도록 한다.

캐나다 자연박물관은 위와 같은 목적과 목표 밑에 우선 방문자가 자연계에 호기심을 갖게 하고 자연의 신비와 현상들, 그리고 그와 관련된 중요한 사회적 문제를 설명하는 데 주력하고 있다. 이와 함께 방문자들이 이러한 비정규적 교육 환경에서 즐거움과 만족을 느끼도록 최선의 방법을 도모하고 있다.

이상에서 자연사박물관의 교육 목표를 살펴보았다. 그러나 최근, 특히 환경 문제의 대두와 함께 무엇보다도 환경 개선과 지구 살리기를 위한 새로운 목표를 감당하지 않을 수 없게 되었다.

즉 박물관에서는 남녀노소를 불문하는 대중 교육이 이뤄진다. 이러한 이유로 박물관을 시민 대학이라고도 한다. 다시 말해 박물관은 대중을 상대로 한 평생 교육의 장으로 활용되며 아울러 건전한 시민 교육의 장이 된다. 한 걸음 더 나아가서 개인의 자연 탐구나 행복 추구뿐 아니라 사회의 복지와 발전, 그리고 미래에 대처하기 위해 과학에 정통한 시민 informed citizen을 양성하는 목표가 주어지고 있다. 왜냐하면 무지한 유권자는 결코 선거에서 현명한 선택을 할 수 없기 때문이다. 따라서 특히 과학이 지배하고 환경이 문제되는 현대에서 권리 행사를 적절하고 책임 있게 수행할 수 있는 민주 시민을 양성하는 데 자연사박물관이 수행해야 할 역할과 임무가 중요함은 아무리 강조해도 지나침이 없을 것이다.

이 밖에 모든 사람은 사회의 구성원으로서 남과의 관계, 그리고 세계의 일원으로서 다른 민족이나 국가와의 관계 속에서 생활한다. 특히 통신과 교통이 발달한 현대에서는 세계가 하나의 작은 지구촌이 되어 여러 가지 자연 환경의 변화와 함께 다른 곳에서 발생하는 정치, 경제 및 사회적 사태에 밀접히 영향을 주고받는다. 게다가 과학 기술의 변화가 가속화되면서 인간의 생활을 더욱 직접적으로 지배하고 있다. 이러한 시간, 공간적, 그리고 사회와 기술적 변화가 빠른 환경 속에서 인간이 적절히 적응하여 살아남고 더욱이 비인간화를 막아 진정으로 인간적인 삶을 살기 위해서는 이를 뒷받침하는 교육이 필요하다. 이때에 자연과 인간을 함께 다루는 자연사박물관이야말로 이러한 시대적 변화와 요구에 부응할 수 있는 이상적 교육 현장이라 할 수 있다.

이상으로 자연사박물관에서의 교육 프로그램 운영의 기본 취지와 방법, 그리고 오늘의 시민 양성을 위한 목표 등을 알아보았다. 그러나 불행히도 우리나라에는 자연사박물관이 극소수여서 교육 프로그램의 운영의 사례를 보기 어렵다. 다만 이화여대 자연사박물관이 자연 교실을 운영하고 한남대 자연사박물관 역시 활발하게 시행하여 큰 성과를 거두는 것으로 보고되어 있다(조영복 및 심정자, 1998). 경희대 자연박물관도 교육 프로그램을 운영하는 것으로 보도되고 있으며 국립중앙과학관과 국립서울과학관도 방학 기간 중 자연 관찰 대회 등 몇 가지 행사를 열고 있다.

5 특별 프로그램

자연사박물관에서는 상설 전시 이외에 특별 전시, 이동 전시, 전시품 또는 표본의 대여, 강연, 강좌, 영화 상영, 특별 탐구 활동, 도서실 운영과 출판 등 다양한 특별 사업을 펼치며 또한 방송 프로그램 제작, 플라

네타륨 운영 등 여러 가지 사업을 수행한다. 이 가운데 일부는 앞(4 교육)에서 이미 언급했으나 중요시되는 몇 가지에 대해 살펴보고자 한다.

5-1 이동박물관

박물관에서 지리적으로 멀리 떨어져 사는 주민들을 위해 어떤 시사적 주제나 문제에 대해 교육할 목적으로 전시물을 차량 위에 싣고 멀리 운반하여 시행하는 전시를 말한다. 보통 멀리 떨어져 있는 학교를 찾아가 학교 교육을 보충, 지원하고, 또 오지의 주민을 방문하여 이뤄진다. 특히 다민족 사회에서는 소수 민족들에 대한 이해와 교감을 도모함으로써 문화적 이질감을 극복하는 중요한 기능을 수행하고 있다(Davis, 1996).

이러한 이동박물관의 또 다른 주요 활동으로는 장애자를 위한 봉사를 들 수 있다. 박물관에 쉽게 찾아올 수 없는 이들을 위해 이들이 거주하는 집단 시설로 찾아가 봉사하는 것이다. 또 빈민구호소나 공원뿐 아니라 거리 축제의 현장에 찾아가기도 하고, 또한 이것을 본 사람들이 후에 이 박물관에 찾아오도록 유도하기도 한다.

실제로 이러한 이동박물관을 박물관의 본래 사업의 확충의 차원에서는 물론, 박물관 발전 전략의 일환으로 사용해 성공을 거둔 사례를 미국의 오클라호마 자연사박물관에서 볼 수 있다(Tirrell, 1991). 종래에 오클라호마 대학 부설로 운영되고 있던 이 박물관은 1978년부터 이동박물관 사업을 운영하여, 그 후 8년간 주 내의 233개 지점을 포함하여 전국의 14개 주에 걸쳐 370개소에 봉사를 폈다. 방문 장소로는 농촌과 도시의 중심지로 박물관, 학교, 도서관, 화랑, 원주민 센터, 은행, 대학 등이고, 특히 미국의 원주민이 펼치는 대규모 전국 행사에 초대되기도 하였다.

그 결과 주민과 주 의회의 전폭적인 지지를 얻게 되어 1987년에는 주립 자연사박물관으로 승격되었고, 그 결과 주 정부와 대학 모두에서 지원을 받아 시설, 진용, 사업을 크게 확충할 수 있었다. 결국 이같이 이동박물관을 운영함으로써 이 박물관은 연 관람자 수를 150% 증가시키고 전시 면적도 111% 늘리는 효과를 얻었다.

5-2 정보 서비스와 지역 네트워크 교육

최근 자연사박물관들은 인터넷, CD-ROM 등 멀티미디어를 이용하여 과학자와 교사, 학생들간의 학습을 지원하고 있다. 그러기 위해 각종 자연사 표본과 연구에서 나온 자료를 전산 입력하여 사용자가 적절히 인출 활용할 수 있는 데이터 베이스를 구축해야 한다. 이를 국내망과 국제망에 연결시켜 다른 자연사박물관과 각종 정보 자료를 교환, 활용할 수 있도록 조치함으로써 상호 협동에 의한 작업 능률 향상을 극대화한다. 우선 지역 차원에서는 인근 지역의 학교들뿐 아니라 동물원, 환경 연구 센터, 대학과 기타 교육 기관들 사이에 정보망을 구축하여 시민과 학생들에게 다양한 정보를 제공하고 토론, 학습과 상호 대화할 수 있는 기회와 방법을 제공한다.

바야흐로 정보화 시대를 맞아 자연사박물관은 국내외 각종 정보를 받고 발송하는 구실을 다해야 한다. 즉 정보를 실물 표본처럼 끊임없이 수집, 정리하고 다듬어 전문가와 일반에게 제공하는 서비스를 해야 하는 것이다. 정보는 표본보다 다양하고 비소모성이며 복제도 되고 실시간에 무한히 전파될 수 있다. 다시 말해 자연사박물관은 데이터 뱅크의 구축과 제공으로 인터넷과 사이버박물관을 통해 일반에 대한 서비스와 지역 네트워크 교육, 그리고 국제 협동에 이바지해야 하는 것이다.

5-3 장애인 교육

자연사박물관의 교육은 대체로 전시를 비롯해 일반 정상인들을 기준으로 설계되고 시행된다. 그러나 방문객 가운데는 장애인들이 있으며 만약 이들을 위한 시설이 없다면 그것은 큰 문제이다. 왜냐하면 예를 들어 영국의 경우 인구 중에 10%가 신체적으로나 감각 기관에서 장애를 나타내며 인구의 95%가 일생 중에 적어도 일시적으로 장애를 나타낸다는 통계가 있기 때문이다(Miles et al., 1988).

이런 점에서 미국에서는 1973년에 중앙 정부의 지원을 받는 어떠한 기관도 신체적 장애를 이유로 차별받지 않는 법적 장치가 재활법 Rehabilitation Act으로 제정되었고 이를 위반할 때에는 재정 지원이 중단되는 조치가 내려진다.

이 밖에 박물관을 방문하는 장애인들을 돕기 위한 특수 시설과 직원 채용에 관해서는 이를 집중적으로 다룬 몇 가지 문헌들이 나와 있다(Snider, 1977; Kenney, 1979).

대체적으로 장애인에 대해서는 지체, 시각, 청각, 정신 능력 등 유형별로 특수한 교육 프로그램과 전시가 고안되고 이와 함께 박물관에 들어서고 관람하는 데 지장이 없도록 물리적인 편의를 갖춰야 한다. 따라서 건축 설계가들은 물론 전시 디자이너들도 작업에 들어가기 전에 유형별 장애인의 처지에서 박물관에 입장하고 두루 돌아보는 일이 필요하다. 다시 말해 계단 대신에 언덕길 ramp이 있어야 하고 승강기와 에스컬레이터에 걸대 handrail가 장치되어야 하며 전시실 통로와 바닥은 휠체어가 잘 구를 수 있도록 배려되어야 한다. 시각 장애인에 대해서는 각종 구조물과 청각을 통해 학습과 이동하는 일을 돕고, 또 청각 장애인에 대해서는 주제를 시각적으로 인지할 수 있도록 보완, 조치해야 한다.

특히 정신 지체자에 대해서, 그들은 말을 잘 못하니까 느끼는 것도 그만큼 제대로 못하리라 생각하는 일반적인 통념이 큰 오해라는 점을 생각해야 한다. 즉 표현은 부자유하나 감성과 이성적 수용은 정상인 경우가 많다는 점을 유의해야 할 것이다(Miles et al., 1988).

5-4 멀티미디어와 사이버자연사박물관

바야흐로 인류는 컴퓨터, 텔리비전, 전화의 발전과 함께 인터넷이 접목되어 통신과 정보의 혁명 시대를 열어가고 있다. 지구 어디에서나 즉시 통신할 수 있다는 것은 시간과 공간을 넘어선 새로운 차원의 세계를 의미하며, 게다가 멀티미디어의 발달로 현실을 생생하게 인터넷으로 송출하거나 가상적으로 창출하여 활용하고 즐길 수 있게 되었다.

이러한 혁명은 박물관에도 영향을 주어 연구, 전시, 그리고 교육의 수단을 크게 바꿔 놓고 있다. 수집과 연구에 관계되는 각종 정보를 대량으로 저장, 검색할 수 있는 것은 물론 전시와 교육에서 종래의 표본과 시청각 기기에 의존했던 전달 효과를 더욱 보완하고 강화하게 되었다. 멀티미디어와 인터넷 기술은 특히 가상 현실로서의 박물관 세계를 구축함으로써 우리가 원할 때면 언제나 박물관을 찾아볼 수 있는 〈내 손안의 박물관〉을 만들어 가고 있는 것이다. 더욱이 멀티미디어과 인터넷의 복합은 보는 사람과 정보 제공자 사이에 상호 조작이 가능하도록 만들어 주어, 선택의 여지없는 일방적 주입의 틀을 깨고 쌍방향의 통신 미디어 시대를 연 것이다.

여기에 우선 이러한 정보와 통신의 혁명이 박물관 문화에 어떠한 영향을 미치고 있는지 살펴보기로 한다(Mintz, 1998).

1) 컴퓨터의 대량 정보처리 효과(컴퓨터 기술의 정량적 능력)

① 박물관 전시실에 들어선 방문객에게 각자 박물관에서 보낼 수 있는 시간과 주제에 대한 정보 욕구에 따라 다양한 양과 수준에서 정보와 설명을 제공할 수 있다. 이때 방문자는 이 가운데 자기에 알맞는 것을 선택할 수 있으며 따라서 과학자와 과학자 사이는 물론 과학자와 일반인 사이의 의사소통을 수월하게 만들어 계층과 영역을 초월하여 통신할 수 있게 한다.

② 방문객은 컴퓨터를 쓰거나 컴퓨터 조작이 주는 설명을 제공받음으로써, 보통 종래의 전시 앞에 서 있을 때보다 훨씬 오랫동안 머물며 귀기울이고 받아들일 수 있으므로 보다 큰 교육 효과를 기대할 수 있다.

③ 전시나 교육에 펼쳐지는 주제에 대한 해설을 여러 나라 말로 제공할 수 있어 방문객의 국적에 따라 적절하게 내용을 전달할 수 있다.

④ 전시와 교육 주제에 대해 시간상으로 낙후되지 않은, 최신의 정보와 뉴스를 담아 줌으로써 전시와 교육 프로그램의 내용을 마치 〈아침 뉴스〉처럼 참신한 내용으로 제공할 수 있다.

⑤ 다양한 종류의 정보를 방대하게 저장하고 검색할 수 있으므로 각종 데이터 베이스를 갖추어 박물관으로 하여금 데이터 뱅크의 역할을 수행하게 한다.

2) 새로운 정보의 제공(컴퓨터 공학의 정성적 능력)

① 가상 현실의 실현으로 그 자리에서 깊은 바다 속이나 고산 지대

또는 우주 공간을 체험할 수 있다. 이렇게 함으로써 박물관의 전시나 교육 프로그램과 연계시켜 교육 효과를 한층 더 높일 수 있다.

② 일정 주제에 대해 일반인과 전문가의 해답을 다양하게 들을 수 있어 방문자가 비교를 통해 편견과 합리적 견해를 가려낼 수 있다.

③ 가상박물관의 창출을 통해 어떤 박물관을 실제로 찾아가지 않아도 박물관을 볼 수 있다. 즉 여러 가지 사이버박물관이 구축되고 있어 정보의 입수와 교육 면에서 혁명이라 할 만큼 효과가 큰 사회와 세계를 열어 놓고 있다. 이와 같은 사이버박물관뿐 아니라 자연사박물관들이 개설한 홈페이지를 통해 앉아서도 그 박물관을 찾아볼 수 있게 되었다.

3) 컴퓨터 자체로서의 효용

① 컴퓨터의 발달 과정이나 성능, 그리고 그 장래의 가능성에 관해 컴퓨터 자체가 전시의 주제가 될 수 있다. 특히 각종 과학, 기술박물관에서 취급되는 주제가 되지만 자연사박물관에서도 예를 들어 모래 속의 규소가 컴퓨터 칩의 재료가 되기까지의 과정을 다루기도 한다.

② 각종 로봇이 전시에서 발휘하는 흥미 유발과 교육적 효과는 실로 막대하다. 이는 여러 자연사박물관에서 각종 로봇이 마치 살아 있는 듯 움직이는 동작과 음향 효과로 인해 중생대의 쥐라기 숲을 재현하고 있어, 특히 어린이와 어른 모두에게 단연 인기물이 되고 있다. 이것은 확실히 컴퓨터 공학이 가져온 성과이다.

위에서 컴퓨터와 통신 혁명이 가져다 준 영향을 몇 가지 살펴보았다. 다시 말해 멀티미디어와 인터넷은 박물관에서 벽을 없애고 누구에게나 즉시 찾아가 보여줄 수 있는 〈현장 배달 박물관〉을 실현한 셈이다. 특히 가상박물관의 경우 자료를 동원해 전시를 무한대로 확장할 수 있고 주제에 관련되는 다른 웹사이트에 링크시킴으로써 보는 사람이 자신의 지식 영역을 얼마든지 확대해 나갈 수 있다. 예를 들면 인터넷에서 공룡 전시에 들어간 사람은 공룡의 진화에 관계되는 주제로서 〈조상새〉, 〈새의 공중 비행의 기원〉, 또는 〈수렴 진화〉 같은 사이트들에 들어가 공룡에 대해 좀더 포괄적으로 이해할 수 있다.

그러나 가상박물관에 관한 한, 이것이 박물관에 직접 방문함으로써 얻는 경험을 과연 대신할 수 있는가에 대해서는 여러 가지 의문이 제기되고 있다. 〈이와 같이 발전하고 있는 가상 현실의 세계가 있는데 굳이 박물관에 가서 '실물'을 볼 필요가 있느냐?〉라는 질문이 나오기 때문이다(Thomas, 1998). 그러나 이에 관해 우선 워싱턴 국립미술관의 교육부장 펄린 Ruth Perlin이 한 다음 언급에 유념할 필요가 있다. 그는 〈신기술은 그 자체가 결코 목적이 될 수 없다. 이들은 일반 대중을 교육하고 미술을 그들의 생활 속에 끌어들이는 강력한 수단일 뿐이다〉라고 말하였다. 사실상 박물관 체험은 어디까지나 실재(實在, reality)에 기반을 둔 것이며 이것이야말로 박물관 개념의 핵심이 된다. 아무리 멋진 영상이라 해도 그것은 매체에 의해 걸러진 그림일 뿐이다. 실제의 물건, 특히 진품(眞品)이 갖는 결이나 색조와 질감, 그리고 그 역사성을 결코 그대로 전달하지 못하는 것이다. 따라서 이들은 결코 실물을 대신할 수 없다. 더욱이 실물 표본 자체가 지니는 내재적 정보는 무궁무진하며 영상 처리되어 제공되는 정보는 단지 일단의 표피에 불과하다. 더욱이 박물관이란 하나의 대중적 공간으로서 전시를 비롯한 각종 물리적 환경이 제공하는 분위기와 박물관 직원이나 다른 방문객들이 오가는 사이 자연 발생적으로 이뤄지는 대화나 교류 또한 박물관 체험을 이루는 중요한 요소가 된다. 따라서 이러한 요소가 결여된 〈가상박물관〉이란 실제 박물관을 결코 대신할 수 없는 것이다(Mintz,

1998). 다시 말해 높은 해상도의 영상이나 실제 크기의 가상 현실 또는 인터넷상으로 아무리 많은 데이터 베이스와 링크되어 있다 할지라도 그 곳을 가보는 것은 하나의 미디어 체험일 뿐 결코 박물관 체험이라 할 수 없는 것이다.

결국 정보 통신 기술은 하나의 수단일 뿐 목적일 수는 없다. 다만 실물에서 얻는 체험을 놀랍고도 의미 있게 보강하고 도와줄 뿐이다. 각종 미디어로 포화 상태가 되고 있는 오늘날의 현실에서 실물과 접촉함으로써 얻는 체험적 경험은 가상 현실로 에워싸여 가는 미래에서 어쩌면 점점 더 귀중한 체험이 될 것이며, 따라서 박물관은 그 어느 때보다 중요한 연구와 교육의 현장이 될 것이다(Mintz, 1998).

제3장

지방자치시대의 자연사박물관

1 시·도·군립 자연사박물관

자연에 똑같은 두 곳이란 없다. 지역마다 지형, 식생, 토양, 동물과 기후가 다르고 과거로부터 걸어온 역사가 다르다. 다시 말해 자연에는 지역마다 특성이 있으며 이를 따라 형성된 인문 사회 역시 다른 것이 보통이다. 따라서 지역마다의 고유한 자연과 문화적 유산들을 보존하고 후세에 남기며 이를 교육에 활용하고자 하는 박물관들이 자연발생적으로 생겨났다. 더욱이 민주주의 발전에 따라 지식과 정보, 그리고 문화적 욕구와 혜택에 대한 평등주의가 팽배하고, 이에 따라 일반적인 사회 교육의 필요성에서뿐 아니라 지역 특성과 정체성을 찾고 나타내려는 목적에서 이에 걸맞는 자연과 인문의 각종 박물관들이 생겨나고 있다.

이러한 실례로 미국과 일본에서 지방자치단체가 설립, 운영하는 자연사박물관들을 들어보기로 한다.

1-1 미국의 주립 자연사박물관

미국에는 박물관이 약 5000개가 있고 그 가운데 자연사박물관이 약 1100개가 된다(Mares, 1993). 그 가운데에는 전문 분야가 다양한 각종 지방자치단체 즉, 주 state, 군 county, 시 city가 운영하는 자연사박물관들이 있다.

미국에는 주립 자연사박물관이 23개 운영되고 있었으나(Laerm & Edwards, 1991) 최근에 1개가 추가되어(ASC, 1999) 모두 24개가 된다. 이들의 목적과 기능은 임무 성명 mission statement에 진술되는데 한결같이 ① 표본의 수집, 보전, 관리, ② 연구, ③ 교육, 그리고 ④ 서비스이다. 그러나 지방의 특성, 강점, 재정 규모에 따라 면모가 약간씩 다른 것은 물론이다.

표본의 수집은 그 주의 특산품을 중심으로 이뤄지는 것이 보통이나 미국 내와 전 세계적으로 가치가 인정되는 것에 대해 이뤄지는 경우도 많다. 이들 수집품은 연구를 통해 그 속에 잠재되어 있는 정보가 학술, 교육, 전시, 서비스에 활용될 때 그 쓸모와 가치가 높아지므로 이들에 관한 정보의 관리와 인출 시스템 또한 표본 못지않게 중요하다.

그러나 연구는 그 주의 자연과 역사에 관한 것이 우선이며 한결같이 〈지식의 증가〉가 일차 목표가 된다. 이에 따라 그 주의 생물상 조사, 고고학 및 지질학적 연구, 환경 영향 평가 등을 실시하고 자연 보전과 자연 자원 관리에 대한 정보 제공과 자문 서비스를 한다. 이러한 박물관 가운데 상당수는 인력과 장비 등이 뛰어나 여기서 발행되는 보고서에는 국제적으로 크게 인정받는 우수한 연구 논문들이 실린 경우가 많다.

이 박물관들의 교육 활동은 자연계와 자연계에서 인간이 차지하는 위치에 관한 지식을 전달하고 이해시키며 또 음미하여 궁극적으로는 그 보존에 관한 윤리적 의무감을 심어 주는 데 목표를 두고 있다. 이러한 교육은 최근에 생물의 멸종과 자연 환경의 훼손이 심해짐에 따라 그 중요성과 비중을 더해가고 있다. 아울러 그 박물관의 교육 사업이 성공적으로 이뤄질 때 재정 조달 또한 수월하게 이뤄지므로 전시를 비롯한 교육 사업이야말로 수집, 연구, 봉사 등 다른 활동을 뒷받침하는 밑거름이고 박물관 번영의 기틀이 된다고 할 수 있다.

그러나 이들 주립 자연박물관에 대해 실시된 한 설문 조사에 의하면 이들이 펼치는 다양한 사업 중에 가장 중요한 것은 표본 수집과 표본을 토대로 한 연구라고 답하였다(Laerm & Edwards, 1991). 다시 말해 스스로 자신들을 자연사 표본의 관리와 연구의 센터로 보는 것이다. 그러나 이러한 연구를 통해 새로운 정보와 지식을 창출하고 나아가 전시와 교육에 활용되어 비로소 다양한 서비스가 개선, 발전될 수 있으므로 수집과 연구야말로 박물관과 지역 사회 및 국가에 이바지하는 가장 확실하고 근본적인 방법이라고 할 수 있다.

더욱이 미국의 주는 예를 들어 텍사스만 해도 그 면적이 한반도의 3배가 넘으므로 주립 자연사박물관이 가히 하나의 〈국립자연사박물관〉의 규모와 목표를 지향하고 자처할 수 있는 것은 당연하다. 이 가운데 다수가 미국의 자연사박물관들을 통틀어 상위 25위권 내에 들어간다는 사실이 이를 뒷받침하고 있다.

미국의 주립자연사박물관의 행정적 소속은 다양하다. 박물관에 따라 정부 부처 가운데 농업, 자연 보전, 문화, 교육, 에너지, 역사, 자연 자원, 야생 생물 관리를 담당하는 부서들에 연결되어 있다. 이것은 자연사박물관이 관계되거나 기여할 수 있는 분야가 그만큼 다양하고 사회에의 공헌 또한 광범위함을 뜻한다.

위의 설문 조사에 따르면 조사된 박물관 가운데 5개가 전적으로 주 정부의 예산 지원으로 운영되며 나머지는 주 정부 지원과 함께 용역, 연구비, 기부금, 기증 등으로 운영되고 있다. 이와 같이 공식적인 주립 자연사박물관 가운데는 7개가 주립대학의 부설 자연사박물관이며 하와이의 비숍 박물관같이 사립박물관으로 시작하였다가 1988년에 하와이 주립박물관으로 승격된 경우도 있다. 또 루이지애나 주립대학 자연사박물관 Louisiana State Museum of Natural History은 이 대학 내의 16개의 자연사박물관과 표본관을 합친 컨소시엄으로서 최근에 주립박물관의 자격을 부여받았다(ASC, 1999).

이 밖에 미국에는 시립(예: Milwaukee Public Museum)과 군립(예: Los Angeles County Museum of Natural History)의 자연사박물관 등 질과 규모 면에서 세계적인 시립, 군립 자연사박물관들이 있다.

참고로 미국의 주립 자연사박물관을 들어본다.

· 미국의 주립 자연사박물관(Laerm & Edwards, 1991)

University of Alabama State Museum of Natural History *

Alaska State Museum

The Connecticut State Museum of Natural History *

Florida State Museum *

Bishop Museum (Hawaii)

Idaho Museum of Natural History

Illinois State Museum

State Historical Museum of Iowa

Louisiana State Museum of Natural History *

Maine State Museum

Mississippi Museum of Natural Science

University of Nebraska State Museum *

Nevada State Museum

New Jersey State Museum

New Mexico Museum of Natural History

New York State Museum

North Carolina State Museum

Oklahoma Museum of Natural History *

The State Museum of Pennsylvania

South Carolina State Museum

Texas Memorial Museum

Utah Museum of Natural History *

Virginia Museum of Natural History

Thomas Burke Memorial Washington State Museum

(* 대학 부설 박물관이면서 주립인 자연사박물관)

1-2 일본의 시, 현립 자연사박물관

일본에는 박물관이 모두 3,673개가 운영되고 있다(糸魚川, 1993). 이 가운데 자연사박물관은 150개(Mares, 1993)이고 자연 분야를 포함하는 종합박물관까지 합치면 모두 382개(糸魚川, 1993)가 된다. 이 가운데 시립과 현립(縣立)이 각각 10개이고 대학 부설이 14개이며 이 밖에 정립(町立), 촌립(村立)이 있다. 그러나 구미 여러 나라와는 달리 국립의 자연사박물관이 따로 없고 도쿄의 국립과학박물관이 자연 분야를 포함하여 운영하고 있다.

이들 자연사박물관의 분포를 보면 약 30%가 도쿄 부근(關東, 中部, 近畿)에 집중되어 있다. 일본의 자연사박물관들 역시 수집, 보존, 연구, 전시, 교육의 4대 기능을 수행하면서 자연 보호, 지역 자연 조사, 환경 보호를 중심으로 지식의 보급에 힘쓰며 국제 협력도 하고 있다. 그러나 자연사박물관의 활동을 연구와 교육으로 크게 나눌 때 최근 경향은 연구 중심이거나 교육에 치우쳐 계획되고 운영되는 양극화 현상이 나타나는 것으로 지적되고 있다(糸魚川, 1993). 일본에서 현재 운영되고 있는 시립과 현립의 자연사박물관을 들어보면 다음과 같다.

· 시립 자연사박물관

瑞浪市 化石博物館, 岐阜縣, 1974년 개관

豊橋市 自然史博物館, 愛知縣, 1988년 개관

大阪市立 自然史博物館, 大阪市, 1950년 개관

笠岡市 かぶとがに博物館, 岡山縣 笠岡市, 1990년 개관

北九州市立自然史博物館, 福岡縣 北九州市, 1981년 개관

倉敷市立自然史博物館, 岡山縣 倉敷市, 1983년 개관

長野市立博物館 自然史館, 長野市, 1981년 개관

長岡市立科學博物館, 新潟縣 長岡市, 1981년 개관

福井市 自然史博物館, 福井市, 1952년 개관

橫須賀市立自然博物館, 神奈川縣, 1954년 개관

· 현립 자연사박물관

愛媛縣立博物館, 松山市, 1959년 개관

岩手縣立博物館, 盛岡市, 1980년 개관

沖繩縣立博物館, 那覇市, 1966년 개관

岐阜縣博物館, 關市, 1976년 개관

埼玉縣立自然史博物館, 秩父郡, 1981년 개관

千葉縣立 中央博物館, 千葉市, 1989년 개관

德島縣立博物館, 德島市, 1990년 개관

栃木縣立博物館, 宇都宮市, 1982년 개관

福井縣立博物館, 福井市, 1984년 개관

兵庫縣立 人と 自然の博物館, 三田市, 1992년 개관

琵琶湖博物館, 滋賀縣 草津市, 1996년 개관

· 국립자연사박물관

國立科學博物館, 東京市, 1872년 개관

2 대학 자연사박물관

대학 자연사박물관은 우선 그 소속과 위치가 대학에 있다는 점에서 강점과 특징을 스스로 나타낸다고 할 수 있다. 박물관은 일반적으로 수집, 연구, 전시, 교육의 기능을 수행하는 것으로 되어 있으나 크게 보아 두 가지 모습으로 분류할 수 있다(Humphrey, 1991). 즉 수집과 수집된 표본을 토대로 연구하는 〈속 박물관 inner museum〉과 이들 연구 결과를 표본과 함께 대중에게 전시하고 교육하는 〈겉 박물관 outer museum〉이다. 속 박물관의 대상은 과학자 등 전문가 집단과 대학원생들인 반면에 겉 박물관의 대상은 일반 대중이다. 대학 자연사박물관이 속 박물관인 것은 그 위치와 소속이 대학에 있고 따라서 방문객이 일반 대중이 아니고 과학자와 대학원생들이 된다는 점에서 극히 자연스런 현상이라고 할 수 있다.

따라서 대학 자연사박물관의 임무는 표본의 수집과 그에 대한 연구이며 봉사 대상은 교수진과 학생이고 자연히 대학원과 학부 교육에 긴밀하게 연계된다(Humphrey, 1991). 박물관의 전임 연구원은 관련 학과의 교수를 겸직하거나 반대로 학과 교수가 박물관 연구직을 겸하기도 한다. 즉 대학 자연사박물관의 직제와 기능이 속 박물관의 역할 수행을 위해서 집중되어 있는 것이다.

그러나 오늘날, 특히 생물다양성의 위기를 맞아 그 보전에 대한 연구가 가장 시급한 연구 과제가 되고, 또 대중을 상대로 한 사회 교육이 점점 더 필요해지고 있는 현실적 상황을 생각해 보자. 대학 자연사박물관이 과연 〈속 박물관〉으로서만 머물러 있어도 괜찮은 것인가? (Humphrey, 1991) 속 박물관의 틀에만 맞춰진 연구원이라면 자연사박물관의 사회적 책임과 사명을 다하는 데 과연 적합한 것인가? 또 생물다양성에 관한 연구의 수요가 폭발적으로 증가하는 전망에서 대학 자연사박물관이야말로 새로운 전문 인력을 양성하여 일반 자연사박물관에 연구원을 공급해야 하는 마당에, 겉 박물관에 대한 이해와 소양이 부족한 사람을 양성해도 될 것인가? 대학 자연사박물관이 과학자와 대학원생, 대학생을 위한 속 박물관의 역할을 다한다고는 하나 그것은 방법론에서 일반 대중을 상대로 한 교육과는 매우 다르다는 데 문제가 있다. 일반 대중은 생물권의 성질은 과연 어떻고 우리의 문명이 발휘하는 생명 부양체로서의 모습과 문제점은 과연 무엇이며, 급속히 사라지고 있는 생물종들이 인류의 생활과 생존에 미치는 영향이 과연 무엇인가에 대해 익숙히 알고 있어야 하는 상황에 있기 때문이다. 한 걸음 더 나아가, 대학 자연사박물관의 연구원이나 채용될 신진 학자의 자격 요건을 속 박물관으로서의 연구 실적에만 두고 대중 교육을 위한 자질이나 실적에는 전혀 무관한 상태에 방치하고 있다는 현실이 하나의 자가 당착의 모순을 보여주는 것으로 지적되고 있다.

이에 대해서 여러 가지 해결 방안이 모색되고 있다. 그 하나는 대학 자연사박물관 연구원의 채용, 또는 승진 요건에 연구 실적뿐 아니라 대중 교육 실적도 넣는 것이며(Humphrey, 1991) 아울러 연구원이 자신의 전문 학술 분야(예: 계통분류학 또는 진화생물학)가 생물다양성 보전에 얼마나 절실히 필요한 분야인가를 일반 대중과 정부 당국자에게 이해시키는 활동에 참여토록 격려하고 유도하는 방안이 제시되고 있다.

한편, 앞에 말한 생물다양성 위기의 현실에서 대학 자연사박물관의 봉사가 대학에만 그쳐서는 안 된다는 것이다. 이 점은 그 지역에 일반 자연사박물관이 없는 경우 더욱 그렇다. 이에 관련해서 미국의 주립자연사박물관 24개 가운데 7개, 즉 약 1/3이 주립대학의 부설 자연사박물관이란 사실에 거듭 주목할 필요가 있다(Laerm & Edwards, 1991). 예를 들어 오클라호마 대학 부설 자연사박물관은 과거에 이 대학 부설의 과학·역사박물관 Stovall Museum of Science and History이었다(Tirrell, 1991). 그러나 그 주에 일반 자연사박물관이 없는 데다 그 주의 주민들이 지역 자연에 대해 알고 싶어하는 열망이 크다는 점에 착안하여 지역 주민과, 특히 오지의 원주민을 상대로 이동박물관을 운영한 결과 사회 일반과 주 의회의 호응을 얻어 1987년에 주립 자연사박물관으로 승격되었다는 점은 이미 앞에 말한 바이다. 이 경우야말로 대학 자연사박물관의 역할과 사명이 이제는 달라져야 한다는 시대적 필요와 지방자치시대의 요구를 반영하는 산 증거일 것이다.

우리나라에서는 대학 박물관의 임무가 〈유물의 수집, 전시, 보관 및 교육을 통한 일반적인 박물관 활동을 수행하면서 일반 대학생들에 대한 전통 문화의 교육장 및 전공 학생들에 대한 전문 교육 기관으로서의 역할을 담당하는 한편 지역 사회에 대한 사회 교육, 향토 사료의 발굴, 수집, 연구, 지역 문화재를 보존, 보호하는 활동을 실천하는 것〉이라고 정의되어 있다. 그 모두가 직제상 종합박물관 형태를 취하고 있으며, 어느 특정 시대나 특정 분야의 자료를 집중적으로 수집, 보관, 연구, 전시하는 전문 박물관으로서의 기능을 수행하고 있기도 하다. 그러나 재정, 진용, 교육 프로그램상으로는 열악하기 그지없으며 따라서 관람 인원도 매우 소수에 머물고 있다(정정원, 1999).

우리나라에는 대학 부설 박물관이 81개가 등록되어 있다(문화체육부, 1995). 전국적으로 대학의 수가 1998년 현재 189개에 이르는 데 비춰보면 그 절반에도 못 미치는 셈이다. 그나마 이 가운데 자연사박물관은 이화여자대학교, 경희대학교, 한남대학교 등 사립대학에 부설로 되어 있을 뿐이다. 이들 역시 일반적인 인식과 재정 부족 등으로 어려움을 겪고 있으나 지역 초·중등학교 학생과 일반인을 상대로 교육 프로그램을 비교적 활발히 운영하고 있는 것으로 알려져 있다. 반면에 국립대학에는 자연사박물관이 전무하다시피 하다. 단 강원대학교에는 자연사박물관에서 표본 목록 등이 발행되고 있을 뿐이다. 위에서처럼 외국의 대학 자연사박물관들이 각종 자연 유산과 생물다양성 보전이라는 막중한 시대적 임무를 위해 그 역할을 다하고 있는 점에 비춰 우리나라에도 대학에 부설 자연사박물관이 많이 설립되어야 한다. 또 기존의 대학 박물관도 종합박물관인 이상 자연 분야를 포함시켜 국가적, 지역적 연구와 교육 사업을 수행하도록 혁신적인 개선이 이뤄져야 할 것이다.

3 자연 센터

인구 증가와 산업 발전은 필연적으로 인간의 도시 집중화를 낳았고 이에 따라 조성된 콘크리트 환경은 도시민에게 숲과 전원에 대한 향수를 불러일으키고 있다. 자연히 시골과 자연 경관, 그리고 야생 생물에 대한 관심이 높아지면서 이를 찾는 인구가 늘고 따라서 이러한 곳들을 관리하는 행정 부서들이 찾아오는 방문객에게 향토의 자연을 교육, 홍보하는 동시에 그 훼손을 방지하려는 노력을 기울이게 되었다.

이러한 움직임은 더욱 발전하여 1960년대에 영국과 미국에서 도시민들이 야생을 체험적으로 보고 듣는 〈자연 관광 nature tourism〉을 출현시켰다. 그리고 그 후 이것은 생태 관광 ecotourism으로 불리게 되었다. 세계자연기금 World Fund for Nature(WWF)에 의하면 생태 관광은 〈자연 자원 보존을 통한 경제적 이득을 수단으로 하여 일정 자연 지역을 보호하기 위한 관광〉을 말한다(Davis, 1996). 이때 쓰이는 방법은 주로 자연의 역사, 구조, 기능 따위를 쉽게 풀어쓰는 해설이다. 이 분야의 전문가인 틸던 Freeman Tilden은 그의 책 『우리 유산의 해설 Interpreting Our Heritage』에서 이러한 해설의 목적은 〈단순한 사실적 정보의 전달보다는 진품(眞品)을 사용하거나 직접적인 경험, 또는 도설적인 매체를 통해 의미와 관계를 드러내 주는 데 있다〉고 말하고 있다(Tilden, 1977).

이러한 배경에서 생겨난 시설이 자연 센터 Nature Center, 오솔길 안내 Trail, 탐조대 Bird-watching station 등이다. 자연 센터의 예를 미국

텍사스의 아먼드 베이유 자연 센터 Armand Bayou Nature Center에서
들어보면, 이 센터는 여러 가지 환경 교육 사업을 펼쳐 이 센터가 보
호하고 있는 생태계를 보존, 관리하는 데 목적을 두고 있다. 그래서
이곳을 방문하는 사람들이 그 보호 지역과 기타 자연을 현재와 미래
세대가 배우고 그 곳에서 즐거움을 얻도록 보존해야 한다는 필요성을
깨우쳐 주는 데 노력하고 있다.

이 센터는 휴스턴 서남쪽에 있으면서 미국항공우주국 NASA과 베이
포트 산업 단지 사이에 자리잡은 비영리의 야생 보호 구역이다. 약
2,500에이커에 이르는 이 생태계에는 습지, 강변 삼림과 연안 초원이
펼쳐져 있다. 그리고 여러 가지 사업이 이뤄지고 있는데, 그중에 교육
사업으로는 가족, 성인, 어린이들이 각각 즐길 수 있는 프로그램들이
운영되고 있다. 어른들은 휴스턴 대학과 공동으로 개설되는 텍사스 탐
조 허가증 과정을 밟을 수가 있으며, 교사들은 이 곳 교사반에 등록하
여 활용함으로써 학교에서의 교과 과정을 확대, 운영할 수 있다. 또한
학생들은 겨울 동안의 짧은 방학 중 이 센터가 운영하는 여러 가지
강좌를 통해 자연을 더 자세히 공부할 수 있는 기회를 얻는다. 또 이
센터에서 직원이 일선 학교로 직접 나아가 강좌를 시행하기도 한다.

이 밖에 강을 거슬러 올라가는 유람선 학습 코스가 있고 학생 단체
야외 답사도 나아갈 수 있으며 생일 축하 파티도 열 수 있다. 이 밖에
오솔길 안내, 동·식물 소개 등 다양한 프로그램이 운영되고 있다
(http://www.abnc.org).

우리나라에서는 얼핏 이와 비슷한 것으로 거의 각 도마다 교육위원
회 산하에 〈자연학습원〉이 설치, 운영되고 있다. 그 가운데 한 곳의
경우 그 설립 취지를 들어보면 다음과 같다(http://myhome.netsgo.com/
cldkrtks/default.htm).

옛부터 우리나라는 금수강산이라 칭하여 왔다. 그러나 근대에 이르

러 자연을 이용하여 생활 수준의 향상을 꾀하기 때문에 자연의 평형이 상실되어 인간과 모든 생명의 생존까지 위협받고 있다. 따라서, 자연을 배우고(爲學), 아끼고(爲愛), 가꾸는 것(爲育)이 이 땅을 보다 아름답고 쓸모 있는 낙원으로 만들 수 있으며, 우리의 후손에게 보다 아름답고 깨끗한 자연을 물려주고자……

이러한 취지에 따라 펼쳐지고 있는 사업을 들어보면 다음과 같다.

1) 자연 학습

　　자연 관찰을 통한 환경 보전 실천과 체험 교육을 통한 자연 사랑 함양

2) 소양 교육

　　올바른 민주 시민 의식 고취 및 긍정적 자아 개념과 윤리관 확립

3) 심신 단련

　　호연지기 배양 및 자신감 고취와 자연 환경 속의 적응력 및 심신의 연마

4) 레크리에이션

　　단체 생활의 적응력과 여가 생활 유도 및 연수생의 상호 친목과 협동 단결 유도

5) 여가 활동

　　대자연 속의 자유로운 대화 및 토의와 자신의 취미 생활 및 자율 활동

그러나 국내의 이러한 자연 학습원들이 과연 소기의 취지와 목적을 살리고 있는지, 그리고 학교 교육 지원과 레크리에이션 위주의 반 휴양처에 머물고 있는 것은 아닌지 냉철한 검토와 개선이 필요하다고 생각된다.

그림 3-1 내장산 국립공원 탐방 안내소(한국 최초의 탐방 안내소, 1998. 7. 개관)

4 탐방 안내소

공원과 같은 자연 보전 지역을 해설해 주는 탐방 안내소 Visitor Center의 역사는 국립공원의 설립 역사로 거슬러 올라가는데, 캐나다의 앨버타 주에 있는 밴프 국립공원 Banff National Park에 공원 박물관이 설립된 것은 1895년이었다. 그 후 도시민들은 도시 환경에 대한 염증이 더해짐에 따라 신선한 자연을 택하여 체험적으로 자연에 복귀하고 자기 발견과 욕구 충족을 꾀하는 방식의 오락 활동을 즐기게 되었다. 이에 따라, 예를 들어 영국에는 현재 이러한 탐방소가 65개 운영되고 있고 방문객은 연 350만 명에 이르고 있다(Davis, 1996).

영국의 국립공원위원회가 탐방 안내소의 개념을 기술한 바에 의하면, 〈한 공원 지역에 관한 박물관, 도서관, 야외 연구 센터, 성인 대학의 총합으로서 책, 지도, 모형, 전시 등을 통해 탐방객들이 그 지역의 지형, 역사, 자연 연구, 경제 및 문화를 탐구할 수 있도록 갖춰 놓은 곳이다. 그리하여 때묻지 않은 시골에 대해 깊은 이해와 음미를 추구하는 방문객들에게 흥미의 초점이 되고 또 교육적 가치를 발휘할 수 있는 곳〉이다. 이러한 취지에서 발전된 공원 탐방 안내소는 오늘날 공원의 소개, 교육, 그리고 해설의 장소가 될 뿐 아니라 식당, 매점, 화장실 등 편의 시설로서 총체적으로 봉사하는 장소가 되었다.

현재 한국에는 이러한 탐방 안내소가 단 한 개로서 내장산 국립공원에 개설(1998년 7월)되어 있으며(국립공원관리공단, 1999), 설악산과 속리산 국립공원에는 현재 추진 중에 있고 좀더 간단한 시설이 주왕산(경북)과 지리산(전남 구례 쪽 입구)에 있기는 하나 지나치게 약식이다. 우리나라의 국립공원이 제1호인 지리산 국립공원(1967) 이후 30년 사이에 20개에 이른다는 것을 생각하면(신창현, 1999), 이와 같은 탐방 안내소 설치의 부진은 만시지탄이 있으며 앞으로 신속히 추진되어야 할 것이다.

이러한 자연 센터와 탐방소 등은 외국에서, 단순히 환경 교육과 지역 소개의 차원을 넘어 박물관과 같이 죽은 표본과 건물 안에 갇힌 폐쇄 조건에서 벗어나, 살아 움직이는 자연과 탁 트인 녹색 공간을 교육과 여가 활동의 현장으로 삼고자 하는 교육 방법론과 도시민의 욕구에 맞물려 활발히 발전해 왔다.

5 이코뮤지엄

자연과 농촌 사회를 알기 쉽게 해설하여 관광 소득을 올리면서 지역의 자연을 보호하려는 현지 탐방 프로그램은 자연과 문화적 환경들 사이의 상호 작용을 그 지역의 배경에서 이해하도록 하는 데 초점이 주어지는 방향으로 발전되었다(Davis, 1996). 그 후 이러한 개념은 프랑스의 앙리 리비에르 Georges Henri Rivière(1897-1985)와 드 바리느 Hugues de Varine에 의해 이코뮤지엄 ecomuseum으로 확대되었다. 즉 리비에는 이 〈ecomuseum〉이라는 말을 처음으로 만들어 내고 다음과 같이 정의하였다(Rivère, 1985).

이코뮤지엄이란 한 지역의 관청과 그 지역 주민이 합동으로 창출하고, 빚어내고, 운영하는 기관이다. 즉 관청은 전문가와 시설, 그리고 기타 자원을 제공하고 지역 주민은 주민으로서의 열망과 지식, 그리고 각자의 개별적인 의사에 따라 관여한다. 이것은 지역 주민의 자기 발견을 위한 자화상이고 지역에 대한 설명으로서 방문객으로 하여금 그 지역의 산업, 관습, 그리고 정체성에 존경을 느끼도록 돕는 거울인 셈이다. 아울러 이코뮤지엄은 인간을 그를 둘러싼 자연 환경 속에 들어앉힘으로써 자연과 인간의 상호 관계를 표현하도록 설계된다. 또한 그것은 야생 속의 자연을 그리되 전통과 산업 사회에 적응된 모습으로 나타낸다. 아울러 과거 인간의 출현 이전부터 시작하여 현재에 이르기까지의 시간적 경과를 해설하고 동시에 인간의 미래상을 투영한다. 또한 그것은 지역 주민의 자연과 문화적 유산의 보존을 돕고 그에 대해 공부하게 함으로써 보존 센터가 되고 또 가르치는 학교 구실을 한다.

이러한 이코뮤지엄의 개념과 철학은 1974년에 프랑스의 리용 근처에 〈인간과 산업의 박물관〉이 생김으로써 한 모형이 되었고, 또 그 후 스웨덴, 포르투갈, 브라질, 캐나다 등 신생 박물관에 파급되었다. 그리고 프랑스 남부의 세벤 국립공원은 천연의 풍부한 생물상과 자연 경관, 그리고 누에 산업이 하나의 자기 조절 시스템을 유지하고 있음이 인정되어 유네스코의 〈인간과 생물권〉 사업의 한 보존 지역으로 지정되었다. 그리고 교육적 효용은 물론 종래의 보존 지역 또는 공원을 재

해석하는 수단으로서 세 개의 이코뮤지엄이 설립되었다. 그 후 확대, 보급되어 프랑스에는 현재 28개의 이코뮤지엄이 운영되고 있는데 그 가운데 하나인 로제르 산 이코뮤지엄 Ecomusèe de Mont Lozère의 큐레이터인 지라르 콜렝 Girard Collin의 말을 들어본다.

우리 현대인은 소비 사회를 떠나 자연과 인류의 유산이 어떻게 균형을 이루어 살아야 하는가를 가르치는 곳에 가 볼 수 있어야 한다. 그러면 아마도 우리는 전혀 다르고 좀더 느린 또 다른 시간을 상상할 수 있을 것이며, 그 때 우리의 문화적 환경과 자연 환경 속에서 더불어 살아가는 지혜를 배우고, 이러한 지혜를 오늘날의 일상 생활과 기술적 진보 속에 어떻게 적용해야 하는지를 알게 될 것이다. 그러면 공원과 보호 지역을 따로 정하고 규제할 필요가 없을 것이며, 이러한 법적 조치들은 단지 우리가 과거의 유산들을 무시하거나 소홀히 할 때에만 필요했던 것임을 깨닫게 될 것이다.

그러나 이러한 과거 환경에 대한 집착은 박물관이 현재와 미래를 조망하고 통찰해야 하는 임무를 망각하게 만든다는 비난이 있다. 그리고 이코뮤지엄이 생물학적 의미의 생태학적 접근, 즉 생물과 무생물적 환경과의 상호 관계를 탐구하는 생태학적 시각과는 차이를 드러내고 있다는 비판적 해석도 있다. 이러한 관점에서 볼 때 이코뮤지엄들이 과연 이러한 생태학적 접근은 고사하고 인간과 자연을 표현하거나 야생 속의 자연을 제대로 표출하고 있느냐가 의문이며, 나아가서 과연 자연 보존 센터로서의 구실을 하면서 미래상을 구현하고 있느냐가 역시 의문시되고 있기도 하다. 왜냐하면 적어도 프랑스에서는 이러한 생태학적 관점을 나타내기보다는 단순히 하나의 마케팅 전략상 야외박물관들에 이런 이름을 부친 데 지나지 않은 점이 있기 때문이다.

이러한 관점에서 이코뮤지엄은 〈생태박물관〉보다는 〈생활과 환경의 박물관〉으로 번역되어야 한다는 의견도 있다. 다시 말해〈생태학적 뮤지엄 ecological museum〉은 될 수 없다고 보아야 할 것이다. 이제 이러한 의미상의 혼란 속에서 그 정의를 간추려보기로 한다(糸魚川, 1993). 즉, 이코뮤지엄이란 다음을 수행한다.

① 지역 사회 주민들의 생활과 지역의 자연 및 사회 환경의 발전 과정을 역사적으로 연구한다.
② 자연과 문화 유산을 가꾸고 보호하며 전시한다.
③ 그 결과로써 지역 사회의 발전을 도모한다.

다시 말해, 이코뮤지엄은 주민과 행정 관청이 함께 만들며, 주민 자신을 비추는 거울로서 지역의 민속적 유산을 조사, 연구, 수집, 보존하여 전시하는 곳이다. 그와 동시에 그 지역에서 사람들이 창출하고 바꿔온 것(문화유산, 건물, 산업 등)을 보이고 해설해 주는 곳이면서, 그 배경이 되는 자연 환경의 변천 과정을 보여주는 구실을 하는 곳이다. 따라서 이러한 이코뮤지엄을 방문하는 일은 결과적으로 지역 활동에 참여하고 풍광을 즐기며 관광함으로써 그 지역을 재발견하는 현장이 되는 것이다. 그 초점은 지역에 있고 아울러 지역의 역사를 재료로 한 현재의 사람과 자연의 관계를 총체적으로 다루는 역동적인 새로운 형태의 야외 박물관이라고 할 수 있다. 이제 이코뮤지엄의 몇 가지 사례를 들어 보기로 한다.

1) 크뢰조 몽소 Le Creusot-Montceau(프랑스)

프랑스 중부 디종 Dijon 시의 남동쪽 약 100㎞에 있는 석탄과 공업의 지역에 1973년에 일종의〈사람과 산업의 박물관 단지〉로 설립되었다. 이 지역은 2개 시, 16개 동, 면적 25㎢를 포함한다. 주 전시 동에 광업, 공업, 농업 등 이 고장의 역사와 사람들이 생활해 온 역사가 전

시되었다. 특별전으로 유리 제품이 전시되고 기타 산업의 역사를 보여
주는 전시가 따로 있다. 이 밖에 고고학, 화석, 광산에 관한 박물관들
이 이코뮤지엄의 일부로서 참여하고 있다.

2) 마르퀘즈 Marquèze(프랑스)

프랑스 보르도 Bordeaux 시의 남서쪽 지론느 강의 하구 삼각주에 위
치하고 있다. 20만 ha의 자연 공원 중에 130 ha를 점하는 떡갈나무 숲
의 모래톱 지대이다. 주로 농업 지대로서 이 지역의 자연 경관과 7개의
농장, 37개 무리의 건조물을 대상으로 하여 이코뮤지엄이 이뤄지고 있
다. 이 박물관의 임무는 이들 전시물을 보여줄 뿐 아니라, 이 곳 농촌
의 자연과 사람들의 생활을 역사적으로 연구하여 그 결과를 발표하고
전시로 활용하는 것이다.

3) 사이언스 노스 Science North(캐나다)

캐나다 온타리오 주의 서드베리 Sudbury에 있으며 그 중심이 되는
센터로서 육각형 건물에는 전시 면적 3000㎡의 전시실이 있고, 그 안
에 입체 영상 극장, 자료 기증 교환소 Swap Shop, 상담실, 실험 발견
극장, 곤충·소동물 사육실, 지질 실험실, 건강 센터 등이 운영되고 있
다. 이와 같은 과학박물관을 중심으로 하여 니켈 광산의 갱내 견학과
운석을 관찰할 수 있는 위성관들이 연계되어 있다.

4) 지사나〔小さな〕 박물관(일본)

도쿄의 스미다구〔墨田區〕는 〈산업과 문화의 동네〉라는 인식과 특징
을 살려 여러 가지 산업 제품과 자료, 기술 등을 공개할 목적으로 개
인과 기업이 갖고 있는 수집품들을 22개 관에 걸쳐 전시하고 있다. 예
를 들면 연식 야구 자료실, 전통 목각 자료관 등이다.

5) 키프〔キープ〕협회 환경교육사업(일본)

키프 Kiyosato Educational Experiment Project(KEEP) 협회가 1983년에 야생 조류 동호인 모임인 일본야조회(日本野鳥の會)와 함께 팔악남록청리고원(八ヶ岳南麓淸里高原)에 있는 250헥타의 자연 보호구와 숙박 연수 시설을 중심으로 시작한 환경교육사업이다(糸魚川, 1993). 1987년에는 자연 교육원인 네이처 센터가 개설되고 1988년에는 박물관 규모의 시설을 갖추게 되었다. 여기에는 자연 관찰로, 환경 교육 캠프장, 농장, 숙박 시설, 보육원, 진료소 등이 갖춰져 있다. 방문자는 야외에서 보고, 만지고, 듣고, 냄새 맡는 직접 체험으로 자연과 부딪치는 경험을 통해 〈자연과 어떻게 사귀는가?〉를 배우게 된다.

이 밖에 일본에는 알프스 박물관 도시(長野縣 大町市)와 아사히마치〔朝日町〕 이코뮤지엄(山形縣) 등이 계획되고 있다(糸魚川, 1993). 일본의 이코뮤지엄 운동은 대개 지역 활성화를 목적으로 추진되었으며 인간과 자연의 관계를 체험하고 배우는 데 뜻을 두고 있다.

제4장

현대 자연사박물관의 주제 ── 생물다양성

자연사박물관은 우선 자연을 이루는 광물, 화석, 동물, 식물, 그리고 인간에 관한 표본을 수집하여 보존하고 연구한다. 그리고 그 결과를 전시와 각종 교육 프로그램을 통해 학생과 일반 대중에게 보이고 교육함으로써 방문객이 보다 올바르게 자연을 이해하고 미래에 대처하는 지혜를 갖게 한다. 그러나 최근의 인구 증가와 산업 발전에 따라 환경은 날로 악화되고, 그 결과 오늘날 지구상의 생물은 하루에 50-100종씩 절멸되는 절박한 상황에 놓이게 되었다.

그러나 이러한 생물종들은 토양, 광물, 대기 등 지구상 자연 환경이 만든 진화의 산물이며 생물을 포함한 이러한 자연의 요소들은 바로 자연사박물관이 다루는 대상이요 연구 주제였다. 다만 생물종들의 급격한 감소에 따라 인간의 생존에도 위협을 느끼게 되면서 자연사박물관이 좀더 역점을 두어 연구, 보존하지 않으면 안 될 긴급 사안으로 발전한 것뿐이다. 이 점은 오늘날 세계의 거의 모든 자연사박물관들이 생물다양성을 보존, 연구, 전시 및 교육하는 데 큰 주제로 삼고 있으며, 또 그 나라 생물다양성 보전의 중추 기관으로 구실을 다하고 있는

데서 확인되고 있다.

여기에서는 이러한 배경에서 자연사박물관의 여러 가지 연구 대상 가운데 생물다양성이 21세기 자연사박물관들의 새로운 당면 과제로 등장하였다는 점에서 이를 정리, 논의하고자 한다.

1 생물다양성은 무엇이며 왜 보전되어야 하나?

1-1 생물다양성의 정의와 개념

생물다양성의 개념과 용어 정립의 역사는 매우 짧아 겨우 1986년 워싱턴에서 열린 미국 생물다양성 토론회 National Forum on Biodiversity로 거슬러 올라간다(Wilson, 1988; 이, 1986). 그리고 생물다양성 bio-diversity은 〈생물학적 다양성 biological diversity〉의 준말로서 그 내용은 다음과 같이 풀이되고 있다.

보통 생명체는 ① 유전자, ② 종, ③ 생태계의 세 가지 수준에서 존재하는데 생물다양성이란 바로 이러한 생명체들이 각각의 수준에서 나타내는 다양함과 종류의 많고 적음을 말한다. 한편 이러한 생명체계를 다섯 개의 수준으로 나누기도 하는데(Soule, 1991), ① 경관으로서의 생태계, ② 생물군집, ③ 종, ④ 개체군, ⑤ 유전자를 가리키며 이들 각각의 수준에서 나타날 수 있는 생물다양성은 실로 엄청나다. 게다가 이러한 생명체들을 각 수준에서 종류마다 나타내는 구조와 기능별로 구분하여 다양성을 정의하기도 하므로(Sandlund et al., 1993), 생물다양성을 입체적으로 분류해 볼 때 지구상 생물계가 나타낼 수 있는 다양성은 실로 천문학적이라고 할 수 있다. 예를 들어 지구상에 나비류는 약 17,500종이 알려져 있는데(Robbins and Opler, 1997) 이들의 암·수를 구분하면 그 다양성은 두 배로 늘어나고, 이들 각각이 알, 애벌레, 번

데기, 성충의 네 가지 시기와 형태를 나타내므로 그 다양성은 다시 네 배로 늘어난다. 게다가 유전자, 개체군, 종 수준으로 보면 몇 배 이상으로 다시 증가한다. 유전자와 개체군 수준에서는 한 종마다 보통 두 가지 이상의 타입이 있기 때문이다.

어쨌든, 생물다양성의 손실에 대해서는 과거 오랫동안 논의된 문제로서 계속 누적되어 오다가 1992년 6월에 열린 유엔환경개발회의에서 〈생물다양성협약〉이 체결됨으로써 현실적이면서 제도적인 인류 공동의 방안으로 대처하게 되었다.

이 협약은 전문과 42개 조항으로 이뤄져 있으며 생물다양성 보전에 필요한 조사 및 감시 활동(제7조), 현지 보전(제8조), 현지 외 보전(제9조), 그리고 생물다양성 구성 요소의 지속 가능한 이용(제10조)을 위한 대책 수립 차원에서 과학적 연구를 촉구하고 있다. 이때 개발 도상국에 대한 지원으로 연구와 교육 프로그램을 개발, 유지할 것을 강조하고 있다(제12조). 또한 이를 효과적으로 추진하기 위해 정보 교환(제17조)과 과학 협력(제18조)의 촉진을 규정하고 있다. 아울러 이러한 보존과 활용에서 얻어지는 이익을 공정하게 분배할 것을 요구하고 있다(제1조 및 15조). 요컨대 생물다양성협약은 생물다양성을 보존하고 지속 가능하게 유지하며 여기에서 파생되는 이익을 공정하게 분배한다는 3개 요소로 이루어진다고 볼 수 있다. 이와 같은 생물다양성협약의 정신과 주 내용은 그 후에 탄생한 생물다양성 과학(Castri and Younes, 1996)의 뼈대를 이룸으로써 생물다양성의 현실적 의미를 좀더 구체화하고 확대하기에 이르렀다.

1-2 생물다양성의 현황과 멸종 실태

그러면 이와 같이 생물다양성협약과 생물다양성 과학을 탄생시킨 원인으로서 지구상 생물다양성의 쇠퇴는 과연 어떠한 상태에 있는가?

우선 생물종들의 절멸을 중심으로 그 실태를 살펴보기로 한다.

지구상에 최초의 생물체가 약 35억 년 전에 생긴 이후 그 후손은 면면히 갈라져 오늘날의 다양한 생물들로 진화하였다. 현재 지구상에는 약 140만 종의 생물이 알려져 있다. 그러나 미국 국립자연사박물관의 어윈 T.L. Erwin 박사가 열대림의 딱정벌레를 조사하여 컴퓨터 시뮬레이션으로 추산한 바에 의하면 지구상에는 곤충만도 3,000만 종이 넘는다. 이러한 생물의 각 종에서의 몸의 모든 형태와 기능을 움직여 나가는 데 필요한 기본 설계를 정보의 양으로 치면 실로 엄청나다. 하버드 대학의 윌슨 E.O. Wilson 교수에 의하면 집쥐 한 마리가 갖고 있는 정보량은 약 10억 비트이며 이것은 대영백과사전이 1768년에 처음 발행된 이래 거듭 인쇄된 중판의 페이지 내용을 모두 합친 것과 같다. 이와 같은 막대한 정보의 내용은 모두 수억 년 또는 수천만 년에 걸쳐 간단한 것으로부터 복잡한 것으로 발달해 온 진화의 산물이다. 그런데 이러한 자연의 정교한 작품들이 현재, 특히 열대 지방에서 빠른 속도로 감소하고 있는 것이다.

열대 다우림 지역은 지구의 육지 면적의 6%에 불과하나 지구 생물의 1/2 이상이 집중적으로 서식하고 있다. 그러나 열대림이 벌채와 원주민들의 경작으로 매년 76,000㎢씩 감소하고 있으며, 이것은 열대림의 1%에 해당하고 있어 이대로 가면 100년 안에 모두 없어질 것으로 보인다.

미국 미주리 식물원 원장 래븐 Peter H. Raven 박사에 의하면 앞으로 30년 동안 이러한 벌채로 인해 생물은 매일 약 50-100종씩 멸종될 것으로 예상되고 있다. 하버드 대학 윌슨 교수는 남미 페루의 숲 속에서 개미를 조사하였는데 단 한 그루의 나무에서 26속 42종의 개미를 발견할 수 있었다. 그런데 이러한 종 수는 영국 본토에서 알려진 개미의 전체 종 수와 거의 맞먹는다(참고: 한반도의 개미는 약 120종이 알려져 있음). 또 에콰도르에서 면적이 불과 수㎢ 되는 산마루에서는 다른 곳에서 볼 수 없는 식물이 90여 종이나 발견되었다. 어쨌든 열대림에서 생물이 과거에 얼마나 활발히 종 분화를 일으켰는지 짐작할 수 있다.

그러나 오늘날 생물다양성의 보전 문제가 세계적인 이슈로 등장한 것은 생물종들이 이와 같이 자연의 파괴와 함께 매우 **빠른** 속도로 지구상에서 사라지고 있기 때문이다. 앞서 말한 에콰도르의 식물 90종도 그 후 1978-1986년이라는 불과 8년 사이에 그곳이 개간됨으로써 모두 사라지고 말았다. 이러한 생물들의 절멸로 인하여 인간은 환경 보전과 경제적 이익상의 손실은 물론 심미적 차원 등, 삶의 질 유지에 심각한 손실을 보고 있으며, 심지어는 머지않아 인간의 생존마저도 위협받지 않을까 우려되고 있다.

앞에서 지구상에 약 140만 종의 생물이 알려져 있다는 것은 생물학자들이 처음으로 발견하여 논문으로 보고한 종만을 가리킨 것이며, 실제로는 1000만 내지 1억 종이 살고 있는 것으로 추정되고 있다(Wilson, 1988; Ehrlich and Wilson, 1991). 즉 우리가 알고 있는 생물종은 실제 살고 있는 종 수의 10분의 1에도 못 미친다는 것이다. 그러나 오늘날 지구 생태계에서 매일 50-100여 종씩 멸종되고 있다는 것은 그 속도로 말하면 과거 지구상 생물의 평소 절멸 속도(배경 절멸 속도)의 1,000-10,000배에 해당되는 엄청난 속도이다(Raven, 1988; Wilson, 1989). 결국 이러한 추세로는 앞으로 50년 내에 지구상 생물종의 1/4이 절멸될 것으로 예상되는 급박한 상황에 이른 것이다. 여기에 이러한 지구상 생물들의 절멸 문제를 좀더 자세히 살펴보기로 한다.

1) 멸종의 역사와 현황

사실상 지구상에서 생물종들이 크게 절멸된 사건은 이미 다섯 번 있었다. 고생대 초기의 오르도비스기 말(4억 4천만 년 전), 고생대의 데본기 후기(3억 6천5백만 년 전), 고생대 페름기 말(2억 2천5백만 년 전), 중생대의 트라이아스기 말(2억 1천만 년 전), 그리고 중생대의 백악기 말(6천5백만 년 전)이다. 이 가운데 가장 큰 규모의 절멸은 고생대 페름기 말에 일어난 것으로 바다 생물종의 96%가 멸종되고 그 다음으로는 고생대 초, 오르도비스기 말로서 어류를 이루는 과(科)들의 44%와 네발동물의 58%가 사라졌다. 최근인 백악기 말에는 네발동물의 40%가 사라졌는데, 이것은 공룡 22속에 거의 국한되며 공룡 모두가 절멸하는 특별한 사건이었다(Groombridge, 1992: Leaky and Lewin, 1995). 한편 식물의 경우에는 동물에서처럼 갑작스런 멸종을 나타내지 않았는데, 그것은 종의 출현과 소멸의 방식이 동물과 다르고 또 어떤 외적 원인에 대한 반응이 동물에서와는 달리 시간적으로 지체되기 때문이다. 그러나 화석의 자료로 볼 때 백악기 말에 육상 식물의 75%가 사라진 것으로 추정되고 있다.

이 밖에 신생대의 홍적세(200만 년 전–1만 년 전) 말, 지금부터 1만2천 년 전–1만 년 전 사이에 지구상 식물 군집은 빙하와 함께 큰 변화를 겪고, 북아메리카에서 대형 포유류 57종, 그리고 남아메리카에서도 그 이상 가는 포유류의 멸종이 있었고, 오스트레일리아에서는 대형 동물 50종 중에 캥거루 4종만 남고 46종이 모두 멸종되었다(Leaky and Lewin, 1995). 매머드와 매스토돈이 사라진 것도 이 홍적세 말이다. 그러나 이때의 멸종은 앞의 5대 멸종에 비하면 극히 소규모였다.

이러한 멸종을 가져온 원인에 대해서는 여러 가지 논의가 있으나 홍적세 말의 멸종을 제외하고는 모두 어떤 종류의 자연 재해로 인한 것이었다. 그러나 오늘날 지구상에서 보고 있는 멸종은 인간이라는 단일 종의 생물이 직접, 간접으로 일으키고 있는 대멸종이며, 그 결과 인간의 생존마저 위협받고 있다는 데 그 특징이 있다.

그러나 오늘날의 멸종 상황은 여러 가지 소형 무척추동물에 비하여 대형 포유류에 대해 잘 알려져 있다. 분포 기록과 표본이 비교적 잘 보존되어 있기 때문이다. 실제로 인도의 벵골호랑이는 100년 전만 해도 4만 마리 이상 되던 것이 한때 2,000마리로 줄어들었고, 페루의 안

데스산에 사는 비쿠냐도 500만 마리에서 1,500마리로 줄었다. 미국의 상징인 흰머리독수리 역시 한때 400여 마리까지로 쇠퇴했었고 인기 있는 중국의 왕판다 giant panda도 불과 200마리로 줄었었다.

한편 조류로서 300년 전에 인도양의 모리셔스 섬에서 멸종된 도도새는 유명하며, 뉴질랜드의 날지 못하는 모아새 12종이 약 1,000년 전 마오리 족의 정착 이후 모두 멸종된 것도 잘 알려진 사실이다.

지난 500년 동안 이와 같은 포유류 중 약 82종(2%)이 절멸된 것으로 보이는데, 이것은 이들이 지난 50년간 야생에서 관찰된 적이 없는 것으로 확인되었기 때문이다(사실상 이 50년 사이에 4종이 추가로 절멸되었다)(Gaston, 1995). 이와는 대조적으로 무척추동물의 경우 절멸율이 조사된 것은 극히 일부인데, 그것은 조사와 기록이 안 되어 있거나 매우 부족하기 때문이다.

오늘날 이러한 지구상 생물의 절멸은 특히 호수와 섬들에서 급속히 이뤄졌다. 우선 호수와 하천 생태계에서 살펴보기로 한다.

전 세계적으로 호수와 하천에는 약 8,400종의 어류가 살고 있다. 이것은 지구상 어류의 약 40%가 되며 전체 척추동물의 20%가 된다(Myers, 1997). 그러나 이처럼 높은 생물다양도를 나타내는 민물 생태계가 열대 다우림보다 빠르게 망가지고 있다. 예를 들면 미국에는 연장 580만㎞에 이르는 하천 가운데 절반이 매우 오염되고 있으며, 36만㎞가 홍수 조절 명목으로 관개수로화(灌漑水路化)되어 있다. 또 75,000개의 댐이 알래스카를 제외한 전역에 만들어져 하천의 자연스런 흐름을 방해하고 있다. 즉 완전한 천연 하천은 전체의 2%에 불과하다.

미국의 포유류와 조류의 7%만이 멸종 위기에 있는 것과는 대조적으로 민물에서는 이러한 인공적 간섭으로 말미암아 담수어의 20%, 가재의 35%, 그리고 담치조개의 55%가 절멸 위기에 있거나 멸종되었다.

특히 호수들은 격리된 일종의 〈생태학적 섬〉을 이루기 때문에 종분화가 활발하게 일어나며, 따라서 고유 종을 많이 분화시키는 특징을 나타낸다. 실제로 러시아의 바이칼 호에는 약 2,000종의 어류가 사는 데 그 가운데 1,500종이 그 곳 고유종이다(Myers, 1997). 또 다른 보기 로 아프리카의 3대 호수를 들 수 있는데 말라위 호수에는 키크리드과 어류 500종 가운데 495종(99%)이 고유종이다. 또 빅토리아 호수에는 약 300종의 키크리드과 물고기가 살고 있으며 그중에 130종(43%)이 역시 고유종이다. 그러나 외래종 물고기 가운데 특히 나일농어가 이들 을 잡아먹어 약 200종(약 67%)이 절멸되었고, 다음 10년 내에 90%가 사라질 것으로 추측되고 있다. 이것은 최근에 척추동물에 일어난 가장 높은 절멸율로 간주되고 있다. 다음 탕가니카 호수를 보면 키크리드과 어류 172종과 기타 어류 115종이 서식하고 있고, 이들 가운데 고유종 (固有種)은 220종으로 76%를 나타낸다. 탕가니카 호수의 담수어 287종 은 앞에 언급한 다른 호수에서보다는 적으나 유럽 전체 담수어 192종 보다 훨씬 많은 숫자이다.

아프리카의 이와 같은 3대 호수를 통틀어 볼 때 이 호수들의 담수 어 1,450종은 전 세계의 담수어 8,400종의 17%를 이루며, 이 가운데 약 76%인 885종이 고유종인 셈이다. 또 이 세 호수의 담수어가 1,450종 이라는 것은 이들 강의 총면적 121,500㎢, 즉 전 세계 육지 면적의 0.08% 안에 세계의 담수어의 17%가 살고 있다는 뜻이며, 고유종만도 세계 담수어의 11%가 된다는 높은 집중도를 나타내고 있다.

그러나 생물종의 절멸은 육지보다 섬에서 매우 크게 일어남을 볼 수 있다. 그것은 서기 1600년 이후 있었던 동물의 멸종 가운데 75%가 섬에서 일어난 것으로도 쉽게 알 수 있다(표 4-1). 바로 새의 멸종의 90%, 포유류 멸종의 58%, 그리고 연체동물 멸종의 80%가 섬에서 일 어난 것이다(Groombridge, 1992). 게다가 육지에서의 절멸을 보더라도 사라진 종 가운데 66%가 수생동물이다. 다시 말해 바다나 육지 모두 에서 물에 사는 동물이 가장 쉽게 절멸된 것이다. 그 까닭에 대해서는 뒷부분에서 언급되거니와 섬의 경우 가장 큰 원인은 인간의 정착에

표 4-1 섬과 대륙에서의 동물 멸종 개요(서기 1600년 이후)

구분	연체동물	새	포유류	기타	합계
섬	151	104	34	74	363
대륙	40	11	24	46	121
합계	191	115	58	120	484
섬 멸종율(%)	79	90.4	59	61.7	75
무리별 멸종율(%)	39.5	23.8	12	24.8	100

(Groombridge, 1992)

따른 것이 확실해지고 있다.

폴리네시아인들은 4-5세기경 하와이 군도에 정착했는데, 18세기에 유럽인들이 들어오기 전에 이미 100여 종의 고유 새 중 50종을 절멸시킨 것으로 추측되고 있다. 폴리네시아인들이 뉴질랜드에 들어온 것은 하와이의 경우보다 500년 후였으나 날지 못하는 모아새들(몸이 큰 종은 키 3m에 240kg) 12종이 18세기 말 이전에 모두 절멸되었으며, 이것은 마오리 족의 남획과 화전(火田) 개간으로 인한 것으로 여겨지고 있다(Groombridge, 1992; Leaky and Lewin, 1995). 더욱이 마다가스카르 섬에서는 지난 1500년 사이에 기록상 최대 몸 크기를 한 거대코끼리새를 포함하는 6-12종의 평흉류(平胸類: 타조, 에뮤, 모아, 키위 등 날지 못하는 새) 새와 14종의 여우원숭이들이 거대거북 2종과 함께 사라져 버렸다. 카리브 해의 섬들에서는 나무늘보 2종과 수종의 설치류, 그리고 3종의 식충류가 아메리카 인디언들이 들어온 당시까지도 살고 있었으나, 15세기 말 유럽인들이 정착하기 전에 모두 절멸되고 말았다. 이 모두에서 가뭄과 건조라는 기후 변화도 어느 정도 작용한 것으로 보이는 마다가스카르 섬을 제외하고는 인간의 남획과 기타 간섭으로 인한 것이 확실시되고 있다.

2) 위협종들의 실태

생물종이 절멸에 이르는 데는 그에 앞서 희소종이거나 취약종으로 있다가 서식 조건이 개선되지 않을 경우 위기종이 되었다가 마침내 절멸되고 마는 과정을 거친다. 국제자연보전연맹은 이와 같은 절멸종, 희귀종, 취약종, 위기종들을 통틀어 위협종 threatened species[1]으로 규정하고 1960년대부터 〈적색 자료집 Red Data Book〉을 발행해 왔으며 1986년부터는 〈위협종 적색 리스트 IUCN Red List of Threatened Species〉를 매 2년마다 발행해 오고 있다.

1990년에 발행된 적색 리스트에는 동물 4,450종이 수록되었으며, 가장 많이 등재된 동물군(動物群)으로서 새는 1,029종이고 곤충은 1,083이다(표 2). 그 다음으로는 포유류 507종, 파충류 169종, 양서류 57종, 어류 713종, 그리고 연체동물이 409종이며 산호와 해면 154종과 환형동물 139종, 갑각류 126종이 들어 있다. 실제 기록된 종 수에 비해 높은 비율로 위협종이 지정된 동물군은 포유류(11.7%), 새(10.6%), 어류(3.6%), 파충류(3.5%) 순서이며 곤충은 등재된 종 수는 많아도(1,083종) 곤충 전체의 0.15%에 불과하다(Groombridge, 1992).

이와 같은 위협종 중에 포유류는 507종으로 주로 열대 국가에서 보고되었으며 많은 종 수의 순서로 보면 마다가스카르의 53종, 인도네시아의 49종, 중국 40종, 브라질 40종으로 섬 국가들에서 최다의 기록을 보이고 있다. 위협종으로 지정된 새들로 말하면 포유류에 비해 2배가 되는 1,029종으로 주로 동남아시아, 미국, 멕시코, 남아메리카에 분포해 있다. 마다가스카르의 포유류 위협종들은 거의가 여우

---

1) 절멸종 Extinct(Ex): 과거 50년간 야외에서 관찰되지 않은 종, 위기종 Endangered(E): 원인이 제거되지 않는 상태에서는 생존이 어려워 절멸할 위기에 놓인 종, **취약종** Vulnerable(V): 원인이 제거되지 않는 상태에서는 머지않은 장래에 절멸종이 될 것 같은 종, 희귀종 Rare(R): 현재로서는 위기종이거나 취약종이 아니나 개체군의 개체수가 매우 적은 상태로 분포가 매우 한정되어 생존이 위험스런 종, 위협종 Threatened: 위의 어느 한 범주에 속하는 종.

표 4-2 동물 위협종 현황(국제자연보전연맹 1990 적색 리스트)

분류	위협종	위기종	기재 종수
척추동물	2,475	686	42,784
포유류	507	140	4,327
박쥐류	45	11	977
영장류	106	47	201
식육류	76	12	235
고래류	21	6	77
코끼리류	2	1	2
유제류	72	30	210
조류	1,029	132	9,672
파충류	169	38	4,771
어류	713	368	20,000 *
무척추동물	1,977	149	947,119

* 추정 종수   (Groombridge, 1992)

원숭이들인데 현재 연 1.2%의 벌목율이 계속되면 급경사 지점을 제외하고는 앞으로 35년 내에 모두 절멸될 것으로 예상되고 있다(Groombridge, 1992).

한편 식물의 경우 위협종은 세계적으로 조사된 지역에서 23,074종이 되며 주로 섬 지역에서 집중적으로 나타나고 있다. 지역별로 보면 아시아 6,608종, 유럽 2,677종, 북·중앙아메리카 5,747종, 남아메리카 2,061종, 그리고 아프리카 3,308종이다. 조사된 섬들에서 위협종은 고유종이 대부분이며 모두 3,233종이 수록되었다. 그 몇 가지 예를 들면 다음과 같다.

· 하와이 섬: 고유식물 108종이 절멸되었고 이를 포함해 위협종은 모두 433종이 된다.
· 성헬레나 섬: 고유식물 46종이 모두 위협종이며 그 가운데 절멸된 것은 7종이다.
· 버뮤다 섬: 고유식물 15종 중에 1종을 제외하고는 모두 위협종으로 이미 절멸된 3종이 포함되어 있다.

한편 대륙에서 포유류들을 절멸에 이르게 하는 데는 서식처 상실과 변경이 가장 큰 원인으로 위협 종의 76%에 영향을 미쳤다. 과잉 포획과 채취 또한 약 절반을 위협하는 데 작용하였고 도입종 역시 약 18%에 영향을 미쳤다. 위협 요인들에 대해서는 다음에 기술되겠거니와 위협종의 75%(94종)가 한 가지 이상의 원인으로 위협되었으며, 그중에 27종(29%)은 네 가지 이상의 요인이 겹쳐서 작용한 것으로 나타났다.

3) 생물 멸종의 원인은 무엇이었나?

그러면 이러한 생물들의 멸종은 왜 일어나고 있는가? 여러 가지가 논의되고 있으나 중요한 몇 가지를 들어본다.

첫째, 생물의 서식처가 급속히 감소하고 있기 때문이다. 여러 가지 서식처 가운데서도 특히 열대의 숲이 문제가 되는데, 그것은 이러한 열대 다우림이 지구 육지 면적의 7%에 불과하면서도 지구상 생물의 절반이 집중적으로 살고 있고 이러한 종 밀집 지역이 매년 76,000㎢씩 줄고 있기 때문이다(Wilson, 1988).

실제로 인도네시아에서는 원래 산림의 49%가 감소되었고, 남아프리카에서는 57%가, 에티오피아는 70%, 베트남과 필리핀에서는 약 80%가 없어졌다. 말레이시아도 41%가 감소하였는데(Groombridge, 1992), 마다가스카르에서는 심지어 원래 숲의 93%가 없어져 이제 겨우 7%만 남아있는가 하면, 브라질의 대서양 연안 숲은 99%가 사라지고 말았다

(Wilson, 1988). 결국 현재의 이러한 감소는 앞서 언급한 바와 같이 연 1.8%로 진행되고 있는데, 이 추세로 간다면 적어도 앞으로 50년 후인 서기 2050년에는 지구상의 산림 거의 모두가 없어진다는 계산이 나온다.

둘째로, 이러한 생물 멸종은 인구 증가와 크게 관계되는 것으로 나타났다. 농경 시대가 시작된 약 1만 년 전에 지구상 인구는 불과 수백만이었으나, 서기 기원 당시엔 1억 5천만으로 늘고 서기 1800년경에는 10억으로, 그리고 1930년경에는 20억, 그러나 그 후 불과 70년 후 오늘날엔 그 3배인 60억에 이르렀다(Raven, 1998). 이와 같이 급속한 인구 증가는 필연적으로 생활용품의 생산, 공장 건설, 농지 확장, 인구의 도시 집중을 초래하고, 이 과정에서 자연의 보존보다는 활용과 파괴를 불러일으켜 야생 생물의 서식처이면서 지구의 허파요 노폐물 처리장으로서의 숲과 녹지가 크게 줄어들게 되었다. 이와 함께 식용, 약용 또는 상업 목적으로 생물종이 남획되거나 과다하게 채취되었다.

셋째로 이러한 인구 증가는 결과적으로 대기 중의 이산화탄소를 원래보다 15% 증가시켰고 성층권의 오존을 6-8% 고갈시켰다. 이러한 대기의 변화는 지구 기온의 상승을 부채질하여 앞으로 50년 후에는 해수면이 평균 24cm 높아지게 되고 산성비를 내려 나무들은 말라죽게 된다. 더욱이 인간의 자외선 노출이 증대되어 결국 인간은 여러 가지 재앙을 복합적으로 맞이하는 절박한 상황에 처하게 된 것이다.

넷째, 이러한 숲의 개발과 감소는 필연적으로 녹지의 분단화(分斷化, fragmentation)를 가져와 〈생태학적 섬 ecological island〉들을 만들게 된다. 〈섬 생물지리학 이론〉에 따르면 숲이 원래 면적의 10%로 줄면 종 수는 50%로 감소된다. 더욱이 열대 지방의 생물종은 그 분포가 매우 국지적이어서 그 종의 분포지가 제거된 숲에 들어 있다면 그 종은 절멸되고 만다(Wilson, 1988). 더구나 그 종의 일부 개체들이 남아 있는 땅에 남는다손 치더라도 유전적 변이성의 축소로 생존 가능성은 훨씬 줄어들고 만다.

그간 아프리카와 아마존 숲에서 새와 딱정벌레를 재료로 조사한 바에 의하면 분단화로 인한 〈생태학적 섬〉의 형성은 종 다양성을 저하시키고 희귀종을 증가시키며 개체군의 밀도를 낮춘다. 이러한 상황은 지구상 많은 섬들에서 이미 나타난 바 있다. 서기 1600년 이후 절멸된 것으로 알려진 동물의 75%가 섬에 서식하는 종들임은 이미 앞에서 언급한 바와 같다.

이와 같이 섬들에서 절멸이 쉽게 일어나는 이유로는 섬 생물은 특히 한 섬에만 국한된 종일 경우, 이웃 개체군과는 단절되고 또 흔히 단일 개체군으로 이뤄지므로 어떤 도태 압력을 받으면 여러 개의 개체군으로 이뤄지는 육지의 종에 비해 훨씬 쉽게 멸종될 수 있는 것이다.

다섯째로는 외래종의 도입이다. 의도 또는 비의도적으로 도입된 외래종은 특히 섬의 경우 경쟁에 약한 토착종들을 도태시켜 절멸에 이르게 한다. 특히 섬 생물들은 진화적으로 포식자가 없는 상태에서 살아왔으므로 흔히 순하고 날지 못하며 번식율이 낮다. 따라서 인간이 포획하기 쉽고 또 공격적인 외래종이 들어 올 경우 방어 수단이 없어 쉽게 정복되고 만다. 앞에서 이미 섬 생물에 대한 외래종의 영향에 대해서는 열거했거니와, 하와이와 기타 폴리네시아 섬들의 뭍 달팽이 조사에서 극명하게 입증된 바 있다(Groombridge, 1992).

멸종과 기타 위협종을 만드는 요인으로는 질병, 해충 구제 과정 등이 있고 이들은 대개 복합적으로 영향을 주어 절멸에 이르게 한다.

4) 멸종의 추세와 전망

오늘날과 같이 생물다양성이 급격히 감퇴되고 있는 상황에서는 생물의 절멸 속도를 알아내는 일이 무엇보다 중요하다. 그러나 이것은 화석, 표본, 기록 등 여러 가지 기초 정보와 자료의 부족으로 매우 어려운 일이 되고 있다. 특히 절멸율의 정확한 추정을 위해서는 종의 분포와 생활사, 그리고 종의 특정 서식처에 대한 특이성 등에 관한 기초 정보가 있어야 한다(Stork, 1997). 그러나 이러한 정보가 매우 빈약한 것이 보통이며 게다가 이미 사라진 종에 대해서는 데이터가 아예 없는 경우가 많다. 따라서 과학자들은 생물의 종 밀도와 열대림과 같은 생물 서식처의 감소 속도를 토대로 간접적으로 추정하고 있을 뿐이다. 이에 관해 현재까지 10여 명의 학자가 발표하고 있으며(Stork, 1997), 그 가운데 몇 가지를 들어보면 다음과 같다.

- 1975년-2000년 사이에 100만 종이 절멸할 것이며 이것은 매10년마다 4%가 멸종됨을 뜻한다(Myers, 1979).
- 1980-2000년 사이에 15-20%가 절멸되며 매10년마다 8-11%의 멸종을 의미한다(Lovejoy, 1980).
- 열대와 아열대에서 매년 2,000종의 식물이 사라진다. 이는 매10년마다 8%가 절멸됨을 말한다(Raven, 1987).
- 매년 생물종의 0.2-0.3%가 사라진다. 이것은 매10년마다 지구 생물의 2-6%가 사라짐을 의미한다(Wilson, 1988, 1989).

이와 같은 방법의 한 가지 대안으로 국제자연보전연맹의 적색 자료집에 생물종 절멸의 예에서 보는 변화를 토대로 예측한 것이 있는데, 예를 들어 장차 조류와 포유류의 절반이 절멸하는 데는 앞으로 약 200-300년이 걸리며 야자과 식물의 경우 50-100년이 걸릴 것으로 추정되었다(Gaston, 1995). 그러나 국제자연보전연맹의 적색 리스트에 의하면 현재 포유류 가운데 140종이 위협종으로 등재되어 있어, 그대로 둘 경우 이들은 머지않아 절멸될 것으로 예상되고 있다. 또한 리드 W.V. Reid의 최근 연구에 의하면(Reid, 1992) 현재의 벌채 속도가 계속될 경우 지구상 생물종의 2-8%가 향후 25년 내에 소멸할 것으로 예상되고 있다. 이처럼 예측이 대략적인 숫자로밖에 나오지 않는 이유는 추정에 필요한 여러 가지 기초 자료가 없기 때문이며, 이것은 이미 앞서 언급한 바 있다.

그러나 생물종의 감소에 대한 추정 못지않게 중요한 것은 녹지 감소 추정일 것이다. 장차 지구촌에서 생물다양성의 쇠퇴를 막는 가장 확실한 길은 숲과 연안 등 자연 생태계를 최대한 보존하고 복원하는 일이기 때문이다. 현재 지구상에서 이와 같은 자연 서식처 중에 1,000ha 이상 되는 녹지이면서 공원이나 천연 보호구로서 보호되고 있는 것은 약 8,000개로 집계되고 있는데, 이들은 지구 육지 면적의 불과 약 5.19%(Groombridge, 1992)를 이룬다. 이러한 비율은 열대림에 대해서도 비슷해서 열대 지역 면적에 대한 보호 구역은 약 5%로 나타나고 있다. 예를 들어 아프리카의 숲은 4%만이 보호되고 있고 중남미에서는 2%, 그리고 아시아에서는 6%가 보호되고 있다. 그나마 현재 열대 다우림의 감소는 매년 1.8%로 추정되고 있으나, 특히 벌목이 불안정한 정치 정세와 개발 정책으로 인해 공식, 비공식으로 자행되고 있어 열대림 녹지는 앞으로 더욱 빠르게 줄어들 전망이다.

그러나 비록 이러한 기초 정보를 확보하여 현재 지구상에 몇 종의 생물이 살고 있는지 정확히 밝혀내고 또 얼마만한 속도로 절멸되고 있는지 알아낸다 하더라도 그것이 과연 무슨 의미를 나타낼 것인가? 회의하지 않을 수 없다. 우선 종 수 자체가 수적으로 생물종의 존재를 인정할 근거는 되나, 그것이 개체수의 빈약으로 유전적 빈곤을 나타내는 종에 대해서는 결코 절멸의 위기에 놓여 있음을 말해주지 않기 때문이다. 더 나아가서 생물의 절멸 방지에는 과학적 데이터에 입각한 정책 수립과 실현이 필요하나 국가나 민족 또는 부족간의 이해 관계로 인한 정치적 갈등과 개발 위주의 경제 논리가 압도하여 환경과 생물종의 보전은 뒷전인 것이 오늘날 지구상 많은 나라에서 보는 엄연한 현실이기 때문이다.

그러나 이러한 정치적, 경제적 이유와 상황만을 탓하고 있을 수는 없다. 어쨌든 우리는 매일 50-100종의 생물을 잃고 있으며 인구는 폭발적으로 늘고, 이에 따라 녹지는 매년 1.8%씩 줄고 있는 상황이다. 이제부터라도 생물종들의 분류학적, 생태학적, 유전학적인 연구와 진화생물학적인 조사로 기초 정보들을 갖춰 생태계의 현황을 과학적으로 파악하고 정의함으로써 종 보전과 회복을 위한 만반의 준비를 갖춰야 한다. 이것은 바로 생물다양성협약이 체결된 1992년 이후 최근 들어서서야 유엔이 자각하여 서둘고 있는 각종 생물다양성 기초 사업의 취지이기도 하다.

1-3 생물다양성의 가치와 유용성

그러면 이러한 생물다양성은 어째서 보존되어야 하는가? 지금 유엔을 비롯한 세계는 왜 생물의 멸종 방지를 위해 그토록 노력하게 되었는가? 우리나라에서는 생물다양성이 생태계에서 나타내는 기능과 경제적 이용 가치가 어떻게 평가되고 있는가? 최근에 정부가 발표한 바에 따르면 국내 생물다양성의 총 가치는 목재 생산, 생태 관광, 식물로부터 추출되는 의약품, 화장품 및 산림에서 방출되는 산소 등 모두 25조 6915억 9,400만 원에 달해 같은 해 국내총생산 GDP 351조 9,714억 원의 7.3%를 차지하는 것으로 분석됐다고 밝혔다(한국환경정책 평가연구원, 1999). 그러나 이것은 경제적 가치만을 추정한 것이며 생물다양성이 발휘하는 아래와 같은 생태적 봉사적 가치, 기초 학술적 가치와 기타 도덕, 심미적 가치 등 이른바 비경제적 가치를 평가하여 보태야 할 것이다. 여기에 생물다양성이 일반적으로 나타낸다고 보는 가치와 유용성에 대해 살펴본다.

1) 생태학적 봉사 기능

생물은 주위 환경에 크게 영향을 미친다. 예를 들면 한 그루의 나무가 그늘을 만들면 이 그늘이 땅속에 있는 물을 끌어올려 다른 생물들이 살기 좋은, 서늘하고 습기 있는 환경을 만들어 준다. 나무들이 하나의 숲을 이뤄 이러한 그늘이 많이 만들어지면 다른 생물이 많이 살게 되고 결국 이 지역의 수분 배분을 원활하게 만든다. 그러나 반대로 어떤 골짜기 숲에 벌목이 대대적으로 이뤄지면 우기(雨期) 때마다 홍수를 이루는가 하면 건기(乾期)에는 완전히 말라 버린다. 결국 빗물과 하천의 물이 관개, 수력 발전, 운송 등에 적절하게 이용되지 못하게 된다. 이러한 숲과 나무가 주는 영향을 큰 규모로 생각하면 숲은 결국 지역과 지구의 기후를 조절한다고 볼 수 있다. 나무와 생물들이 〈생태계의 엔지니어 ecosystem engineer〉라고 불리는 이유도 여기에 있다(Gaston, 1996).

이 밖에 숲과 생물의 다양성은 지구 대기의 조성의 변화를 막아준다. 특히 열대 우림은 CO_2를 흡수하고 산소를 생산하는 데 대단히 큰 몫을 하므로, CO_2 증가로 인한 지구 온난화를 억제하기 위해서도 보존되어야 한다. 예를 들어 공중질소를 고정시키는 뿌리혹박테리아를 갖는 리조비움 *Rhizobium*속의 식물이 사라진다면 지구 전체의 질소 균형이 깨져 심각한 사태를 초래할 것이며 식물성 단백질은 물론 이를 먹는 가축 사육에 큰 차질을 가져와 인간의 단백질 공급이 거의 차단될 것이다.

이와 같이 생물다양성은 대기 중 가스의 구성을 일정하게 유지하는 데 기본이 된다. 이외에도 생물다양성은 기후의 큰 변동을 막아 일정하게 유지하고 토양과 미량 원소들의 손실을 예방할 뿐 아니라, 물을 정화하고 병충해를 통제하며 여러 가지 생물들에게 각기 적절한 생활 장소를 제공하는 등, 그 봉사 기능은 헤아릴 수 없이 많다(Savage, 1995).

그러나 생물다양성이 과연 얼마만큼 되어야 생태계의 기능이 무너지지 않고 유지되느냐에 대해서는 아직 밝혀지지 않고 있다. 다만 몇 가지 이론이 있는데, 그 가운데 하나는 생태계를 마치 금속조각판들을 못으로 이어 만든 하나의 비행기에 비유한다. 만약 이 대갈못들이 하나 하나 빠져 나가면 비행기 동체는 점점 약해지고 어느 시점에서, 예를 들어 날개와 동체를 잇는 마지막 못이 빠지면 비행기는 폭삭 무너진다. 이때의 못은 전체의 운명을 좌우하는 중요한 못이므로 이에 해당하는 생물종은 이른바 〈주춧돌종 keystone species〉이 되는 것이다. 생태계의 운명에 관한 이러한 이론을 〈대갈못 가설 rivet hypothesis〉이라고 한다(Ehrlich and Ehrlich, 1981).

그러나 우리는 생태계를 이루는 생물들이 서로 어떤 영향을 주고받는지 극히 일부밖에는 알지 못하고 있다. 따라서 어떤 종들이 과연 다른 생물이 사는 데 얼마나 필요한 존재인지 모른다. 따라서 이들에 대해 확실히 알기까지는 모든 생물종이 잠재적인 주춧돌종이 되므로 보존되어야 한다는 논리가 성립되는 것이다.

2) 도덕적, 심미적 이유

이 밖에도 생물다양성은 우선 윤리적인 이유에서 보존되어야 한다. 인간이 지구상에서 가장 강력한 생물종이므로 다른 여타 생물들을 우주내의 생명체 동반자로서 보호할 도덕적 책임이 절로 주어지기 때문이다. 그러나 오늘날엔 이러한 도덕적 이유 이외에도 심미적 이유가 점점 더 강조되고 있다. 사실상 최근 성행되고 있는 탐조 활동, 야생동물 영화, 애완동물 사육이나 정원 가꾸기, 생태 관광 ecotourism 등은 모두 인간이 누리는 생물다양성에 대한 심미적 활동이라 할 수 있다. 우리가 우거진 숲이나 아름답고 조용한 자연에서 쾌적함을 느끼는 것은 이러한 활동의 바탕이 되며, 바로 인간이 진화 과정에서 타고 난 생명 애착 biophilia의 본능 때문으로 해석되고 있다.

3) 기초 학술적 가치

각 생물은 사실상 정보의 덩어리이다. 생물이 사라지면 그 생물이 갖고 또 나타낼 수 있는 정보들이 모두 손실된다. 따라서 종의 손실은 지식의 손실을 의미한다. 이와 관련해 생물다양성은 생물에 일어난 진화의 소산으로서 각종 생물의 형태, 생리, 발생, 유전 등에서 각양 각색의 패턴을 보여 준다. 따라서 이를 연구, 비교함으로써 우리는 진화적 메커니즘의 실체와 본질을 이해할 수 있고 생태계의 구조와 기능을 파악할 수 있다. 나아가서 생명체가 나타내는 공동의 원리를 도출해 〈생명이란 무엇인가?〉라는 매우 원리적이며 궁극적인 질문에 답할 수도 있다. 이러한 생명 탐구는 생물다양성의 보존 없이는 이뤄질 수 없다.

이상은 생물다양성이 나타내는 비경제적 가치들을 살펴본 것이다. 그러나 생물다양성은 각종 자원으로서 경제적 이용 가치를 크게 나타내는데 대개 다음과 같다.

4) 식품 자원

실제로 인류 역사상 인간이 먹었던 식물은 20,000종이나 현재 우리가 취하는 먹이의 대부분은 그 가운데 약 20종이 공급하고 있다. 그러나 연 먹이 공급 33억 톤 가운데 3분의 1이 넘는 12억 8천만 톤을 공급하는 것은 불과 4종(밀, 쌀, 옥수수, 감자)의 작물이다(Vietmeyer, 1986). 이것은 단일 경작의 심화가 나타낸 극단적 단면이라 할 수 있다. 그러나 문제는 재배 작물종의 야생 근연종들이 급격히 사라지고 있다는 데 있다. 실제로 미국에서 사과 품종에 대해 조사된 바에 의하면 7,089품종 가운데 1804년부터 1904년 사이에 약 86%가 사라졌다(Fowler, 1994; Day, 1997). 중국에서도 1949년 당시 있던 밀 10,000품종이 약 20년 후인 1970년대에는 약 1,000품종으로 줄어들었다고 한다. 이와 같은 유전자원의 급격한 쇠퇴는 특히 열대 지방 국가들에서 공통으로 나타나고 있으며 우루과이, 아르헨티나, 한국도 예외는 아니다(Day, 1997). 농업과학기술원 유전자원과의 조사에 의하면 지난 10년간 재배작물 20,000품종 가운데 약 70%가 야생에서 사라졌다고 한다(환경부, 1997).

이러한 야생종들의 멸종은 앞으로의 식품자원 개발에 재료가 되는 유전자 공급원을 고갈시킨다는 점에서 큰 문제가 되지 않을 수 없다. 예를 들어 콩, 기름야자, 잇꽃이나 해바라기 등은 사실상 매우 작은 지역에 제한되어 분포했던 종들이 지난 세기 동안에 전 세계적으로 확산, 전파된 종들이다. 또 오늘날 우리가 먹는 쌀의 비루스 grassy stunt virus 내충성은 벼의 야생종인 *Oryza nivara*에서 해당 유전자를 도입하여 육종된 것이며 토마토의 마름병 저항성 유전자는 토마토 야생종인 *Lycopersicon pimpinellifolium*에서, 감자의 흑수병(黑穗病) 저항성 유전자는 역시 야생종인 *Solanum demissum*에서 들여온 것이다(Oldfield, 1984 ; Kunin and Lawton, 1996). 이와 같은 유전자 도입은 아직까지 주로 야생 근연종으로부터만 들여왔으나 앞으로는 유전공학이 발전되면서 그 도입 범위가 넓어질 것이 확실하다. 한 예로 나방류 애벌레에 치명적 병원균인 그램 양성의 *Bacillus thuringiensis*를 들 수 있다. 이 세균의 독성 단백질 유전자 Bt2를 변형한 것을 고등식물에 옮기면 이 변형 식물은 이 독성 단백질을 대량으로 합성하게 되고, 결국 이 식물을 먹는 나방의 애벌레는 죽게 되는 것이다. 또 앞으로는 초식동물이나 병원균에 대한 밀의 저항성을 강화하는 방법으로, 밀의 근연 야생종보다 남미의 다우림 거머리가 포식자에 대항하여 분비하는 방어물질 유전자를 빌리거나 한 동남아시아산 곰팡이가 갖고 있는 독성 화학물질 유전자를 이용하게 될지도 모른다. 이와 같은 사례와 기술적 진보는 앞으로 야생 근연종이 아닌 어떤 다른 종이라도 유전자원으로서의 활용 가능성을 배제할 수 없음을 강하게 시사하고 있다. 이러한 점은 천적을 개발하여 해충을 구제하는 생물학적 방제에도 마찬가지이다. 실제로 세계적으로 해충 구제를 위해 천적으로 사용되고 정착된 곤충은 560종에 이르고 그 가운데 40%가 성공적인 효과를 거둔 것으로 보고되었다 (Kunin and Lawton, 1996).

5) 의약품 자원

생물종들이 갖는 의약품 자원으로서의 가치는 이미 알려진 지 오래
다. 식물에서 추출된 모르핀, 코카인 등 119가지 약품은 모두 90종의
식물에서 온 것이다. 또 현재 사용되고 있는 약 3천 가지 이상의 항생
물질은 모두 미생물에서 온 것이다(Farnsworth, 1988). 주목나무 껍질에
서 항암물질이 나오는데 이를 조직 배양을 통해 대량 생산하는 작업
이 진행되고 있음은 널리 알려져 있다. 이와 같이 식물과 미생물에서
얻은 약품들은 현재 알려진 식물 약 42만 종 가운데 불과 5%와 미생
물 약 5만 종 가운데 1%를 조사한 결과일 뿐이다. 따라서 앞으로 나
머지를 조사하기에 따라서 얼마나 많은 약품을 야생으로부터 새로이
얻을 수 있는가를 가히 짐작할 수 있다. 한 계산에 의하면 이와 같이
식물에서 취하는 약품으로 인해 미국에서만 얻는 연간 소득은 340억
내지 3천억 달러로 추정되고 있다.

생리활성물질은 식물뿐 아니라 동물에서도 나온다. 한 아시아산 부
전나비 일종인 *Catopsilla crocale*의 날개와 대만산 사슴벌레인 *Allomyrina
dichotomus*의 다리로부터는 항암제로 매우 유력한 물질이 분리되었고,
또 여러 가지 뱀, 개구리, 두꺼비로부터도 신경과 근육에 작용하는 여
러 가지 물질이 발견되었다. 이 분야의 전문가인 비티 박사 Andrew
Beattie에 의하면, 무척추동물은 여러 가지 미생물이 많은 토양 환경에
서식하나 이 동물에는 면역 체계가 없거나 매우 미약하므로 강력한
항생물질을 분비하여 그러한 토양 환경에 대항할 것임에 틀림없다고
한다. 과연 이러한 추정에 맞게 여러 가지 딱정벌레, 노래기, 바퀴, 달
팽이, 선충류에서 항생물질이 발견되었고(Kunin and Lawton, 1996), 이
것은 바다의 해면동물에서도 마찬가지였다. 그 가운데서도 특히 개미
가 그럴 것으로 생각되어 현재 제약 회사들이 앞다투어 연구를 지원
하고 있다.

6) 산업 자원

숲에서 나무를 잘라 목재, 펄프, 연료로 쓰는 일은 생물다양성의 산업적 효용이다. 실제로 전 세계의 벌목량은 연간 약 38억 입방미터에 이른다(Kunin and Lawton, 1996). 재목의 색깔, 밀도, 내충성, 성장율 등 여러 가지 유전 형질을 선택하여 나무 품종을 개량하기 위해서는 생물다양성이 필요하다. 이러한 목재 용도뿐 아니라 숲에서는 앞서 말한 여러 가지 먹거리와 약품은 물론, 고무, 왁스, 향료, 감미료 등이 나오고, 포유류, 조류, 파충류로부터는 털과 깃털, 가죽을 얻으며, 온천의 박테리아로부터는 고온안정성 효소까지 얻어 유전공학에 이용하고 있다.
. 이와 같은 생물다양성을 연구하고 보존하는 데 자연사박물관이 그에 소요되는 표본과 전문 인력을 갖춘 기관임을 감안할 때 자연사박물관은 생물과 생태계에 관한 학술적 연구와 환경 조사 차원에서뿐 아니라 우리의 미래 세대가 활용할 식품과 의약품 자원을 보존하는 데 절대적으로 필요하며, 특히 환경 시대를 맞아 이러한 과제는 현대 자연사박물관들이 수행해야 할 새로운 과제로 등장하고 있는 것이다.

2 한국의 생물다양성 현황

앞에서 생물다양성의 세계적인 현황을 살펴보았다. 그러나 우리의 한국의 경우는 어떤가? 생물다양성을 논한다면 유전자, 종, 그리고 생태계 수준에서 언급되어야 하겠으나, 이 분야에 대한 역사가 짧고 또 조사 실적도 미비하여 우선 종 수준에서 알려진 바를 간략히 살펴보고자 한다.

현재까지 한국의 생물종 수는 미생물을 제외한 동물 17,291종과 식물 7,317종으로 도합 29,828종이 조사되었다(환경부, 1997). 즉 식물 8,271종, 동물 18,029종, 균류 1,625종, 원생동물 736종, 원핵생물 1,167종으로 이뤄진다. 이들 종 수는 우리와 비슷한 국토 면적을 가진 선진국 (영국과 일본 등)에 비해 훨씬 적은데, 이는 아직 한국의 생물종에 대해 체계적으로 조사되지 않았기 때문이다. 필자는 1994년까지 보고된 종 수가 실제 한반도의 야생에 서식하는 종 수의 1/4에 불과하고, 따라서 이웃 일본과 영국의 경우를 비교하여 볼 때 실제 종 수는 10만 종에 육박함을 시사한 바 있다(Lee, 1994).

한편, 관속식물 중에서 한국산 고유종은 407종, 도입종은 181종, 위기종은 126종으로 집계되고 있는 데 비하여, 16,600여 종이 알려져 있는 무척추동물에서는 불과 70여 종만이 고유종과 위기 및 희귀종으로 보고되어 있다. 이것은 이들 무척추동물군과 그 밖에 이런 주요종에 대한 정보가 매우 빈약하고, 또한 하등 식물과 균류, 원생생물, 원핵생물에 대해서도 연구, 조사가 터무니없이 미약했다는 것을 의미한다. 그러나 필자가 한국산 무척추동물 가운데 몇 가지를 무작위로 추출하여 고유종 출현 빈도를 조사한 결과 평균 17.2%로 나타나(Lee and Kwon, 1993) 한반도 특산 동물은 2,500종이 훨씬 넘을 것으로 추정된다.

척추동물상의 경우는 비교적 자세하게 알려져 있어서 상당수가 보호대상종으로 지정되어 있다. 실제로 호랑이, 표범 등은 야생에서 이미 사라진 것으로 보이고, 여우, 늑대, 대륙사슴도 관찰되지 않으며, 산양, 사향노루, 수달, 하늘다람쥐 등도 멸종 위기에 처한 것으로 여겨진다. 한국자연보존협회에서는 동·식물을 합쳐 179종을 멸종 또는 멸종 위기에 처한 것으로 추정하고 있다.

최근에 정부의 한 연구소가 국내 생물다양성 현황에 대해 발표한 바에 의하면 국내 생물종 수는 모두 10만 종으로 추정되고 생물다양성의 경제적 가치는 매년 약 25조 원으로 평가되고 있다(한국환경정책 평가연구원, 1999). 그러나 이 가운데 매년 500종 이상이 멸종되고 있고, 이것은 매달 42종, 매일 1.4종의 생물이 사라지는 것으로 나타났다. 이와 함께 국내의 재래작물 약 2만 종의 품종은 1985년에 비해 그 후

표 4-3 한반도 생물 기록종 현황

대분류군		소분류군	종수
동물	척추동물	포유류	100
		어류	905
		양서·파충류	41
		조류	394
		소계	1,440
	무척추동물1	해면동물	204
		편형동물	123
		구두동물	1
		태형동물	145
		성구동물	9
		환형동물	380
		절지동물	1,028
		극피동물	107
		자포동물	224
		윤형동물	159
		내항동물	1
		완족동물	9
		연체동물	997
		완보동물	49
		모악동물	39
		미색동물	89
		소계	3,564
	무척추동물2	곤충	11,853
		거미	1,172
		소계	13,025
식물	고등식물	단자엽식물	842
		쌍자엽식물	2,815
		양치·나자식물	314
		선태류	691
		소계	4,662
	하등식물	규조류	1,512
		편모조류	316
		담수녹조류	1,064
		윤조류	27
		해조류	690
		소계	3,609
균류(지의류포함)			1,625
원생생물			736
원핵생물			1,167
총계			29,828

(환경부, 1997; 한국동물분류학회, 1997)

표 4-4 한국산 생물의 절멸위기종 현황

구분	멸종된 종	절멸위기종	희귀종	감소추세종	계
포유류	1	8	8	4	21
조류	1	23	30	-	54
양서·파충류	-	1	6	5	12
어류	1	3	18	7	29
곤충	-	1	23	-	24
식물	3	7	25	4	39
계	6	43	110	20	179

(환경부, 1997)

불과 10여 년 사이에 74% 가량이 멸종된 것으로 파악되었다. 또 정부가 특별 관리중인 멸종 위기 야생동물 43종의 위협 요인으로는 밀렵 및 약용이 51.2%(22종)로 가장 많고, 다음은 개펄 및 습지 파괴 16.3%(7종), 수질 오염 18.5%(8종) 등의 순으로 나타났다. 이 발표에서 국내 생물종을 10만 종으로 본 것은 그 산출 과정이 명시되어 있지 않아 근거에 의문이 있으나, 필자가 일찍이 일본 및 영국과 비교하여 추정한 바(Lee, 1994a; 1994b)와 거의 일치하고 있다.

그러나 국내 생물종 수 추정이나 절멸 현황 등에 관해서는 지금부터라도 좀더 본격적으로 조사하여 학술적으로 신빙성 있는 자료를 제시해야 할 것이다. 생물다양성에 관한 정보와 관리의 소홀은 필연적으로 동·식물 종의 훼손에 대하여 무방비 상태를 야기하고, 그 결과 종의 감소를 비롯한 유전자 다양성의 급속한 감소를 먼키 어렵게 만들고 있기 때문이다.

3 생물다양성과 자연사박물관의 새로운 역할

봄이 되어도 새가 울지 않는 〈침묵의 봄〉(Carson, 1962)이 기폭제가
되어 각종 살충제와 농약으로 인한 피해가 연달아 고발되었고, 이러한
환경 파괴와 훼손은 지구상의 생물종이 나날이 감소하는 원인으로 밝
혀졌다. 더구나 대기 오염은 남극의 상공 오존층에 구멍을 뚫어 앞으
로 방사선 조사(照射)로 인한 대재앙을 예고하고 있다. 더욱이 각종
온실가스의 배출로 인해 지구의 온도가 높아진다는 사실이 확실해져,
마침내 1972년에 세계의 158개 국가가 〈지구온난화협약〉과 〈생물다양
성협약〉을 체결하였다. 생물다양성협약은 지구의 생태계를 건강하고
지탱 가능하게 유지하는 범위 내에서 각종 생물로부터 의약품 등을
생산하고 그 이용에서 나오는 이익을 공정하게 분배하자는 취지에서
이뤄진 응급 조치이다.

이에 따라 전 세계 나라들은 환경을 보전하기 위해 각종 법률과 규
제를 만들고 이를 집행할 정부 부처가 생겼으며 앞의 〈지구온난화협
약〉과 〈생물다양성협약〉 이외에도 늪지 보전, 절멸 위기 동·식물의
국제 교역 등에 관한 각종 협약을 탄생시켰다. 이러한 환경 대처에 촉
매제 역할을 한 것은 단연 언론 매체로서 우리는 유조선으로부터 흘
러나온 기름으로 온몸이 뒤범벅이 된 바다새의 초라한 모습을 보거나,
아프리카 야생에서 코뿔소나 코끼리의 코와 턱이 잘려나간 처참한 주
검을 보고 누구나 큰 충격을 받지 않을 수 없었다. 즉 오늘날 우리에
게 이만큼이라도 환경에 대한 의식을 심어 준 데에는 다양한 언론 매
체들이 사회 대중에 끼친 영향 때문임을 인정하지 않을 수 없다. 다시
말해 언론들이 사회교육상 미친 영향과 성과를 똑똑히 체험한 것이다.

그 결과 이제는 그 누구도 자연이 언제나 그 곳에 까딱없이 버티고
있는 요지부동의 요라고 여기지 않게 되었다. 생태계는 먹이사슬로 복
잡하게 얽혀져 있는 취약한 거미줄이며, 인간의 간섭과 활동으로 언제

라도 쉽게 무너질 수 있는 허술한 그물이다. 따라서 그 얼개의 매듭들이 하나 하나 떨어져 나갈 때, 인간을 떠받쳐 온 부양체(扶養)로서의 생태계 그물은 힘없이 무너지고 만다는 것을 알게 되었다.

이러한 상황에서 여러 가지 박물관 가운데 특히 자연을 조사, 연구하고 전시하며 교육하는 자연사박물관은 과연 무슨 일을 해야 할까? 당연히 자연과 환경 변화가 인간에게 얼마나 크게 영향을 미치는가를 알아내고, 또 이에 대해 일깨우는 연구와 교육의 현장이 되어야 할 것이다. 그러나 그러한 새로운 과제를 수행하는 데 자연사박물관은 어떠한 면에서 적절하다고 보아야 할까? 오늘날 세계의 자연사박물관들이 생물다양성 보전의 중추 기관으로 활약하고 있는 것은 과연 어떤 이유에서일까? 자연사박물관에는 어느 박물관에서나 마찬가지로 표본 수집, 연구, 보존, 교육, 전시라는 기능과 역할이 기본적으로 주어져 있다. 이에 대해서는 이미 앞서 살펴보았고, 여기에서는 생물다양성 위기를 맞은 현시점과 미래 상황에서 자연사박물관이 새로 안게된 과제와 역할이 무엇인지 알아보고자 한다.

3-1 명세와 감시 센터

자연사박물관은 야생 생물의 명세 inventory와 감시 monitoring를 수행함으로써 생물다양성의 증가 또는 감소를 탐지해 낸다. 생물다양성 협약도 각 나라들이 스스로 자국의 생물에 대해 명세 조사와 감시를 하도록 요구하고 있다(제7조). 이러한 명세와 감시를 통해 절멸위기종, 희귀종, 지표종(指標種) 그리고 경제적 이용 가능종들을 알아낼 뿐 아니라 여러 가지 환경 요인이 생태계에 주는 영향을 알아낼 수 있다. 뿐만 아니라 생물종의 급격한 감소가 미래에 어떤 결과를 초래할 것인가 하는 데 대한 예언적 모델을 제시할 수도 한다. 그러나 이러한 모델 제시는 바로 과거 오랜 기간에 걸쳐 그때그때의 생물다양성을 증명하는 표본들이 잘 보관되어 있지 않으면 이뤄질 수 없다. 즉 신빙성 있는 정보가 붙어 있는 표본들이 증거로서 축적되어 있어야 한다. 자연사박물관이 환경 변화 탐지의 기능을 다할 수 있는 것은 이러한 표본들, 즉 기준 표본을 포함하여 증거 표본을 보관, 관리하고 있기 때문이다.

3-2 환경 교육 센터

환경 시대가 요구하는 새로운 수요에 맞춰 자연사박물관도 그 목표를 과거에서와 같이 자연 표본을 수집, 명명(命名)하고 단순히 설명하는 수준에 머물러서는 안 되게 되었다. 자연사박물관은 여기에서 한 걸음 더 나아가 자연의 기능과 생태계 내의 상호 작용을 밝혀 이를 대중에게 이해시킴으로써 자연을 존중하고 걱정하는 태도를 유발하는 데 더욱 역점을 두도록 해야 한다.

이와 같이 자연사박물관이 환경 보전의 파수꾼이 되어야 하는 상황에서 특히 주목해야 할 것은 환경 보존과 개발이라는 상호 이율배반적 명제 사이에서 시민이 그 선택을 결정하는 데 필요한 지식과 안목을 갖추도록 도와주는 일이다. 그러기 위해서는 자연사박물관이 환경과 개발 사이에 어떠한 상호 작용이 일어나는가에 대한 과학적인 정보를 알기 쉽게 풀이하여 일반에게 알려주는 일이 필요하다(Lovejoy, 1993).

이러한 생태적 지식과 생물다양성 보전의 중요성에 대한 대중 교육과 홍보를 위해 생물다양성협약은 〈제13조 대중 교육과 인식〉이라는 조항을 두어 동 협약의 성공적 실현을 도모하고 있다.

3-3 사회적 협조와 조정 센터

생물다양성의 보전은 조사, 연구 결과가 전시와 교육을 통해 대중으로 전달되고 언론 매체, 학교, 행정부 등에 홍보되어 일반 대중의 태도 변화뿐 아니라 각급, 각 분야의 정책 결정으로 이어지지 않으면 그 효과를 거둘 수 없다. 따라서 생물의 대량 멸종 시대를 맞은 오늘날의 자연사박물관은 각종 연구소, 학교, 대학, 정부 부서, 회사, 사회의 민간 기관, 재단 사이에서 긴밀한 유대를 유지하며 연락과 조정 구실을 해야 하는 새로운 임무를 안게 되었다.

더욱이 어느 특정 지역이나 국내에서만이 아니고 지역과 세계의 유관 기관들과 협력망을 구축하여(제2장 5-2 정보 서비스와 지역 네트워크 교육 참조) 그야말로 지구적으로 생각하고 지역적으로 행동하는 현실 봉사적 박물관이 되어야 하는 것이다. 즉 유관 단체들간의 협동을 통해 생물다양성 보전의 효율을 극대화해야 한다는 말이다(Davis, 1996).

자연사박물관들이 이러한 시대적 요구와 함께 지역, 국가, 그리고 세계적 현안으로서의 생물다양성 이슈에 충분히 대응하고 이를 활용하기 위해서는 이제 자체적인 경영 시스템을 그러한 일에 걸맞게 바꿔 나가지 않으면 안 되며, 이것은 오늘날의 자연사박물관들이 부닥치고 또 풀어 나가지 않으면 안 될 새로운 과제가 되었다(Emery, 1994). 이러한 변화와 개혁은 런던, 워싱턴, 뉴욕 등의 대형 자연박물관에서 이미 각고의 시련으로 치뤄진 변화로서 전 세계의 자연사박물관에 파급되고 있다.

생물다양성 위기를 수반한 환경 시대를 맞아 자연사박물관은 이제 종래의 보수적 자세에서 벗어나 환경을 감시하고 예측하며 정보와 지식을 전달하되, 보다 적극적으로 그리고 효과적으로 수행하기 위해서는 사회적 소통 센터로서의 기능을 발휘하여야 한다. 간단히 말해 보존, 연구, 교육, 전시 등을 사회가 필요로 하는 방향으로 조정하되, 이를 적절히 수행하기 위해서는 경영 시스템을 쇄신하는 일도 필요하다는 말이다. 최근 이러한 개혁 작업을 수행한 대형 자연사박물관에는 예를 들어 마케팅부가 신설된 것을 보아도 오늘날의 자연사박물관이 얼마나 대중과 사회에 파고드는 기관으로 변모했는가를 알 수 있다 (제2부 구미의 국립자연사박물관의 운영 참조). 이러한 상황 변화는 새로운 사회적, 지구적 수요의 등장과 이에 따르는 요구에 발맞추지 않을 경우, 자연사박물관 스스로 도태의 길을 걷지 않을 수 없다는 급박한 선택의 기로에 있음을 시사하고도 남는다.

> 오늘의 화려한 물질 문명은 우리로 하여금 자연 자원의 급격한 소모와 녹지의 감소 그리고 대기와 수질 오염 등 자연 환경의 훼손을 그 대가로 치르게 하고 있다. 인간의 생식 본능과 보건의 향상은 인구의 폭발적 증가를 부채질하였고 이에 따라 도시화, 소비 문화를 강화하고 여기에 자본주의 체제는 제품과 편리 추구를 경쟁적으로 조장하고 있다.
>
> 유감스럽게도 서양의 산업 사회는 전통적으로 자연을 정복의 대상으로 삼아 왔고, 그래서 오늘날에도 계속 제국주의적이며 더욱더 상업적이 되고 있다. 다시 말해 산업 사회는 성장과 개발에 대해 거의 광적인 태도를 굽히지 않고 있는 것이다.
>
> 1994년
> 스미스소니언 국립자연사박물관 홍보부장
> 로버트 설리번 Robert D. Sullivan

3-4 데이터 뱅크

지식 기반 사회를 앞두고 정보의 수요가 급증하는 상황에 대비하여 각종 자연사 표본과 그 연구에 관련된 자료를 전산 입력하여 사용자가 적절히 인출, 활용할 수 있는 데이터 베이스를 구축해야 한다. 이를 국내망과 국제망에 연결시켜 다른 자연사박물관과 각종 정보 자료를 교환, 활용할 수 있도록 조치함으로써 상호 협동에 의한 작업 능률 향상을 극대화한다.

　이러한 자료 구축 내용으로는 표본과 연구에 관한 것뿐이 아니다. 자연사 분야별 전문인력, 국내 생물종다양성, 특산종, 외래종, 귀화종, 절멸 위기종, 지질적 구조와 변화, 인류학 자료, 자연 연구기관, 자연 보호 사업, 지역의 자연환경 등 실로 다양하다. 특히 지역 또는 국토 차원에서 일어나고 있는 특징, 현상, 변화 등에 관해 정확한 정보를 갖춰 놓음으로써 이용자들이 지역의 정체성을 개념적으로 파악하고 자신의 주위 환경에서 일어나고 있는 변화와 관계를 이해할 수 있도록 돕는 것이다.

　〈제2장 5-4 멀티미디어와 사이버자연사박물관〉에서도 언급되었으나 이러한 사업을 펼치기 위해서는 다양한 컨텐츠 개발이 필요하며 여기에 동원되는 정보들이 질과 양에서 우수하고 풍부하도록 배려해야 함은 물론이다.

제5장

자연사박물관의 미래와 한국에서의 과제

21세기는 특히 정보와 교통, 그리고 생명공학에서 상상을 초월하는 새로운 지평을 열 것으로 보인다. 마치 중세 이후 과학 기술이 당시로서는 상상 불허의 꿈을 오늘의 현실로 바꿔 놓았듯이 말이다. 미래에 대한 낙관론에 의하면 화석 연료 문제는 환경을 보호하는 대체 연료로 바뀌어 해결되고, 인구 증가도 어느 시점에서 안정되며 경제적 부의 발전과 균배가 이뤄짐으로써 삶의 질 향상이 최고의 가치로 추구될 것으로 보인다. 바로 장밋빛 미래가 우리를 기다리고 있는 듯하다.

그러나 실제적 관점에서 볼 때 환경과 인구, 그리고 생물다양성의 문제가 생활과 사회 전반을 지배하는 가장 위협적인 명제가 될 것이 확실시되고 있다. 생물종이 얼마나 많이 줄어들 것이냐 하는 점은 이미 앞서 언급한 바와 같다. 결국 생활 수준 향상과 생물 멸종의 가속화라는 이율배반적 원인들에 의해 이러한 멸종은 더욱 촉진된다. 그러나 그 어느 쪽도 결국은 자연사박물관의 수를 증가시키는 큰 요인이 될 것이 확실하며, 이 점은 자못 역설적이기까지 하다. 그러나 그러한 예상은 오늘날 세계의 자연사박물관의 72%가 선진국에 있으며, 국민소득 10,000달러 이상의 개발국가들에서는 자연박물관의 수가 인구에 비례한다는 분석을 통해서도 바로 적중할 것임을 인정하지 않을 수 없다(Mares, 1993).

생물다양성 보전을 위해 명세와 감시 등, 작업 숙제가 방대한 나라일수록 개발도상국인 경우가 많다. 그리고 이러한 나라들은 거의 예외 없이 표본, 전문가, 시설 그리고 정보가 매우 부족한 열대 국가이다. 따라서 개발국들은 이러한 개발도상국들에 자연사박물관과 식물 표본관을 세우고 개선하는 사업을 수립하는 일이 무엇보다 중요하다.

1993년
스미스소니언 연구소 대외담당 부소장
토마스 러브조이 Thomas E. Lovejoy

그러나 박물관의 가치는 특히 21세기 미래에 있다는 점을 이미 앞에서 강조하였다. 자연과 국가의 유산을 보존, 연구하여 미래를 투영하는 거울로 삼는 일은 미래 예측이 가능한 인간의 문화에서만 누릴 수 있는 특권이다. 그러나 정보와 통신, 그리고 교통의 발달로 인류 문화가 더욱 균일화의 방향으로 치닫게 될 상황에서는 문화적 다양성도 막대하게 손실될 것이 분명하다. 오늘날 우리는 서로 다른 민족들이 자신의 나라를 세워 스스로 국가 경영을 해나가려는 경향이 농후해짐에 따라 해마다 신생 국가가 늘어나고 있는 것을 본다. 그러나 이들이 각기 정체성을 추구하고 이러한 정체성을 자존과 긍지의 바탕으로 삼으려 할 때, 그것은 다름 아닌 문화적 개성을 의미한다. 따라서 여기에는 다른 역사박물관과 함께 자연의 다양성을 보존하고 그 역사적 배경과 현황을 연구하는 활동이 비중을 더해갈 것이며 이에 따라 자연사박물관에 대한 수요도 크게 증가할 것이 확실하다.

이 밖에도 복지 국가일수록 자연사박물관은 평생 교육장으로서, 그리고 문화 센터로서의 구실과 함께 시민의 여가 선용을 겸한 휴식처로서의 기능이 더욱 중요시될 것이다. 이에 관련해 박물관이 외국 관광객에게 주는 교육 내지 홍보의 기능은 더욱 커진다. 예를 들어 런던 자연박물관의 연간 방문객 330만 명 중에 4분의 1이 관광객이라는 통계는 앞으로의 서비스 시대를 맞아 자연사박물관들이 직면하는 막대한 수요와 사명을 암시하고 있으며, 특히 각종 국제 회의와 경기를 유치하고 관광객을 받아들여 문화 국가의 이미지를 높이려는 우리에게 시사하는 바가 크다.

그러나 우리 한국의 현실은 어떤가? 전 세계적으로 자연사박물관이 약 5,000개 되나 한 국제 통계에 의하면 한국에는 한 개도 없고, 그나마 북한에 한 개 있는 것으로 나와 있다는 것은(Mares, 1993) 문화 민족을 자처하는 우리에게 자못 충격적이지 않을 수 없다.

그러나 자연사박물관이 한국에 전혀 없는 것은 아니다. 1960년대 말에 출발한 이화여대 자연사박물관을 비롯하여 8개 정도가 알려져 있다(부록 3 세계의 주요 자연사박물관 참조). 그러나 표본 보존, 연구, 전시, 교육 등 박물관의 기본 기능이 최소한 갖춰져 운영되고 있는 곳이 거의 없어 국제 통계에 그렇게 나온 것으로 생각된다. 필자가 최근에 약식으로 조사한 바에 의하면(미발표) 조사된 8개 자연사박물관을 통틀어 연구원은 20명이고 그나마 연구 논문들이 출간되는 곳은 3곳뿐이다. 소장된 표본은 모두 약 27,000종, 228,000점이 된다. 교육 프로그램이 운영되는 곳이 5군데로 나타났고 1999년도 관람자수는 모두 합해 약 1,362,000명으로 집계된다. 독립 건물에 수용된 곳도 두 곳뿐이다. 모두 한결같이 인력과 예산의 부족으로 자연사박물관으로 운영을 할 수 없다고 호소하고 있다. 이와 같은 상황은 구미의 국립자연사박물관들이 각기 6,000만 점 이상의 표본을 소장하고 프랑스의 경우 직원 2,500여 명이 파리 본부에만 20여 개의 건물에서 일하고 있는 경우와는 너무나 극심한 대조를 이룬다. 다시 말해 한국에서의 자연사박물관은 이제 그 태동도 시작하지 못한 것으로 볼 수밖에 없다.

미국의 오클라호마 대학 자연박물관의 메어스M.A. Mares 관장은 세계의 각국에서 얻은 자료를 토대로 한 가지 재미있는 분석을 하였다. 즉 인구에 따라 자연사박물관의 수가 어떻게 달라지느냐 하는 것이다. 전체적으로는 아무런 상관을 얻을 수 없었다. 그러나 국민소득 10,000달러 이상의 국가들만을 선택하여 그래프를 그려 보았더니 자연사박물관의 수는 인구에 비례함을 발견한 것이다. 수년 전에 남한은 국민소득 1만 달러를 넘어 OECD에도 가입하였다. 따라서 이 그래프에 남한의 인구를 넣어 보면 자연사박물관의 수는 약 180개가 나온다. 비록 국민소득 1만 달러를 기준하지 않는다 해도 앞서 메어스 교수가 미래의 복지 국가는 인구 100만 명당 최소한 자연사박물관 1개를 갖게 될 것으로 예상한 점으로 보아도, 남한에는 자연사박물관이 최소한 47개는 있어야 한다. 그러나 현실은 어떠한가? 앞서 말한 대학 부설과 기타 자연박물관들을 합한다 해도 고작 5-6개 이내이며 더욱이 국립 자연사박물관이 없는 실정에 있다.

그나마 상설 전시가 운영되면서 전시와 수장품 목록, 그리고 연구 보고서가 정규적으로 발간되는 자연사박물관은 더더욱 소수이다. 최근에 증축, 확장으로 면모를 일신하고 있는 곳도 있으나, 적어도 정상적인 자연사박물관이라면 적정수의 전문 연구원과 교육 연구사는 물론 기타 행정직, 기능직이 배속되어 수집, 연구, 전시, 교육에 관한 프로그램이 운영되면서 연구 논문이 계속 출간되는 곳이어야 한다. 외국 자료에 남한에 자연사박물관이 하나도 없다고 나와 있는 것은(Mares, 1993) 필경 이러한 국내의 열악한 사정에 기인한다고 생각된다. 이 통계에 비춰보면 한국은 OECD 29개 회원국 중에서도 자연사박물관이 없는 유일한 국가이며, 전 세계 국가들 가운데는 138번째의 자연사박물관 최빈국이다. 설사 국내에 자연사박물관이 3개 있다고 쳐도 당시의 138개국 중 85위에 해당하고 인구 100만 명당 자연사박물관 수는 0.063개로 133위를 기록한다.

특히 우리나라에 국립자연사박물관이 없다는 사실은 한국이 자연사박물관 문화에서 극빈층임을 상징적으로 나타내고 있다. 이러한 자연사박물관 문화의 부재가 우리에게 어떠한 문제와 손실을 안겨 주고 있는지 살펴보도록 한다.

우선 나라의 생물종을 종합적으로 기록, 보관하는 〈호적 등기소〉 또는 〈중앙 은행〉이 없다는 점(모든 생물종은 그 실체적 증거로서 그 종의 〈기준 표본〉이 권위 있는 기관에 위탁 보관되어야 한다고 국제동물명명규약은 밝히고 있다. 이때 표본이 수탁되는 기관은 통상 대형 자연사박물관이다), 생태계 조사, 환경 감시 등에 필수적인 참조 표본이 없음으로 인해 생물상의 변화, 유용종과 외래 해충의 탐지, 그리고 희귀종들의 생존 가능성을 측정할 수 없으며, 생물다양성협약에 적절한 대응이 불가능하다는 점 등 그 손실과 손해는 이루 헤아릴 수 없이 크다. 이러한 실무적 차원의 불이익뿐 아니라, 한반도의 고유한 생태계를 연구하여 지역의 정체성과 특수성을 계발함으로써 국민적 자존심과 긍지에 접목시키기가 어렵다는 점은 무형적이면서 우리의 문화적 자존심을 실추시키는 크나큰 문제가 아닐 수 없다.

그러나 우리의 한국적 현실에서 간과해서는 안 될 또 하나의 막급한 과제, 그것은 청소년의 정서 순화, 창의성 개발과 여가 선용의 장이 극도로 부족하다는 현실이다. 그 해결 대안으로서 자연사박물관이 대량으로 설립, 운영되어야 한다. 미래에는 기계화, 획일화, 능률화의 얼개 속에서 움직이는 도시 생활이 주류를 이룬다. 게다가 아파트를 비롯한 콘크리트 환경에서 생활하므로 아름다운 자연의 정취와는 거리가 멀다. 이것은 무릇 야생과의 단절을 말하며 따라서 일반 동·식물과 친근할 수 있는 기회가 줄고, 곧 생명 존중의 도덕적 윤리관을 싹틔울 토양을 박탈당하고 있음을 말한다. 결국 도시민에게 돌아가는 것은 자칫 비인간화로 치달을 수 있는 인간성 상실의 길뿐이다.

여기에 다시 온갖 매체가 퍼붓는 폭력성은 감수성이 예민한 청소년에게 왜곡된 행태를 유도한다. 따라서 학교를 마치고 돌아오거나 방학을 보내는 학생들에게 마음껏 상상의 날개를 펴면서 편안하고 즐겁게 배울 수 있는 휴식 공간이 필요하다. 우리나라 청소년에게 건전한 여가 선용의 장이 없거나 매우 부족하다는 것은 주지의 사실이다. 그러면서 우리는 나날이 늘어가는 청소년 범죄에 전전긍긍한다. 이제 우리는 그들의 오늘과 미래를 위해 정서 순화적이면서도 교육적인 여가 선용 기회를 만들어 주어야 한다. 생물과 자연을 알게 하여 무릇 생명체에 대한 존중과 애착을 싹틔워 줘야 한다.

이 밖에도 오늘날 온갖 매체의 홍수 속에서 민감한 청소년들에게 주어지는 정보는 텔레비전과 인터넷 등 여러 가지 매체에 의해 걸러진 〈간접적〉 정보임을 간과해서는 안 될 것이다. 이들에게 여러 가지 진품(眞品)과의 만남을 만들어 주어야 하며, 그럼으로써 참정보를 얻고 경험할 수 있게 해야 한다. 박물관이 이러한 것들을 제공할 수 있다는 것은 박물관의 큰 강점이며 이러한 점에서 미래의 자연사박물관은 그 효용과 진가(眞價)를 더욱 높여 나갈 것이다.

앞에서 우리는 현재 전 지구적으로 통신 혁명이 일어나고 이에 따라 획일화가 가속되며, 이에 상대적으로 개성과 정체성에 대한 갈망이 더욱더 커져 박물관의 수요는 필연적으로 증가하리라고 말한 바 있다. 그러나 이러한 지구적 변화와 함께 특히 한국은 급격한 사회, 문화 및 환경적 변화를 겪고 있는 나라 중에 하나이다. 이러한 시점에서 최근 전국적으로 44개 지방자치단체가 국립자연사박물관 유치를 열망하였다는 사실은 우리에게 시사하는 바가 크다. 최근 런던 대학의 보일랜 교수에 의하면, 지난 20년간 서유럽에서 일어난 현상으로 전통적 제조업이 붕괴하고 산업 구조가 변화함에 따라 지방자치단체들이 사회 개발 모델로서 각종 박물관 건설을 서둘렀다고 한다. 그래서 사라져 가

는 문화 유산들을 보존하면서 관광객을 적극 유치하여 지역 경제를
도모하였다는 지적은 오늘의 우리의 상황에서 참고되는 바가 크다(Boylan,
2000). 즉 서유럽의 산업과 신기술 발전에 따르는 사회 변동이 현재
한국에서 일어나고 있음을 우리는 생생하게 목격하고 있다. 우리는 앞
으로 우리의 자연사박물관 문화를 진작하는 데 있어 이러한 역사적이
며 시대적인 변동과 흐름을 예민하게 관찰, 수용하고, 또 역사적 교훈
을 얻어 시행 착오 없이 정체성 연출과 구현에 최대의 지혜를 발휘해
야 할 것이다.

■ 한국의 자연사박물관 건립 확대 시안(예)

우리는 어떠한 자연사박물관을 얼마나 건설해야 할까? 여기에 필자의
사견(私見)을 들어 그 목표와 우선 사업, 그리고 건립과 보급에 관해 서
술하여 참고에 이바지하고자 한다.

목표

1) 기능: 한반도와 인근 지역에 대한 자연 보존 연구와 사회 교육의
   장. 생물다양성 협약 이행의 중추 기관.
   한반도와 지역의 특징과 개성을 개발하는 관건은 연구에 있으며,
   따라서 관람객을 유도할 수 있는 새로운 정보와 가치를 창출하기
   위해 연구 활동이 끊임없이 이뤄져야 함.

2) 규모: 국립중앙자연사박물관은 통일 한국 및 동아시아의 중심적 자
   연사박물관으로 설계.

3) 철학: 한반도의 정체성과 세계성의 개발로 국민에게 긍지와 자부심
   을 심어 주고, 자연 친화와 생명 존중의 정서를 함양할 수 있는 자
   연사박물관 문화의 정착을 지향.

4) 수량적 목표: 국민소득 1만 달러 이상 국가의 자연사박물관 수
(Mares, 1993)를 목표로 할 경우, 남한에 180개, 한반도 전체에 300개.
인구 100만 명당 1개의 모델을 따를 경우 남한에 47개.

우선 기능 및 사업

1) 생물종 중앙 은행: 한반도산 생물종들의 표본 집합지(중앙 도서관
또는 중앙 은행).

2) 자연 보존 센터: 한반도 자연의 다양성과 특성의 연구, 개발 및 전
시와 대중 교육의 장.

3) 청소년 자연 교육의 장: 자연에 대한 지식과 환경 친화적 덕성 교육
의 장.

4) 관광 명소화: 국내외 관광객에 대한 한반도 자연 소개의 장.

5) 데이터 뱅크: 한반도 자연에 관한 각종 자료를 데이터 베이스화하
여 인터넷상에서 일반인과 전문가들이 활용할 수 있게 하고, 국제
적 네트워크에 연결시켜 각종 국제 사업에 협력, 동참.

건립과 분포

1) 국립중앙자연사박물관: 한반도 자연사자료의 수집, 연구, 전시 및 교
육의 중심적 역할을 수행하고, 국내 기타 국·공·사립 자연사박물
관과의 협조 네트워크 구성으로 이들을 조정, 지원하며 자연 보전
과 연구에 관한 각종 국제 사업에 동참함.

2) 지역별 국립자연사박물관: 권역별(중부, 영남, 호남 등) 또는 세부
권역별로 설치하여 지역의 특성을 강조한 자연 연구 및 교육의 센
터 역할 수행

3) 지역 자연사박물관: 광역시립(6개소), 도립(9개소), 시립(72개소) 자
연사박물관 설립으로 지역 자연 연구와 보전 및 대중 교육의 중심
으로 활동.

4) 대학 부설 박물관: 국내에 현재 운영되고 있는 81개의 대학 부설 박물관들이 취급 분야를 현재까지는 역사, 고고, 미술, 민속에 국한하였으나, 자연 연구 분야까지 포함시켜 대학 부설 박물관 본연의 목표와 기능을 수행.

5) **자연박물관 또는 향토박물관**: 국내 군(91개 처)마다 설립하여 지역의 전통과 자연을 종합적으로 개발하고 소개함.

6) **사립자연박물관**: 각종 기업과 독지가가 자연사박물관 설립에 투자할 수 있도록 세제 혜택 등 제도적 유인 장치를 마련하여 발전을 도모함.

이상과 같이, 국립중앙(1), 국립(3), 광역시립(6), 도립(9), 시립(72), 군립(91)을 세운다면 모두 182개가 된다. 이 숫자는 앞서 말한 국민소득 1만 달러 이상 국가에 대한 기대 수준이다. 물론 이러한 규모와 수적 팽창을 일시에 바랄 수는 없다. 그러나 21세기에 나라와 지역마다 자기의 정체성을 열망하는 추세에 따라, 박물관이 특히 〈제2세계〉에서 급속히 늘어날 것이라는 전망에 따르면(Jarratt, 1997), 어느 정도의 실현 가능성을 바라볼 수 있다.

그러나 이러한 수적 증가를 감안할 때 가장 유의해야 할 과제는 질적인 수준이다. 바로 표본과 전문성의 확보를 말한다. 왜냐하면 각종 자연사 자료는 나날이 빠르게 사라지고 있는 데다, 전통적으로 자연사박물관 운영에 관한 전문성이 결여되어 있기 때문이다. 박물관 전문가는 결코 일시에 만들어지지 않는다. 다시 말해 표본에 관해서는 국내의 대학, 연구소, 그리고 개인 소장의 표본들과 미국, 영국, 프랑스, 동유럽, 일본 등지에 유출되어 있는 한반도산 자연사 표본들을 사전에 조사해서 환수에 필요한 준비 작업을 해야 한다. 동시에 박물관 학자(경영학자, 마케팅 전문가 포함), 표본 관리자(표본 보존 전문가 포함), 과학자, 전시 디자이너, 박물관 교육자, 데이터 뱅크 전문가 등이 적절한 계획으로 사전에,

꾸준히 양성되어야 한다. 또한 지역박물관의 설립이 중복 투성이의 난립을 피하기 위해서는 각기 특성을 살리면서 지역성과 세계성을 함께 살려나가는 지혜와 철학이 필요하다.

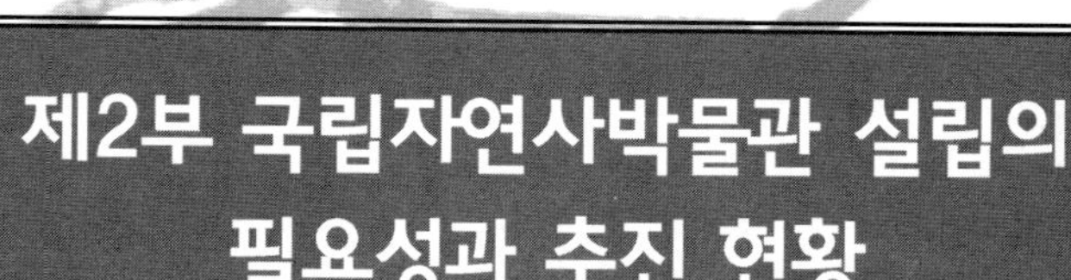

제2부 국립자연사박물관 설립의 필요성과 추진 현황

우리나라에 이렇다 할 자연사박물관이 없다는 데서 오는 학술, 교육, 문화적 손실이 얼마나 큰가는 이미 제1부에서 논의한 바와 같다. 이에 따라 국내에는 1990년부터 학계를 중심으로 국립자연사박물관 건립 운동이 시작되었다. 우선 한국동물분류학회 주최로 1990년 9월에 심포지엄 〈한국의 자연 연구와 '국립중앙자연사박물관'의 발전 방향〉이 개최되고(한국동물분류학회, 1990) 건의문이 요로에 발송되었다. 그러나 정부의 반응이 없자 국내 26개 학회가 1991년 2월에 〈국립자연사박물관 설립 추진위원회〉를 결성하고 일련의 활동을 전개하였다. 여기에 이에 대해 소개하되, 그에 앞서 이렇게 절실한 문제로서의 국립자연사박물관이 어째서 그토록 필요한가를 간략히 정리하고, 이른바 〈과학관〉과는 또 어떻게 다르며 외국의 주요 자연사박물관은 어떻게 운영되고 있는가를 살펴보기로 한다.

제6장

국립자연사박물관 설립의 필요성

자연사박물관이란 자연을 이루는 각종 생물과 지질 및 인류 생활에 관한 표본을 보존하고, 이들이 환경과 갖는 상호 작용과 변화를 연구하여 전시, 제작하고 이를 교육에 활용하는 곳이다. 그리하여 국민이 환경의 역사와 변화를 이해하고 미래에 대처하여 적응하도록 돕는 연구와 봉사의 사회 교육 기관이다. 그러나 한국에는 국립자연사박물관을 비롯해 제대로 갖춰진 자연사박물관이 없어 이와 같은 막중한 과제와 사명을 다 할 수 없다. 여기에 그 필요성을 요약해 보기로 한다.

1 국립자연사박물관의 중요성

1) 국민의 문화적 긍지와 정체성의 확립 : 자연과 인류의 기원과 변천 역사를 연구하는 일은 그 나라 자연의 근본과 특징 및 개성을 밝히는 길이 되므로, 국민의 문화적 긍지와 자존심의 기반이 된다. 더욱이 각국은 생물다양성협약(1992)에 의해 나라 생물 자원에 대한 주권

적 권리가 부여되어 있다. 그러나 우리나라에는 나라 생물의 표본을 보존, 연구하는 중심 기관이 없어 이러한 주권을 행사하지 못하고 있다.

2) 나라의 자연 환경 보존 : 오늘날 환경 오염과 파괴로 생물다양성이 급격히 감소하고 있다. 이러한 상황에서 나라 생물의 수집, 보존은 나라 자연에 대한 각종 기초 연구의 요체가 될 뿐 아니라, 인간의 부양체로서의 생태계의 기능을 이해하여 건강하게 유지시키고 아울러 미래 세대가 활용할 유전자원을 보존, 전수하는 길이다.

3) 국민의 과학 문화적 소양과 생명 존중 사상의 고양 : 자연사 표본의 보존, 연구의 결과는 여러 가지 주제에 대한 전시 제작과 교육에 활용될 때 국민의 과학화는 물론 생명 존중과 환경 의식의 함양을 기대할 수 있다. 이러한 목표의 전시와 교육을 첨단 기법을 사용, 생동감 있게 제작, 운영할 때 초·중등학생들의 여가가 교육적이며 창의적으로 선용될 수 있으며 건전한 청소년 문화 정착에 이바지할 것이다.

4) 나라와 국민의 세계화 : 자연을 연구하되 지구의 역사와 인류 출현의 배경에서 연구함으로써 나라 자연의 세계적 좌표와 특징이 부각된다. 이러한 지역적 특성과 가치가 전시로 구현되면, 이는 곧 한국의 자연과 민족 문화 형성 과정을 한눈으로 돌이켜 볼 수 있는 한반도 자연과 인문에 관한 교육의 현장이 된다. 또한 이러한 대내외적 비교와 조망은 한국과 한국민을 세계화로 인도하는 지름길이 된다.

5) 자원 개발을 통한 국민 복지 : 각종 생물과 광물에 대한 연구 개발을 통해 신물질과 신소재 개발은 물론, 전염병 매개 곤충과 농림 해충을 구제하고 천적 개발, 외래성 생물의 침입 예방, 신약 개발, 신농산물 육종, 그리고 꽃가루받이 곤충의 개발을 도모할 수 있으며, 이에

따라 지탱 가능한 자연 보존과 국민의 복지 증진을 기대할 수 있다.

이와 같이 자연의 연구, 보존과 교육은 국민의 정신적, 물질적 기반이 되나 우리나라에는 이를 수행할 국립자연사박물관이 없기 때문에, 국민은 국토에 대한 긍지와 세계화를 실현할 수 있는 안목과 방법을 키우지 못하고 있다. 그 결과 환경과 유전자원의 후대 전수라는 막중한 과제 또한 수행하지 못하고 있는 것이다.

2 국립자연사박물관이 없는 경우의 문제점

그러면 현재와 같이 국립자연사박물관이 없는 상태가 지속될 경우 어떠한 상황이 야기될 것인가?

1) 한반도의 지질, 생물과 기타 환경의 변천을 이해할 수 없어 국민은 나라 자연이 한민족의 발달과 문화 형성에 어떻게 서로 영향을 주고받았는지 이해하지 못한다. 따라서 한국의 자연과 문화의 정체성과 존엄성 정립이 어려워진다.

2) 한국의 생물과 지질에 관한 기준 표본(호적 기록 표본)이 우리나라에 보존되지 않고 외국에 가야만 볼 수 있게 된다. 따라서 각종 기준 표본과 참조 표본의 미비로 생태계 조사, 명세, 감시, 외래성 생물과 신물질 탐색, 그리고 지속 가능한 개발이 불가능하고 따라서 자연 쇠퇴를 사전에 감지할 수 없다.

3) 약 29,000종으로 알려져 있는 한국산 생물종의 표본 보존과 연구의 미비로 그에 대한 실용적 가치 개발이 불가능하며, 특히 약 2,500

종으로 추정되는 한국 고유 생물종에 대해 계통이 밝혀지지 않아 천연활성물질을 효과적으로 탐색할 수 없다.

4) 한국에 현재까지 기록된 약 29,000종의 생물은 물론, 앞으로 발견될 약 70,000종의 한국산 생물이 표본으로 보존되지 못함으로써 결국 한국에서 그들의 증거 표본을 찾아볼 수 없어 이들은 〈국제적 고아〉가 된다. 이는 국내 생물종 연구에 막대한 지장을 초래하여 진화, 생태학적 기초 연구는 물론 품종 개발, 생물학적 방제, 병원성 생물 구제, 검역, 역학 조사 등에 효과를 거둘 수 없다.

5) 한국 특산 생물종을 비롯하여 여러 가지 위기종, 천연기념물종, 주춧돌종, 경제적 유용종, 지표종, 가해종(외래종) 등에 대한 데이터 결여로 생태계 보전은 물론 생물다양성협약에 적절히 대응할 수 없다.

6) 각종 표본의 보전, 관리 시스템을 갖추지 못하므로 국내 생물 자원 표본의 무단 해외 반출을 막을 수 없다. 이러한 상태는 한국산 생물종에 대한 주권을 스스로 행사하지 못하는 수치이며 불명예이다.

7) 한국 특산 생물의 표본 은행, 조직 DNA 은행, 천연물 은행(약물, 향료, 염료 등)의 부재로 자손 후대가 종의 절멸 이후 종 회복, 학술적 연구, 경제적 활용을 시도할 수 없다.

8) 특히 청소년의 여가 선용 시설이 매우 빈약한 현실에서 특히 청소년들의 탈선을 막고 욕구 분출을 교육적으로 승화시킬 기회가 절대 부족하여 사회 불안의 요인이 될 가능성이 있다.

이와 같이 국립자연사박물관의 기능과 역할은 실로 중차대하며 국가의 문화적 기반과 미래 세대를 위한 장기적 이익을 고려할 때 하루속히 설립되어야 할 것이다.

3 국립자연사박물관 설립의 기대 효과

그러나 이러한 절박한 상황을 정부가 인식하고 판단하여 이를 설립한다면 우리는 과연 어떠한 효과를 기대할 수 있을까?

1) 우선 한반도 지질과 환경의 변화를 포함해 특산 생물의 종과 서식처가 연구, 보전되고 따라서 한국의 자연과 문화의 정체성과 가치를 종합적으로 정립할 수 있다.

2) 한반도의 지질, 인류 및 생물종에 대한 〈호적 등기소〉 또는 〈중앙 은행〉이 마련되고 관리됨으로써 한국의 지질과 인류학적 자료 및 자생 생물들의 무단 해외 반출을 막을 수 있으며, 한반도내 생물종의 주권을 실질적으로 지켜나가는 주체적 국민의식을 구축해 나갈 것이다.

3) 셋째로 한국의 자연과 인류 생활에 대한 평생 교육의 장을 실현하고, 특히 생물다양성과 유전적 활용을 도모하여 우리 후대에 삶의 질과 경제적 향상을 안겨주는 실질적이며 장기적인 효과를 기대할 수 있다.

결국 우리는 국립자연사박물관을 빨리 세워 자연 보전과 민족적 자아 인식에서 매우 뒤져 있는 후진국의 수치로부터 하루 속히 벗어나야겠으며, 특히 우리의 후손에게 자연 친화적 환경 가치관과 건강한 자연을 물려주도록 최선을 다해야 할 것이다.

*이 글은 필자가 〈국립자연사박물관 건립을 위한 기초 연구 심포지엄〉에서 발표한 것을 일부 수정하여 옮긴 것이다(이병훈, 1998).

제7장

자연사박물관과 과학관의 차이

　우리의 자연 연구와 보존, 그리고 국민 교육에 꼭 필요한 것으로 생각되는 자연사박물관이란 과연 무엇인가? 이에 앞서 박물관의 정의를 확인할 필요가 있다. 〈박물관이란 비영리 목적으로 세워진 항구 단체이며, 문화 유물, 유적 및 환경 자료를 수집, 보존, 연구, 전시하여 사회 일반에 공개하고 연구, 교육, 감상을 도와 사회 발전에 기여하는 기관이다〉(ICOM, 1974). 따라서 자연사박물관은 바로 자연 속에 있는 동물, 식물, 광물, 그리고 생태계와 인간의 과거와 현재에 관계된 표본을 수집하고 연구하여 지식을 늘리고, 그 결과를 전시와 여러 가지 교육 프로그램을 통해 대중이 쉽게 학습할 수 있는 기관으로 운영되고 있다. 즉 자연에 대한 학술 연구와 대중 교육을 위한 시민 대학인 것이다. 그래서 한 나라의 국립자연사박물관은 그 나라의 자연이 나타내는 과학적인 원리, 유형 및 특징을 알아내고 개성과 특유의 가치를 끌어냄으로써 그 나라의 독특한 자연에 대한 인식과 나아가서 국민적 자부심을 싹틔울 수 있는 곳이기도 하다.

　그러나 이러한 연구와 보존 및 국민 교육의 목적 이외에도 자연사박물관은 자연 보존을 위한 천연 보호 지구 설정, 멸종 위기 생물의 파악과 회복, 그리고 유전자원으로서의 갖가지 야생종의 생존과 환경 변화 탐색 등 생태계의 유지와 활용에 기여할 여러 가지 작업을 하는 곳이며, 유용 광물의 연구와 유전공학적 기법을 통해 실생활과 산업 발전에 쓰일 자료를 직접 제공하기도 한다.

물론 자연사박물관에 따라 특징과 중점 분야가 얼마든지 다를 수 있다. 그러나 대표적으로 미국 시카고에 있는 필드 자연사박물관의 존립 목적을 보면, 〈자연의 역사에 대한 지식을 보존, 증대, 보급하며 국민 개개인이 자연의 역사가 주는 지식과 기쁨을 보다 많이 누릴 수 있도록 돕는 데 있다〉. 따라서 자연사박물관의 주요 관심은 과거에 존재했거나 현재에 존재하는 인간과 인간 이외의 모든 생물과 그들의 진화에 있으며 아울러 지구와 이웃 행성들의 구성과 변화에 있다. 그리고 이러한 목적을 달성하고 활용하기 위해 첫째, 관심 분야의 표본을 수입하여 보관하고 둘째, 연구원들이 주로 이 표본들을 연구하여 독창적인 논문을 발표하는 것을 도우며 셋째, 일반인과 유치원에서 대학원에 이르는 모든 학생들에게 전시, 강의와 기타 프로그램을 통해 교육하는 곳이다.

이미 앞에서 우리는 우리의 자연을 연구하고 보존하여 국민 교육으로 연결시키는 면에서 너무나 낙후되어 있어, 이러한 문제를 해결하기 위해서는 국가 중심 기관으로서의 국립자연사박물관의 설립이 절대로 필요함을 강조한 바 있다.

그러면 자연사박물관은 이른바 과학관과는 어떻게 다르며 왜 별도의 설립이 요구되는가? 흔히 국립과학관이 이미 있는데 왜 국립자연사박물관을 따로 세워야 하느냐는 질문을 한다. 따라서 이들 과학관과 자연사박물관의 차이를 가려내어 국립자연사박물관의 정체성과 그 건립운동의 타당성을 밝힐 필요가 있다. 우선 자연사박물관의 기능을 다시 한번 짚어본다.

첫째, 자연사박물관은 자연을 이루고 있는 광물, 화석 및 각종 동물과 식물을 수집하여 표본으로서 보존하는 임무를 띤다. 종래에는 이러한 표본들이 한낱 가치 없는 무생물로서 방치되어 온 것이 사실이다. 그러나 오늘날 지구의 환경 변화는 너무도 크게 바뀌어 이러한 자연의 표본들을 미쳐 확보하고 발표하기도 전에 빠른 속도로 사라지고 있다. 즉 지구 역사의 산 증거들이 없어지고 있을 뿐 아니라, 우리의 생명체들이 숨쉬게 하는 데 필요한 부양체로서의 생태계와 지각이 파손, 소멸되고 있는 것이다.

둘째, 자연사박물관은 자연, 즉 생태계를 이루는 생물과 지질, 그리고 그 속에서 살아가는 인간에 관해 연구하고 교육하는 곳이다. 오늘날 생태계와 인간은 과거 긴 시간을 통해 끊임없이 서로 영향을 주고받은 결과 이뤄진 것이며, 따라서 오늘날의 지구와 생물에 관한 지식은 과거에 일어난 변화와 진화의 메커니즘을 연구하지 않고는 이뤄질 수 없다. 따라서 자연사 연구에는 진화 과학이 핵심이 되며 이를 통해 역사적인 통찰을 얻어 비로소 우리 자신의 현재의 위치를 이해하고 미래를 조망할 수 있다.

셋째, 자연에는 시간적으로 똑같은 반복이 없으며 공간적으로도 동일한 두 개의 자연이 존재할 수 없다. 즉 생태계는 그 지역 특유의 지질 및 생물의 변화와 역사의 산물이므로 고도의 지역성과 이에 따른 특성을 나타낸다.

이와 같이 자연 연구는 표본 보존, 진화 연구, 지역성 탐구라는 특징을 나타내면서 생물학, 지질학, 인류학 등 자연에 관한 연구 분야를 포함한다. 즉 그 영역이 진화적 관점과 조망이라는 테두리로 거의 제한되었다는 뜻이다. 그리고 그 지역 특유의 생태계와 인간을 다루므로 보편 타당한 현상과 원리를 다루는 물리학, 화학, 공학 등과는 주제와 방법론에서 다른 점이 많다. 결국 역사 과학으로서의 성격과 취급 대상이 나타내는 고도의 지역성은 자연사 연구를 전문화시켰으며, 더욱

이 자연 관계 표본의 수집과 보관 처리라는 기본적 임무로 인해 자연
사박물관의 정체성과 독립성을 정당화하기에 이르렀다. 따라서 나라
마다 국립자연사박물관과 많은 시립, 군립, 또는 사설 자연사박물관을
설립, 발전시켜 온 반면, 물리, 화학, 천문학 등 자연 현상의 보편적인
원리를 다루는 〈과학관〉은 별도로 발전을 하게 되었다.

　여기에 현재 구미 제국에서 국립자연사박물관이 국립과학박물관과
별도로 운영되는 몇 가지 실례를 들어보기로 한다.

국가	국립자연사박물관	국립과학박물관
미국	National Museum of Natural History (Washington, D.C.)	National Museum of Technology (Washington, D.C.)
영국	The Natural History Museum (London)	Science Museum (London)
프랑스	Museum National d'Histoire Naturelle (Paris)	Palais de la Découverte (Paris)
독일	Senkenberg Museum (Frankfurt A.M.)	Deutsches Museum (Munich)

　이러한 주제와 방법상의 차이는 이들의 연합체 구성에도 나타나고
있다. 예를 들어 국제박물관협회 International Council of Museums에 속
한 국제 위원회 가운데는 과학기술위원회 CEDUST와 자연사위원회
NATHIST가 별도로 운영되고 있다. 또한 세계적으로 과학관들은 자연

사박물관과 별도로 과학기술센터연합회 Association of Science and Technological Centers(ASTC)를 구성하여 국제적인 협동을 펼치고 있다.

제8장

국립자연박물관 설립 추진 운동과 현황

우리나라에 자연사박물관들의 신설과 특히 국립자연사박물관 설립이 어째서 그토록 절실히 필요한가에 대해서는 앞에서 이미 논술되었다. 즉 많은 나라들이 그 나라의 자연을 연구하고 교육하는 중심 기관으로서 국립자연사박물관을 운영하고 있다. 그러나 세계적으로 권위 있는 열강의 자연사박물관은 모두 그들의 식민지로부터 엄청난 수의 생물과 광물 표본들을 수집하면서 시작되었다. 반면에 이를 따라잡지 못한 많은 후진국과 우리나라는 나라 고유의 생물을 보기 위해서도 선진국의 자연사박물관에 가야 하는 형편에 빠지게 되었다.

그러나 바야흐로 선진 대열에 동참하기를 열망하는 한국의 현 위치에서 국내에 나돌고 있는 야심찬 도약적 분위기와는 달리 우리는 이러한 중요한 분야에서 얼마나 낙후되어 있는가? 이미 앞에서 말한 바 있으나 세계에는 약 5,000여 개의 자연사박물관이 있다. 미국에는 1,200여 개, 독일엔 600여 개, 프랑스와 일본엔 각각 230여 개와 150여 개이며 네덜란드와 폴란드에 100여 개씩 있다(Mares, 1993). 동남아의 태국, 말레이시아, 방글라데시에도 각각 10여 개씩 있는 것으로 나와 있다. 아

프리카의 남아공화국엔 50여 개, 그리고 우간다, 이집트에도 10여 개
씩이 된다. 그러나 올림픽을 치르고 세계 무역량 제 11위를 기록하는
한국엔 〈0〉이라고 되어 있다. 수년 전에 한국도 선진국 대열인 OECD의
회원국으로 가입되었으나 회원 29개국 중에 한국은 자연사박물관 〈전
무〉의 유일한 국가이다.

　한편 자연사 표본 수는 전 세계적으로 모두 약 25억 점으로 평가되
었고 개인 소장 10억 점을 합치면 모두 35억 점으로 추산된다. 그러나
급격한 환경 변화와 종의 소멸로 인해 각국은 앞을 다퉈 표본을 수집
해 왔다. 그래서 앞으로 50년 후인 2050년엔 세계의 박물관에 소장되
는 표본 수는 총 130억 점으로 늘어날 것으로 예상된다. 이러한 추정
은 표본들에서 DNA를 뽑아 쓸 수 있는 가능성으로 인해 더욱 확실해
지고 있다. 그러나 과거 구미 선진 제국은 이미 상당수의 표본을 전
세계에서 수집해 놓았다. 미국의 스미스소니언 국립자연사박물관엔
7,600만 점이, 그리고 런던의 자연사박물관엔 6,700만 점이 소장되어
있고 매년 50-100만 점 이상 증가되고 있다. 이들이 생물의 진화와
지구의 변화 연구뿐 아니라 환경 감시와 신품종 개발 및 신약품 탐색의
재료가 된다고 생각할 때, 이들 선진국은 이러한 표본의 가치 앙등과 품
귀 시대를 대비해 막대한 자연 유산들을 이미 수집, 축적해 놓은 셈이다.

　반면에 우리나라는 불과 몇 개의 대학 부설 자연사박물관 외에는
국립자연사박물관은 고사하고 제대로 된 민간 자연사박물관도 없는
실정이다. 이러한 사실은 이른바 이 〈금수강산〉이 과연 어떻게 형성되
어 온 것인지 집중적으로 연구하는 기관이 없다는 뜻이고, 우리의 자
연으로서의 생물과 광물 등을 체계적으로 수집, 보존, 연구하는 국립
기관이 없다는 뜻이다.

　그것은 해방 후 현재까지 반세기 동안 역대 정부가 기초 과학의 중
요성에 대한 몰이해는 물론, 산업기술 위주 정책에 편중한 나머지 기
초 과학 중에도 특히 지역적 특성을 갖는 한반도의 자연 연구를 소홀

그림 8-1 국립과학박물관(서울 남산, 한국전쟁 때 전소됨)

히 한 때문으로 볼 수 있다. 더욱이 이러한 자연 연구가 단순히 나라의 자연 환경 연구에 그치는 것이 아니라 국민적 자아 인식과 자존의 터전이 된다는 데 대한 철학의 빈곤에서 온 결과로 생각된다. 그나마 1926년에 일제하에서 설립된 과학박물관이 한국전쟁 때 타버린 이후 거의 20여 년간 방치되어 있었다. 그러나 이 과학박물관(후에 국립과학관으로 개칭)마저도 문교부에서 과학기술처 산하로 이관된 1969년에 직제 변경과 함께 자연 연구 분야의 폐쇄라는 엄단 조치가 내려졌다. 이후 30년간 이 과학관의 연구 기능은 육성되지 못하였고, 그 사이 관장이 20번 이상 바뀐 버림받은 사각 지대로 현재까지 유지되고 있다. 결과적으로 한국에는 대대 후손에게 물려주어야 할 한반도 생태계를 집중적으로 연구, 보존하는 중심 기관이 없는 상태에서 오늘에 이르고 있다.

그 사이 1990년 2월에 문화부는 〈국립자연사박물관〉을 용산에 세운다고 발표하였으나 소요 예산을 얻지 못하였다. 이에 따라 이미 앞에 서술한 바와 같이 한국동물분류학회(회장 노분조)는 국내의 11개 학회

그림 8-2 국립자연사박물관 설립 추진위원회 임시 총회(당시 서울대 총장
이었던 조완규 회장 주재, 1991. 3. 30)

및 단체와 함께 그 해 9월에 국립자연박물관의 필요성을 역설하는 심
포지엄 〈한국의 자연 연구와 '국립중앙자연사박물관'의 발전 방향〉을
개최하고 8개항의 건의문을 채택하여 요로에 발송하였다(한국동물분류
학회, 1990). 그리고 이어서 이듬해인 1991년 2월에는 국내 26개 학회,
단체가 〈국립자연사박물관 설립 추진위원회〉를 창립하고(회장 조완규,
부회장 노분조, 김윤식, 김종수, 상임위원장 이병훈) 건의문을 채택하여
정부 요로에 발송하였다(부록 2에서 국립자연사박물관 설립 추진위원
회 발족취지 및 건의문, 임원진 참조). 문화부의 국립자연박물관 설립
계획은 같은 해 2월에도 계속 발표되었으나 소요 예산은 경제기획원
에서 역시 수용되지 않았다. 이에 따라 국립자연사박물관 설립 추진위
원회는 그 해 가을인 1991년 9월 서울에서 미국, 프랑스, 헝가리 등 4개
국 연사를 초빙하여 국제 심포지엄 〈자연사박물관의 역할과 세계적
동향〉을 개최하고 국립자연사박물관이 어째서 절실하게 필요한가를

토론하였다(국립자연사박물관 설립 추진위원회, 1991). 이때에도 건의문이 채택되어 요로에 발송되었다. 이에 앞서 같은 해 1월에 21세기 위원회(위원장 이관) 주최로 열린 사회·문화분과의 대통령 간담회(대통령 노태우)에서 최협 위원(전남대)은 한국 문화의 특수성과 우수성을 탐구하기 위해서는 우리의 생태계를 떠나서는 생각할 수 없으며, 따라서 자연사 및 인류사 박물관의 설립을 추진하고 이를 위해 문화부 내에 실무 기획단을 만들 것을 건의하였다(21세기 위원회, 1991). 이것은 아마도 민간인이 대통령에게 국립자연사박물관의 건립을 직접 제안한 첫번째 경우가 된다.

이듬해인 1992년 봄에 문화부는 국립자연사박물관 설립 계획을 거듭 언론에 발표하고 예산 당국에 재원을 신청하였다. 그러나 역시 채택되지 않았다. 이와 같이 국립자연사박물관 설립 추진 운동은 1990년부터 시작하여 1991년에 대통령에 대한 직접 건의를 포함하여 계속 진행되었다. 그러나 다음해인 1992년에도 문화부의 예산 신청이 수용되지 않자 동 위원회는 1994년도 예산에 반영되도록 촉구하는 의미에서 1993년 6월에 다시 한번 건의문을 채택하여 배포하였다(부록 2 국립자연사박물관 설립 관련 자료 참조).

이와 같은 대외적 활동에 병행하여 동 위원회는 사업 추진의 논리를 더욱 심화, 개발하고자 한국과학재단에 정책 과제 〈한국의 자연 특성 연구와 자연 교육을 통한 국민 과학화의 효과적 방안〉을 신청하였다. 이 과제가 채택되자 동 추진위원회 상임위원장인 필자를 연구 책임자로 하여 7명의 연구진이 1년간 수행하고 1993년에 4월에 그 보고서를 발간하였으며(이병훈 등, 1993) 이를 다시 부분 편집, 개제하여 「국립자연사박물관 설립 필요성에 관한 연구 보고서」를 발간, 정부와 언론에 배포하였다(국립자연사박물관 설립 추진위원회, 1993). 이 과정에서 연구자들은 런던, 파리, 라이덴, 도쿄, 타이중 및 오타와에 있는 주요 자연사박물관들을 현지 조사하여 최근 경향을 직접 관찰하고 보고서 작성에 참고하였다.

이에 덧붙여 이러한 연구 결과를 홍보하여 문화체육부의 예산 획득을 돕고자 동 위원회는 1993년 6월 30일에 〈자연의 다양성 보존과 국립자연사박물관 설립 필요성에 관한 발표회〉(국립중앙박물관, 1993)를 가졌다. 앞에 동 위원회가 거듭 채택, 배포하였다는 건의문은 이 연구 발표회를 가진 직후에 열린 정기 총회에서 채택된 것을 말한다.

이처럼 추진위원회는 창립(1991. 2) 이후 회장 조완규 교수(당시 서울대학교 총장)의 지도하에 국제 심포지엄, 연구 발표회, 그리고 국민, 정부, 국회를 향한 홍보와 교섭을 펼쳤으나 3년 반의 세월은 성과 없이 지나갔다. 그 사이 조완규 회장은 문교부장관 등의 직책을 맡음으로써 동 회장직 수행이 어렵게 되어 사퇴하고 고문으로 추대되었다(1994. 7. 15). 그 후임으로 김윤식 부회장(고려대)이 회장직을 승계하고 이듬해에는(1995. 6. 2. 임시 총회) 필자도 상임위원장에서 물러나 그 후임으로 이상태 교수(성균관대)가 맡게 되었다. 그 2주 후에는 대정부 촉구와 국민 홍보를 위해 이미 기획되었던 〈세계 자연사대전 5억 년전(展)〉의 막이 올랐다(서울 어린이회관, 1995. 6. 17). 이때에 함께 진행 예정이던 것이 〈국립자연사박물관 설립 촉구 100만 명 국민 서명 운동〉으로서 이미 2년 전에 기획되었던 것이며(임원회 논의, 1993. 12. 4) 그 취지문과 서명 양식도 작성되었다. 바야흐로 지금까지 해오던 연구 발표회나 건의문 채택의 차원을 넘어 직접 소리와 몸으로 부딪히는 실전 태세에 들어간 것이다. 그러나 바로 그 사흘 후인 6월 20일에 정부는 주돈식 문화체육부 장관을 통하여 국립자연사박물관 설립을 발표하였다. 이로 말미암아 서명 운동은 미처 실천에 옮겨지지 못하였다. 그러나 어째서 정부가 갑작스럽게 이러한 결정을 내리고 또 발표하게 되었는가? 그것이 서명 운동과는 어떤 함수 관계에 있었는지? 이러한 결정과 발표의 경위에 관해 당시 문화체육부의 문화정책국장으로부터 비공식적인 설명이 있었으나 확실치 않으며 아직 미궁 속의

그림 8-3 세계 자연사 5억년전(展) (국립자연사박물관 설립 추진위원회 주최)

의문으로 남아 있다.

정부가 국립자연사박물관 설립을 발표하자 다음날 이 소식은 시중 일간 신문에 대서특필되었다. 그리고 두 달 후인 8월 말에 정부는 이제까지 민간에서 활동한 추진위원회와 명칭상 약간만이(한 글자) 다른 〈국립자연사박물관 건립 추진위원회〉를 조직하여 그 1차 회의를 열고 위원들에게 위촉장을 수여하였다(1995. 8. 22). 바야흐로 국립자연사박물관 건립이 정부 주도하에 시작된 것이다.

어쨌든 종래의 완전 민간 차원의 국립자연사박물관 설립 추진위원회는 정부가 새로 만든 위원회 명칭과 매우 유사하여(즉 〈설립위원회〉와 〈건립위원회〉에서 〈설립〉과 〈건립〉의 한 글자 차이) 그 이름을 바꾸지 않을 수 없었다. 따라서 동 설립 추진위원회는 1991년 2월에 창립된 이후 4년 5개월의 활동을 일단 마감하고 〈자연사박물관 연구협의

그림 8-4 국립자연사박물관 건립 추진위원회 1차 회의(주돈식 당시 문화체육부
장관 주재, 1995. 8. 22)

회〉로 개칭하였다(임시총회, 1995. 7. 12). 아울러 그 활동의 일환으로
이미 기획된 세미나는 비록 시간적으로 정부의 설립 발표 후가 되었
으나, 국립자연사박물관의 역할에 대한 대국민 홍보와 활동 방향에 대
한 공개 논의의 기회로서 〈자연사박물관의 역할과 과학 교육〉이라는
제목으로 실시되었다(서울 능동 소재 어린이회관, 1995. 8. 24).

그러나 준비 작업을 위해 이듬해인 1996년도 분으로 확보된 예산은
3억 2천만 원이었고 문화체육부는 4월 초에 용역 공모에 들어가 같은
달 하순에 마감하는 급속도의 진행을 보였다. 그 결과 한국건축가협회
가 수주를 받았으며 실무 작업반은 그 두 달 후에 아시아, 유럽, 북미
의 3개 팀으로 현지 조사를 다녀왔다(한국건축가협회, 1996a). 그리고
다시 넉 달 후인 10월에는 미국, 네덜란드, 대만 그리고 한국의 전문
가를 초빙한 국제 세미나를 열었다(한국건축가협회, 1996a). 이렇게 진
행되어 작성된 보고서는 곧 문화체육부에 제출되었다.

표 8-1 국립자연사박물관 건립 대지 신청 자치단체 및 심사 용역 결과

구분	후보지	'97 용역 결과	비고
서울 (3곳)	용산구 용산동	국토 차원 적정 후보지	
	광진구 능동	국토 차원 적정 후보지	
	영등포구 여의도동	국토 차원 적정 후보지	
인천시 (9곳)	강화군 선원면	종합적인 가능 후보지	
	강화군 화도면	–	
	중구 용유동	–	
	중구 운서동	–	
	남동구 논현동	–	
	계양구 귤현동	–	
	연수구 송도동	–	
	연수구 송도동(신도시 지역)	–	
	부평구 삼산동	–	
대구시(1곳)	달성군 옥포면	–	연구용역시 미신청
대전시(1곳)	중구 사정동	–	
경기도 (9곳)	고양시 주엽동	종합적인 가능 후보지	
	양평균 강상면	종합적인 가능 후보지	
	여주군 여주읍	종합적인 가능 후보지	
	가평군 의서면	–	
	광명시 노은사동	–	
	부천시 작동	–	
	의왕시 학의동	–	
	고양시 선사동	–	
	남양주시 오남면	–	연구용역시 미신청
강원도 (6곳)	춘천시 동면	지역적 특성 후보지	
	철원군 동송읍	지역적 특성 후보지	
	강릉시 대천동	–	
	원주시 지정면	–	
	동해시 지가동	–	
	태백시 통동	–	연구용역시 미신청
충청북도 (2곳)	충주시 상모면	종합적인 가능 후보지	
	충주시 가금면		
충청남도 (2곳)	천안시 목천면	종합적인 가능 후보지	
	충주시 가금면	–	

경상북도 (3곳)	영주시 순흥면	-
	경주시 천군동	-
	성주군 용암면	-
경상남도 (6곳)	창녕군 이방면	지역적 특성 후보지
	고성군 하이면	지역적 특성 후보지
	고성군 고성읍	-
	김해시 삼계동	-
	거제시 사동면	-
	진해시 풍호동	-
전라북도 (2곳)	남원시 운봉읍	지역적 특성 후보지
	무주군 설천읍	-
※이상 11개 시도 44곳		

(문화관광부)

그러나 기초 조사 제2차 년도에 배정된 예산은 불과 1억 남짓으로 줄어들었다. 이 예산으로 1997년에는 전국적으로 건립 부지 조사가 이뤄졌다. 우선 여기에 응모한 지방자치단체가 11개 시, 도의 44개소였고 이에 대한 타당성 조사가 역시 공모로 발주되어 단국대학교 공업기술 연구소가 수행하였다. 이러한 용역 조사 결과 부지 제공으로 신청한 44개 후보지 가운데 국토 차원 적정 후보지 3개소, 종합적인 가능 후보지 6개소, 지역적 특성 후보지 5개소 등 모두 14개소가 〈입지상 적절〉 또는 〈가능 후보지〉로 평가되었다(단국대학교 공업기술연구소, 1997a, 1997b 및 표 8-1 참조).

그 후 이어서 기초 조사 3차년도인 1998년에도 가용 예산은 불과 1억 남짓이었다. 그래도 사업은 국내 3개 연구 기관에 위촉되었는데 우선 〈국립자연사박물관 운영관리 기초연구〉가 국민대학교 환경디자인 연구소에 그리고 〈국립자연사박물관 표본자료 수집, 제작방안 기초연구〉를 이화여자대학교 자연사박물관이, 그리고 〈국립자연사박물관 전시계획 기초연구〉를 한국건축가협회와 한국박물관건축학회가 공동으로 수행하도록 수주되었다. 그리고 이들 용역 연구가 이뤄진 후 최종 공개 발표회가 열리고(국립중앙박물관, 1998. 12. 15) 보고서가 발행되었다(문화관광부, 1998).

그러나 이듬해인 1999년에 이어 2000년도에도 해당 예산이 전무한 결과가 야기되었다. 따라서 아무런 준비 작업도 계속되지 못했음은 이미 앞서 말한 바와 같다. 정부가 설립을 발표(1995)한 이후 현재(2000)까지 5년간 문화부 장관은 5번 바뀌고 국장, 과장은 물론이며 사무 전담반은 커녕 전담 사무관 하나 없다. 담당 사무관이 있으나 수시로 바뀌고 국립자연사박물관 일은 그가 맡은 십여 가지 사업 중의 하나일 뿐이다. 한마디로 이 일은 끊임없이 표류하고 방랑하는 고아의 신세를 면치 못하였다.

어쨌든 박물관 건설을 위해 대지 제공을 하면서 국립자연박물관을 유치하려는 운동은 1997년 이후 몇몇 지방자치단체들에 의해 활발히 계속되었다.

먼저 인천시는 인천사회정책연구소 주최로 〈국립자연사박물관 인천 유치와 도시 발전 세미나〉(인천, 1997. 6. 27)를 열었고(인천사회정책연구소, 1967), 이어 이듬해에는 〈국립자연사박물관 강화 유치 추진위원회〉를 발족하면서(1998. 3. 26) 주민 강연회를 열었다. 곧이어 강화군의 범군민 서명 운동도 전개되었다. 다시 1999년 6월 26일에는 〈국립자연사박물관 강화 유치와 입지적 우월성 세미나〉를 개최한 바 있다(인천사회정책연구소, 1999).

한편 경남과 부산 지역에서도 창녕의 우포늪을 후보지로 하여 〈국립자연사박물관 창녕 유치위원회 자문교수단 결단식 및 학술 심포지엄〉을 열고(1997. 11. 29) 이듬해에 〈국립자연사박물관 건립에 따른 자문교수단 및 대학총장단의 입장〉을 발표하였다(1998. 2. 23). 이 위원회는 이어 〈국립자연사박물관 건립을 위한 국가전략개발 학술 심포지엄〉을 개최하는 등(한국생물다양성협의회, 1998. 5. 17) 활발한 활동을 벌였으며, 이듬해에는 다시 이에 연계하여 국제 심포지엄 〈탐사 지역으로서의 생태학적 가치와 보전 방법〉을 개최하였다(국립자연사박물관 우포늪 유치위원회, 1999. 2. 27-3. 1).

다시 최근에 호남에서도 남원시가 주축이 되어 〈국립자연사박물관 남원·지리산권 건립 필요성에 관한 연구〉 발표회를 개최하였다(국립 자연사박물관 남원·지리산권 유치위원회, 1999). 또한 경기도 안산시에 서는 〈국립자연사박물관 시화호권(始華湖圈) 유치 광역 추진위원회 (가칭) 구성을 위한 간담회〉를 개최하고 안산시청 소속으로 전담반을 두어 각종 홍보물을 제작, 배포하는 등 활발한 움직임을 보였다.

이러한 추진의 강력한 실현을 위해 우포와 남원의 유치위원회는 각 기 정부에 그 설립을 촉구하는 건의문을 채택하여(부록 2 국립자연사 박물관 설립 관련 자료 참조) 정부 요로에 호소하였다.

그러나 이와 같은 지방자치단체들의 활동에도 불구하고 이미 앞서 말한 바와 같이 1999년 이후 정부 예산에는 예산 반영이 전혀 이뤄지 지 않았다. 1999년도 예산이 1998년 11월에 국회 문공위원회와 계수 조정위원회에서 최종적으로 검토되고 있던 당시 비관적인 상황을 전 해 들은 필자는 부득이 국민의 한 사람으로서 해당 예산을 살려 1999년 도 정부 예산에 반영할 것을 서면으로 국회에 호소하기도 하였다(1998. 11. 26.)(부록 2 국립자연사박물관 설립 관련 자료 참조). 이 진정은 국 회문화관광위원회로 이첩되었고(국회사무총장 1998. 12. 4. 공문), 그 처 리 결과는 두 달 후에 본인에게 통보되었다(국회문화관광위원장 1999. 2. 8. 공문). 통보 내용은 〈국립중앙박물관 건립 사업(용산) 등에 막대 한 예산이 투입되고 있어 예산 반영이 매우 어렵다〉는 것이었다. 그러 나 건립 사업을 위해 필요한 정책적 지원과 예산의 반영을 위해 노력 하겠다는 단서를 붙였다.

그러나 그 다음에도 상황은 마찬가지로 나타나 2000년 현재 예산 전무로서 아무런 진전을 보지 못하고 있다. 국민의 목소리는 전국적으 로 커졌으나 정부와 국회는 귀를 기울이지 않는다. 예산 지원 첫해인

1996년도엔 약 3억 원이던 것이 다음 2년간은 연 1억여 원으로 줄어들었고 그나마 지난 2년간은 아예 중단된 것이다. 약 100조 원이라는 국가 예산 규모에 비추어 나라의 자연 연구 센터 하나 없다는 비참한 현실마저 가차없이 〈무시〉되는 이 상황을 국민은 과연 어떻게 납득해야 할까? 만약 우리의 목표가 당시 주장된 바와 같이 10년 내 과학기술 선진 7개국권 진입이라면 현재 선진국의 자연사박물관 보유 숫자와 국민소득 또는 인구비로 보아 한국에는 자연사박물관이 180개 있어야 하고 인구 100만 명당 1개라는 대안적 모델을 따른다 해도 모두 47개는 운영되어야 한다. 그 어느 곳이든 국립 중앙 자연사박물관이 있어 국가적 중심 기관으로서 다른 지역의 국립자연사박물관들을 지원하고 연계 활동할 수 있어야 할 것이다. 이런 관점에서 지난 수년간 꾸준히 계속되고 있는 몇몇 지방자치단체들의 활동과 호소는 명분과 근거에서 너무나 정당하고 타당하며 따라서 적극 존중되어야 할 것이다.

결국 우리의 자연사박물관들이 하루 빨리 설립되어 우리나라의 각종 자연 유산이 보존되고 생물다양성협약 이행에 적절히 활용될 기반시설이 이뤄져야 하며 아울러 청소년들의 여가 선용의 장으로 제공되어야 한다. 더욱이 〈자연사박물관 부재〉라는 세계 최하위의 국가와 국민적 수치에서 하루 빨리 벗어나야 할 것이다.

제9장

외국 국립자연사박물관의 운영

구미 선진국의 대표적 자연사박물관은 200년 이상의 역사를 자랑하며 세계의 자연 연구와 보존에 중추적 역할을 다하고 있다. 그러나 오늘의 환경 위기와 생물 대량 멸종의 시대를 맞아 이 박물관들은 세계의 생물종들의 표본을 이미 막대하게 소유하고 있다는 이점을 비장의 무기로 삼아 바야흐로 생물다양성 제국주의를 행사할지도 모르는 상황에 있다. 우리는 그들의 박물관에서 이뤄지고 있는 연구, 전시, 사회교육 면에서 두루 살펴보아 우리의 힘을 키우고 앞으로의 상황에 대비하는 지혜를 짜야 할 것이다.

여기에 필자가 방문했던 박물관 가운데 우선 영국, 미국, 프랑스, 네덜란드의 대표적 자연사박물관을 하나씩 소개하기로 한다. 특히 주제 전시로서 프랑스와 네덜란드 국립자연사박물관이 기획, 제작한 진화와 지구 시스템에 관한 전시는 내용 전개와 규모 면에서 가히 괄목할 만 하다. 이들은 모두 지구의 자연과 인문 현상들이 태양에너지로부터 시작하여 기상, 지구 변화, 생물 진화, 인류 문화, 생태계 변화에 이르기까지 서로 연계되어 있어 지구는 하나의 단일적 통일체 integrity임을 보여주고 있다. 이들에 대해 소개한 다음 필자의 기억에 남은 몇 가지 인상적 전시에 대해 언급할 것이다.

1 영국 국립자연사박물관[*]

영국의 수도 런던에 위치하고 있는 국립자연사박물관(구 대영자연사박물관)은 동물, 식물, 곤충, 지질부 등 6개 연구부와 4개 지원부서에 860명이 연간 약 1천3백만 파운드(£)의 예산으로 연구, 전시, 교육 활동을 하며 6천6백만 점의 표본을 보존, 관리하고 있다. 관람자 수는 연평균 3백30만 명으로 그 가운데 외국 관광객이 약 1/4이다. 1753년에 종합박물관으로서 대영박물관 The British Museum이 창립된 후 자연사부는 그 일부로 남아 있다가 1882년에 분리되어 국립자연사박물관으로서 현재의 위치에서 발족되었다. 최근인 1987년부터 수년간에 걸쳐 행정 개혁이 단행되었으며 1989년엔 명칭도 간단히 〈The Natural History Museum〉으로 바뀌었다. 그러나 국립자연사박물관의 법적 위치는 종전과 마찬가지이다.

이 박물관은 순수 연구와 여러 가지 실제 문제를 해결하기 위한 응

---

[*] 이 글은 필자가 1991년 6월 런던 자연사박물관에서 개최된 〈분류학과 자연보전 평가 세미나〉에 문태영 교수(고신대 생물학과)와 함께 참석하고 돌아와 함께 쓴 것을(이병훈, 문태영, 1992) 일부 보완한 것이다. 당시 이 박물관의 차머스 관장의 협조로 이 자연사박물관의 각 부서에 안내되어 관찰, 상담할 기회를 가졌다. 이 박물관에서 가장 인상적이었던 것은 연구, 전시, 교육 면에서 실생활과 관계되는 응용 분야에 비중을 둔 일이었고, 이와 함께 직제 개편과 감원으로 큰 구조 조정이 단행된 일이었다. 당시에 이 박물관의 곤충부 연구원으로 있다가 그 후 호주의 열대협력연구소장으로 옮긴 스토크 N. Stork 박사를 필자가 최근에 만나(1998. 11.) 들은 바에 의하면 런던 자연사박물관의 이와 같은 당시의 연구와 경영의 혁신으로 외부로부터의 연구비가 답지하여 종래의 고질적인 연구비 갈증을 완전히 해소할 수 있었다고 한다.

그림 9-1 영국 국립자연사박물관(런던)

용 연구 사이에 균형을 유지하고자 노력하고 있으나, 자연계는 엄청나게 다양한 반면, 연구에 필요한 인력과 재정은 제한되어 있으므로 모든 생물과 광물의 연구에는 수집 상태와 연구진의 전문성에 따라 그 우선 순위가 결정된다. 이때 주제의 질과 시의성, 실제 문제에 대한 관련 정도가 결정 기준이 된다. 이 밖에 일반인을 위해서는 주로 전시를 통해 자연에 대한 이해를 돕는다. 그러나 일반인은 대개 전문 지식이 없으므로 전시의 대상을 일단 〈비전문가적 관심사〉에 둔다. 이 밖에 각급 학교 학생들이 단체로 많이 방문하는데 이들에 대해서는 특별한 교육 프로그램을 사용하여 이 박물관 방문이 유익하게 되도록 배려하고 있다. 다른 한편, 전문성 있는 성인들에 대해서는 강좌, 야외 답사, 또는 보다 자세한 전시로써 그들의 욕구와 필요를 충족하도록 조치한다. 그러나 방문자들의 관람은 대개 여가 활동의 의미를 가지므로 전시실, 안내, 식당, 매점, 보안 요원 등 여러 가지 편의 시설과 쾌적한 환경, 그리고 안전을 도모하고 있다.

이제 위와 같은 임무와 수행 조건에서 이 박물관이 추구하고 있는 목표를 알아보기로 한다.

1-1 목표

1) 과학 연구

표본을 수집, 관리하며 여러 가지 외부로부터의 질문에 대한 효과적 대응 방법을 개발한다. 분류학에 관계되고 현재의 일반적 필요와 사회 문제에 관계되는 연구를 수행한다.

2) 전시

전시실을 개선하고 최신 주제에 대한 상설 전시를 일반인의 요구를 충족시키는 방향으로 갖춰 나간다.

3) 교육

국가 교과 과정을 지원할 수 있는 교육 프로그램을 개발하고 자연사에 대한 관심을 높인다.

4) 방문자 관리

방문자 보호와 안내를 개선하고 방문자를 위한 환경과 시설을 향상시킨다.

1-2 연구 주제

이러한 목표와 취지에 따라 과학 연구 사업으로 다음 주제들이 설정되어 집중 연구되고 있음은 이미 앞의 연구 항목에서 기술한 바와 같다.

1) 생물다양성
2) 환경 평가

3) 생물 자원

4) 광물 자원

5) 인간의 건강

6) 인간의 기원

1-3 영국 국립자연사박물관의 대혁신

이와 같이 이 박물관의 연구는 기초 학술적 차원뿐 아니라 인간의
보건, 영양, 환경 평가 등 종래에 소홀했던 분야를 포함하는 방향으로
전환되었으며, 이러한 변혁에는 역시 제도적인 혁신과 이에 따른 진통
이 뒤따랐다. 그리고 여기에는 다음과 같은 개념, 구조, 기능 면에 대
한 큰 변화가 일어났다.

1) 박물관 문화의 변화

오랜 전통과 권위로 자연사박물관의 전형적인 모델이 되어 온 영국
의 자연사박물관 The Natural History Museum은 1987년과 1989년 사이
에 박물관의 개념과 역할을 혁신적으로 바꿔, 과거 보수적 태도를 버
리고 대외적인 이미지는 물론 내부적으로도 근본적인 변화를 시도하
였다. 즉, 급변하는 현대 사회가 정적(靜的)인 박물관에 요구하는 것
은 과연 무엇이며, 이에 따라 박물관은 어떤 행태를 취해야 그러한 요
구를 충족시킬 수 있고 또 적극적으로 사회에 기여할 수 있는가 하는
점이 추구되었다. 특히 소장품은 일반이 아끼는 예술품이 아니라 죽은
생물과 광물 등 자연에서 얻은 표본이므로, 이들에 대해 대중이 이미
갖고 있는 종래의 선입견을 뛰어 넘는 적절한 가치 인식을 어떻게 도
모하느냐가 가장 큰 문제였다.

이 박물관 운영에 관련된 재정 상황을 보면 그 조직과 경영 체제를
현대적으로 바꾼 이유가 분명해진다. 당시에 세계적으로 몰아닥친 불

경기로 말미암아 정부의 지원금은 급격히 축소되었고, 이 박물관은 더이상 정부의 지원만으로 현대적 박물관이 지향하는 목적을 달성할 수 없다는 결론에 도달했다. 그리고 우선 영국 국내외의 대중과 전문가들이 현재와 미래에 박물관에 기대하는 것이 무엇인가를 찾는 일부터 시도되었다. 사실상 유럽, 특히 영국의 박물관들은 대부분 부유한 독지가의 지원으로 설립, 유지되었고 후에 정부로 기증되거나 정부의 지원으로 운영되어 왔으므로, 〈박물관은 박물관이어서 존재한다〉는 전통과 보수적 사고가 지배적이었다. 그리고 권위 있는 학자들이 독자적인 연구를 하고 거기서 나온 지식을 필요로 하는 사람들이 박물관을 방문하여 자문을 구한다는 것이 당연한 고정 관념이었다. 방문자의 관심을 유발할 수 있는 참신한 기획과 시각적 전시, 그리고 박물관 자체가 그 동안 보유한 잠재적인 능력, 즉 기존의 표본들에서 얻을 수 있는 방대한 정보와 고도로 훈련된 전문가들의 능력을 이용해 산학 협동과 대학원 교육에 적극 참여함으로써 경제적 수익을 극대화하는 계획이 도입되었다. 이런 계획은 과거와 같이 수동적인 학자들만으로는 불가능하므로 이를 지원할 재정과 시설의 관리, 경영, 기획, 시장 개척과 이를 시행할 부서들에 관련 전문가들이 고용되었고, 이렇게 경영의 전문화가 심화됨에 따라 재정의 조성 활동도 활발해졌다. 1987년부터 1989년 말까지 3년간의 박물관의 재정 보고서에 의하면 정부의 보조금이 줄어들면서 자체 능력으로 만든 수입은 전체 재정의 20%까지 이르렀다.

2) 소속 정부 부서의 이관

이 시기에 이 박물관을 감독, 관할하는 정부 부서가 모금 활동을 달가워하지 않은 교육과학부 Department of Education & Science로부터 모금에 비교적 긍정적 반응을 보이는 국가유산부 Ministry of National Heritage로 이관되었다. 동시에 영국 내의 박물관으로서는 처음으로 왕실에서 상징적인 후원자를 얻었다. 즉 다이애나 왕세자비가 이 박물관의 대외적인 이미지를 대변하면서 〈다음 세대를 위한 자연사박물관〉이 계속 유지되도록 지원하자는 호소를 각계에 보내 기금 모금을 돕고 있다. 박물관 관장에는 국립개방대학교의 이과대 학장을 지낸 동물학자인 차머스 Neil Chalmers 박사가 경영 능력을 인정받아 영입되었다. 이에 따라 나름대로의 전통을 지켜오던 각 부서들에도 자연히 생존과 발전을 위한 여러 가지 변화가 일어났다.

3) 박물관 조직의 변화

특히 이 기간 중 별도의 독립된 기관이었던 지질박물관 Geological Museum이 자연사박물관에 흡수되어 두 박물관의 인력과 소장품들이 합쳐짐으로써 그야말로 세계 최대의 자연사박물관이 된 것이다. 사실상 현재 사용되고 있는 〈Natural History Museum〉이란 명칭도 〈British Museum(Natural History)〉와 〈Geological Museum〉이 합쳐지면서 새로 지어진 이름이다. 표 9-1에서 보듯이 학술 부서들이 유기적인 관계를 가지며 종합 과학적인 방향으로 연결된 반면 경영과 대중 교육 및 홍보에 관련된 분야들이 전문 부서로 분리, 독립되었다. 따라서 생물통계과, 전산정보처리과, 전자현미경실, 출판과, 사진과, 기술지원과가 포함되어 있던 중앙지원부 Department of Central Services가 해체되고 여러 부서로 이관되거나 독립되어 더욱 전문화되었다. 연구처 Department of Sciences 이외에 공공사업부 Department of Public Services, 행정업무부 Department of Administrative Services, 시장개발부 Department of Marketing & Development들이 각 분야의 전문가들로 조직되면서 1987년 이전과는 현저히 다르게 생동감 있는 현실 참여를 도모하고 있다.

이 새로운 직제 개편 후에 이 박물관이 처음으로 시도한 사회 참여 사업은 우선 버밍햄에 있는 국립전시관에서 열린 〈테크마트 Techmart〉라고 하는 미래의 기술 집약형 전시였는데, 대학과 연구단체, 그리고

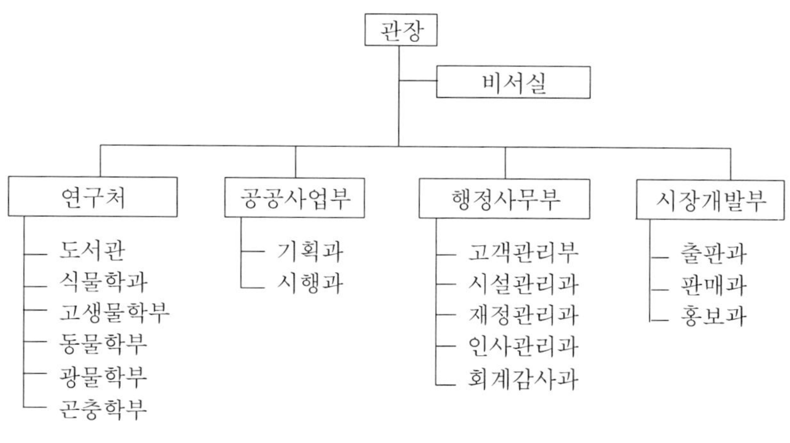

(1998년 8월 현재)

기업들의 협력을 받아 이 박물관의 연구진이 처음으로 외부의 참여를 유도하여 성공시킨 대규모 사업이다. 이어서 이 박물관은 자체적으로 〈중국의 공룡 Chinese Dinosaurs〉 전시를 제작하는 데 성공했다(1988). 그리고 현재에는 〈살아있는 공룡 Dinosaurs Live〉을 전시하고 있는데, 이 또한 단순한 공룡 화석의 나열보다는 동적인 로봇 공룡과 시뮬레이션을 이용해 현대 과학 기술이 집약된 전시를 시도하여 지금까지 밝혀진 공룡의 생태와 진화를 대중이 흥미 있게 이해하도록 꾸미고 있다.

이외에 반영구적인 전시로 영국 근해의 석유가 어떻게 형성되었는가를 보여주는 〈영국의 해양산 가솔린과 가스 Britain's Offshore Oil and Gas〉를 열고 있고, 또 흔히 재미없다고 느낄 절지동물들의 모든 것을 다양한 색상과 구조를 곁들여 흥미롭게 구성한 〈벌레들 Creepy Crawlies〉 전시, 그리고 〈인간생물학 전시실 Hall of Human Biology〉이 있는데, 이 〈인간생물학〉은 1977년에 전시되었던 주제를 방문객이 전시에 직접 참여해 실험할 수 있도록 전자 장치를 활용한 것이다. 한편 단기 전시로는 호주 발견 이백주년을 기념하여 식물학자 조셉 뱅크Joseph Bank와 쿠크 선장 Captain Cook의 역사적 활동과 채집품을 보여주는 〈첫 인상 First Impression〉 등이 전시되고 있다. 이런 전시들은 연구처가 아무리 방대한 지적 자산을 갖고 있어도 공공사업부의 기획 전문가와 시장개발부의 홍보 활동이 없이는 이루어질 수 없는 전시들이다.

4) 연구 활동의 변화

이런 전환점에서 기본 개념과 자세의 근본적인 혁신이 요구되었던 부서는 연구처와 도서관이었다. 우선 연구진들의 전문 지식을 상품화한다는 사실부터 전통적 개념에 충실한 대부분의 연구진들에게는 수긍하기 어려웠고, 또한 수백년간에 걸쳐 출간된 전문 도서들을 전산정보화해서 시장에 내놓아 활용한다는 것은 그 나름의 전문 인력이 요구되는 일이었다. 그러나 그 외의 방법으로는 박물관이 차세대에도 현재와 같은 위치를 계속 유지하는 것은 고사하고 심지어 존재할 가능성도 희박한 것이 분명했기 때문에, 학자들은 이 엄연한 현실적 요구를 수용할 수밖에 없었다.

그간 이 박물관의 대표적인 학술 사업으로는 주로 열대 우림의 동·식물 다양성과 심해 환경에 대한 연구에 집중되어 있는데, 그 연구 결과는 현재 전 세계의 가장 중요한 환경 문제 중의 하나인 생물 다양성 문제를 거의 주도해 나가는 과학적 바탕이 되고 있다. 한편 세부적인 연구 활동 중 장기 계획으로는 저술과 학회 활동을 통한 세계 분류학자들과의 교류가 있고, 분자표지 Molecular Markers나 중합효소 연쇄반응 Polymerase Chain Reaction(PCR) 같은 분자생물학 기술을 전통 분류학에 접목시켜 연구하는 실험분류학부 Experimental Taxonomy Division의 설립과 운영이 있다. 한편 브리티시 페트롤 British Petrol이 지원하는 사업으로 석유나 가스 보존층 탐사에 대한 조언이나 전문가

표 9-2 1992-97년간의 주요 전시 발전 계획

전시 계획 \ 전시 기간	'92-'93	'93-'94	'94-'95	'95-'96	'96-'97
Plant(식물)	▬▬▬				
Primates(영장류)	▬▬▬				
Natural History Wonders(놀라운 자연)	▬▬▬				
Lasting Impression(영원한 인상)	▬▬				
Time Machine(시간 여행)	▬				
Mineral & Gems(광석과 보석)		▬▬▬			
Earth Gallery Wonders(지구의 신비)		▬▬			
Useful Earth(유용한 지구)			▬▬▬		
Birds(조류)				▬▬▬▬	
Story of the Earth(지구의 역사)					▬▬▬

파견 같은 학술 자문 활동이 있다.

그러나 이 박물관의 가장 큰 문제로서 정확히 동정된 것만 6천7백만 점이 넘는 표본의 관리가 있다. 단기 계획으로는 런던 교외인 스파이틀필드 Spitalfield에서 발굴된 1,000여 점의 18세기 골격들을 동정하는 〈Spitalfield Project〉가 있고, 127개국에서 300명이 넘는 연구진이 참여하여 중미 지역의 식물상 조사를 목표로 한 〈중미 식물상 연구 Flora Mesoamericana〉, 그리고 세계보건기구 WHO, 미국국제개발처 USAID, 전미(全美)보건기구 Pan American Health Organization와 영국문화원 British Council의 지원을 받아 열대 풍토병 연구를 국제적으로 주도하는 〈의학사업 Medical Initiatives〉이 있다. 또한 머시 Mersey 만의 공해를 조절하는 〈머시 정화사업 Coming Clean in the Mersey〉과 세계에서 자연사에 관한 한 가장 방대한 자료를 가진 도서관의 대략적 정리 같은 단기 사업 등이 이 박물관 연구진이 대거 참여하는 사업이라고 할 수 있다. 이외에도 많은 연구팀별 장·단기 연구 사업들이 있으나 지면상 그 소개를 생략한다.

5) 남은 문제와 향후의 대처 방안

1987-1989년 사이 이런 노력과 활동을 바탕으로 이 박물관은 현재 그 활동 목표를 〈높은 수준의 전시, 교육 및 연구를 통해 자연계의 신비를 이해하는 데〉 두고 1990년부터 5개년간의 운영 계획을 구성하였다. 그리고 자연사박물관 발전 이사회 The Natural History Museum Development Trust가 구성되어 5백만 파운드의 기금을 91년 말까지 조성했고 1992-93년도에 1천만 파운드 모금을 목표로 하고 있다. 한편, 곧 〈대영자연사박물관 국제 재단 British Museum (Natural History) International Foundation〉을 미국에 설립하여 미국 기업과 시민들로부터 기부를 받으려는 계획을 추진 중이다.

1990-91년 사이 213,071명의 초등학생과 중고등학생이 방문하였는데, 이 중 98%는 사전 협조 요청을 통해 체계적인 견학 수업을 받았다. 또 이 박물관은 교육부가 제시한 교육 과정에 맞는 학습 프로그램을 개발하여 학생들이 방문시 학교 수업과 연관되도록 지도하고 있다. 이는 앞으로 인솔 교사와 참가 학생들의 의견을 수렴하여 계속 보완될 예정이고, 1992년부터 240,000명의 어린이 방문객을 받고 이 중 99%를 사전 약속에 의해 견학시키고 지도할 계획이다. 한편 성인을 위한 교육도 런던 대학교와 공동으로 실내외 지도 및 장·단기 합숙 교육을 포함하여 다양하게 진행될 예정이다. 1992-93년 사이의 전시 계획은 약 20년을 주기로 해마다 약 1,000㎡ 상당의 전시 면적을 바꾸는 장·단기 전시 계획으로서 현재까지 약 900㎡의 면적을 활용하는 전시 계획이 세워져 표 9-2와 같이 진행될 예정이다. 이들은 모두 단순한 배열 형식이 아닌 동적이고 관람객이 참여할 수 있는 현대적 전시로 계획되고 있다.

이처럼 여러 가지 큰 변화를 일으킨 영국 국립자연사박물관은 새로운 시대적 상황에 적절히 대응하여 경영, 연구, 전시 면에서 일대 혁신을 이룩하였고, 국제적으로 자연사박물관의 표본이 되었다.

그림 9-2 미국 국립자연사박물관(워싱턴)

2 미국 국립자연사박물관[*]

미국을 여행하게 되면 누구나 워싱턴과 뉴욕에 가 보기를 원한다. 그리고 워싱턴에선 특히 미국 국회의사당과 백악관 그리고 워싱턴 기념탑과 링컨 기념관을 가 본다. 그것은 미국을 움직이는 머리와 심장부가 그 곳에 있기 때문이며 세계를 주도해 나가는 미국의 힘이 과연

---

* 필자는 오래 전에 하와이에서 박물관 관리 교육 과정을 이수하고 견학 코스로서 이 박물관에 잠시 머문 적이 있으며(Lee, 1973) 그 후 1986년에도 돌아 보았다. 스미스소니언 연구소 내에는 23개의 박물관과 미술관이 운영되고 있다. 현재의 아담스 소장의 선임자인 리플리 박사는 1984년까지 20년간 소장직을 맡아 활동하였다. 지난 30년간 20번 이상 책임자가 바뀐 우리나라의 한 과학관과는 너무나 대조를 이루는 일이다. 최근에 이 박물관의 표본관인 박물관지원센터 Museum Supporting Center 의 윌콕스 Vincent Wilcox 관장이 내한하여 강연한 바 있다(1996. 10. 10)(한국건축가협회, 1996a).

어디에 있는가를 알아보고자 하는 호기심에서이다.

그러나 이렇게 해서 찾은 미국의 머리와 심장 부위에 바로 23개의 박물관과 연구소를 갖춘 스미스소니언 연구소 Smithsonian Institution 단지가 자리잡고 있다는 사실을 아는 사람은 별로 없는 것 같다. 물론 23개 기관 가운데 13개가 이곳에 있고 나머지는 다른 곳이나 외국에 흩어져 있긴 하나, 미국과 민주주의의 상징인 미국 국회의사당과 워싱턴 기념탑을 양쪽 끝에 둔 넓은 네모꼴의 몰 공원 The National Mall엔 13개의 박물관, 미술관, 연구소들이 즐비하게 둘러 있는 것이다. 이러한 미국의 핵심부의 모습은 바로 미국의 힘과 국력의 원천이 문화와 기초 과학, 그 가운데서도 미국 특유의 자연과 미술과 민속의 문화로부터 시작되었음을 말해주고 있으며, 이것이 바로 미국의 정체성을 나타내주는 자부심과 긍지의 표현인 것이다.

스미스소니언 연구소는 1846년 미국 국회의 결정으로 영국인 제임스 스미스손 James Smithson의 유산과 유언에 따라 이곳에 설립된 연구 기관이다. 그 가운데 미국 국립자연사박물관은 몰 공원을 가운데 두고 건너편에 스미스소니언 연구소 본부 건물을 마주보고 있다.

인류, 척추동물, 무척추동물, 식물, 곤충, 고생물, 광물 등 7개 연구부에 200여 명의 과학자와 다수의 보조 인력이 종사하고 1억 1천800만 점의 각종 표본을 소장하고 있고 과학자들의 수집과 연구 활동으로 매년 100만여 점의 각종 표본이 증가하고 있다.

방문자 수는 1년(1987년)에 800만 명을 넘은 적이 있고 남미의 생물 멸종 방지 대책 수립을 위한 연구인 〈생물의 다양성 조사 사업 Bio Diversity Program〉등 대형 과제를 다수 진행하고 있으며, 역시 생물학의 모든 분과와 새로운 기술 및 방법론을 적용해 분류, 계통, 진화학의 첨단을 인도하고 있다.

2-1 연구

이 박물관의 연구 사업으로는 이미 앞서 연구 항목에서 언급한 바와 같다. 역시 가장 큰 주제가 〈열대 생물다양성 조사〉이며, 이 밖에 남태평양 헨더슨Henderson 산호초섬에 대한 연구와 서인도 제도 아다브라 Adabra 산호초섬 조사가 있어 많은 고유종을 발견하였다. 현재는 〈카리브 산호초 생태계 조사 사업 CCRE〉이 진행 중이다. 이 밖에 장기 사업으로는 〈삼림 단편의 생물학적 동태 Biological Dynamics of Fragments Project(BDFF)〉가 있다. 이것은 브라질 학자들과 공동으로 이뤄지는 대형 연구 사업이다. 또 하와이 섬에서의 위기종들에 대한 연구가 이뤄졌고 중국과학원과 합동으로 중국의 티베트 지역에 대해 학술 조사도 시행되었다. 이외에도 이 박물관은 〈육지생태계의 진화 연구 사업 Evolution of Terrestrial Ecosystem〉을 구성하여 4억 년 전부터 현재에 이르기까지 생태계들이 어떻게 분열하고 지속되었는가를 연구하였으며 여기에서 얻은 결과는 앞으로 생물다양성의 여러 가지 문제를 밝히는 데 중요한 역할을 할 것으로 생각되고 있다. 이 밖에도 화산 연구와 해양 생물 연구, 항암물질 개발 연구 등 많은 주제가 다뤄지고 있는데 이 가운데서 생물다양성에 대한 연구 사업들을 몇 가지 구체적으로 들어보기로 한다.

본 주제 사업으로 주종을 이루는 것이 라틴 아메리카 지역에 대한 생물다양성 사업 Bioiogical Diversity in Latin America(BIOLAT)으로 1990년 이후 진행된 것만 50여 건에 이르며 현재도 과제 모집이 계속되고 있다. 이 밖에 멕시코 및 중앙아메리카의 수서곤충의 분류학적 연구 등 20여 종의 장·단기 연구가 진행되고 있다.

특히 곤충의 다양성 연구에 주력하고 있는 이 박물관의 곤충부는 종래의 〈곤충표본망 사업 Insect Collection Network〉을 확장시켜 최근 〈북미 곤충 전산화 계획 North American Insect Database Project〉을 수립하여 시행하고 있다.

미국은 이미 세계 여러 나라의 생물다양성 보존을 위해 예를 들어 1989년 한 해 동안 127개국에서 이뤄지는 1,100개의 연구 조사 사업에 막대한 연구비를 지출하였다. 이 가운데 분류학, 기초 생태계 연구와 생물의 여러 가지 환경적 교란에 대한 반응에 관한 연구가 있고 국내외 생물상을 밝히는 데 지출되고 있다.

한편 식물종의 보존을 위한 여러 가지 사업도 활발히 이뤄지고 있다. 미국 농무성 산하에 있는 〈국가식물생식질 시스템 사업 National Plant Germplasm System(NPGS)〉은 8천7백여 종의 식물 종자를 적절히 처리, 보관하고 있는데 매년 100개국 이상에 23만 개의 시료를 제공하고 있다. 이러한 각종 사업에 국립자연사박물관은 직·간접적으로 관여하고 실질적으로 공헌하고 있다. 이것은 막대한 수의 표본을 가지고 있어 새로 채집된 표본들이 어떤 종인지를 밝히는 데 공헌하고 있다.

2-2 전시

주로 인류학, 생물학, 지질학에 관한 주제가 전시로 펼쳐지고 있다. 이 박물관엔 1층에 특별 전시장과 대강당, 2층엔 아시아, 아프리카, 미국의 토착 문화를 소개하고 있으며, 이어 각종 척추동물과 무척추동물에 관한 분류, 생태, 진화를 전시하고 있다. 3층엔 인간의 기원과 진화, 그리고 화석, 운석, 보석과 기타 광물, 그리고 지구, 달 등 태양계에 대한 전시를 하고 있다. 즉 자연계의 생성과 진화의 역사에 대해 실물에 의한 사실 전시와 주제에 따른 개념 전시를 병행하는가 하면 시청각과 예술성을 가미한 현대적 전시 기법을 두루 사용하고 있다.

그러나 이러한 상설 전시장 이외에 주기적으로 여러 가지 다양한 주제의 특별 전시를 벌이고 있다. 그 가운데 중요한 몇 가지를 소개하면 〈자연의 초상화〉(R. Bateman) 전시가 있다. 자연의 다양성을 화폭에 그린 이 작품들은 세계 최초의 야생 생물 전문 화가의 그림이기도 하

며 불과 4개월 동안 이 전시에만 28만 명의 관람객을 유치하여 1987년
에 이 박물관이 입장객 800만 명이라는 신기록을 세우는 데 크게 공
헌한 전시였다. 이와 비슷한 성격의 전시로 〈미국의 새 조각〉 전시가
있었다.

이 밖에 고대에 화석화된 동물들을 어떻게 채취하여 복원하는가를
생생하게 보여주는 전시도 열렸다. 방문객은 창문을 통해서 2억 2천만
년 전의 소형 공룡인 코엘로피시스 *Coelophysis*가 10톤의 바윗덩이로부터
어떻게 분리되는가를 실제 작업 현장을 보며 목격하는 것이다.

이 밖에 〈공룡의 과거와 현재〉가 열렸고 〈멋있는 여행가들〉은 미국
의 여러 학회가 미국의 전역을 탐험하는 동안 학술과 역사적으로 흥
미 있게 관찰한 장면을 생생하게 소개하고 있다.

2-3 교육 프로그램

1) 발견실

국립자연사박물관의 활동과 표본에 대한 일반적 소개를 하는 전시
겸 실습장으로 관람객들에게 간단한 관찰과 조작을 하게 하여 호기심
과 학습 의욕을 고취하는 곳이며 1년에 10만 명이 이용한다.

2) 자연 연구자 센터

이곳에는 3만여 개의 동·식물, 화석, 광물, 인류학에 관한 표본과
장비들이 있어 학생들은 현미경이나 표본을 직접 만지면서 탐구 학습
을 하게 된다. 책이나 검색표를 써서 표본을 동정하게 하고 과학적 방
법과 추리를 통하여 발견하도록 유도한다. 주로 아마추어 과학자들이
이용하는데 1년에 2만여 명이 이용하고 있다.

3) 강당 프로그램

일선 학교의 요청에 따라 교육 담당 직원이 학교 현장으로 직접 가서 동물들의 공격, 포식, 계층제, 집짓기와 여러 가지 사회 활동에 관한 50분짜리 영화를 상영해 준다. 그런 다음에 20-30분간 질의 문답 시간을 가져 학습 효과를 높인다.

4) 교실 프로그램

예를 들면 체질인류학자가 사람의 두개골을 갖고 직접 학교 교실에 가서 두개골의 어느 부위를 보고 고대인과 현대인을 구별하는지 설명해 준다. 기타 생물의 종의 형성이나 미국의 들소 또는 나비에 관해 설명하기도 한다.

5) 유치원 프로그램

3-6세 사이의 어린이를 대상으로 조개, 인디언, 공룡, 펭귄 등 재미 있는 주제에 대해 전시를 둘러보며 설명해 준다.

6) 박물관 교실 여행

초등학교 1학년 이상에 대해 동물, 지질, 고생물, 광물 등 여러 가지 전시물에 안내하여 설문지 또는 직접 질의응답으로 학습을 유도한다. 조금 더 상급반에 대해서는 인간의 기원, 서양 문명의 기원과 전통, 인디언과 에스키모, 아시아인, 아프리카 문화, 남아메리카, 유랑민 등에 관해 전시 안내를 하고 교육한다.

7) 공개 강의

국제적으로 크게 부각되고 있는 지구 환경과 생물다양성 문제 같은 주제에 대해 저명 인사들이 출연하는 토론회를 조직하여 강당에서 모임을 갖는다. 예를 들어 1986년 9월엔 〈전국 생물다양성 토론회〉를 열었고 1990년엔 〈환경지침개발〉을 열어 본격적인 토론을 마련하였다.

8) 영화

대기 오염, 공룡의 시대, 하와이의 꽃식물과 진화 등 여러 가지 주제의 영화를 상영하여 과학에 대한 흥미뿐 아니라 현실적 문제에 대해 계몽, 교육을 한다.

2-4 결론

이와 같이 세계 최대의 자연사박물관으로서의 미국 국립 자연사박물관은 오늘도 연 500만 명 이상의 관람객을 받아들여 미국의 문화적 지주와 미국민의 긍지로서 계속 역할하고 있다. 오늘날 이 박물관을 포함해 23개 기관을 운영하는 스미스소니언 연구소에는 5,400여 명의 직원이 종사하며 연 3억 2천만 달러의 예산으로 운영되고 있다. 현재의 스미스소니언 연구소 소장 애덤스 R.M. Adams 박사는 고고인류학자이며 1984까지 20년간 그 자리를 지켜온 조류학자 리플리 S.D. Ripley 박사의 후임으로 일하고 있다.

현재의 애덤스 소장은 특히 열대 지방의 생물다양성 감소 문제 연구와 미국의 생물학적 조사 The Biological Survey of the Unitid State 사업이 산하에 있는 국립자연사박물관이 수행해야 할 가장 중요한 사업이라고 여기고 있다.

3 프랑스 국립자연사박물관[*]

350년의 역사를 갖는 이 박물관은 산하에 26개 연구소를 갖고 2,000명의 직원이 7,600만 점의 표본을 기반으로 자연의 다양성과 생태, 그리고 진화를 연구하고 교육하는 곳으로서, 세계 3대 자연사 박물관의 하나이다. 일명 자연사에 관한 〈프랑스의 루브르〉로서 프랑스 문화의 꽃이라고 할 수 있는 이 박물관은 미테랑 대통령의 용단으로 재건, 확장되었다. 필자는 1992년 9월에 이 박물관을 방문하여 이모저모를 살필 수 있었다.

3-1 역사

이 박물관은 1635년에 루이 13세 당시 기 드 라 브로스의 제안으로 왕립의용식물원 Jardin Royal des Plantes Medicinales이란 명칭으로 창립되었다. 그 후 유명한 박물학자 뷔퐁이 1739-1788년 사이 50여 년간 원장으로 있으면서 이 식물원은 단지 약용식물원에 그치는 것이 아니고, 물리학과 화학을 포함하는 자연과학 연구의 중심 기관으로 발전하였다. 특히 프랑스 혁명 당시 해외 망명자와 수도원들로부터 몰수된 동·식물 표본과 서적이 방대하여 이 박물관의 수집품 규모가 엄청나게 늘어났다. 그 후 1793년엔 국립자연사박물관으로 발전하였고, 1889년

---

* 필자는 1972년 9월부터 이 박물관의 생태학연구소에서 1년 9개월간 연구 생활을 한 적이 있다. 그 후 수차에 걸친 프랑스 여행 때마다 이 박물관을 방문하는 기회를 가졌다. 그러나 이 박물관의 행정, 보존, 연구, 전시, 그리고 자연 보전과 전산화 사업 등을 비교적 상세히 관찰할 수 있었던 것은 1992년 9월과 1993년 8월 방문시 부관장 위로J.C. Hureau 박사와 티보J.M. Thibaud 박사의 도움에 의해서였다. 1992년 9월 당시엔 동물학관의 수리, 확장으로 공사가 〈진화〉 전시의 제작과 함께 한창 진행되던 시기였고, 그 다음 1993년 8월 방문시엔 모두가 완성되어 많은 방문객이 들어오고 있던 때이다. 아마도 단일 주제로서는 세계 최대의 걸작으로 가히 진화에 대한 대서사시를 펼쳤다 해도 과언이 아닐 것이다.

그림 9-3 프랑스 국립자연사박물관(파리)

엔 웅장한 건물인 동물학관이 들어서면서 다른 건물들이 계속 늘기 시작하였다.

그 후 19세기에 들어서 약 10년간 이곳은 당시의 위대한 발생학자인 생틸레르 Etienne-George Geoffroy Saint-Hilaire, 비교해부학의 창시자인 퀴비에 George Cuvier, 그리고 최초로 진화를 설명한 라마르크 Lamarck 등의 대석학들에 의해 자연사에 대한 교육과 연구는 더욱 빛났고 큰 업적들이 나왔다. 더욱이 이집트 원정 등 여러 곳에서 해외 답사가 이뤄져 수집물은 폭발적으로 늘어났다. 20세기에 들어서서 두 차례의 세계전쟁을 치르면서 약간의 침체가 있었으나, 그 후 활동은 계속되었고 새로운 건물들이 들어섰다.

1935년엔 식물관이 세워지고 1939년엔 퀴비에 가(街)에 여러 채의 건물들이 들어서서 오늘날엔 어류 연구부, 양서파충류 연구부, 생리연구부 등이 차지하게 되었고, 기타 파리의 제5구에 있는 본부에만도 20여 개의 크고 작은 건물들을 갖추게 되었다. 또 민속학 연구부는 인류학 연구부에 병합되어 1937년에 만국박람회를 위해 세워졌던 샤요 궁전 Palais de Chaillot(파리 제16구) 안에 건립되었다. 거의 같은 시기에 이 박물관은 동물학 공원 Parc Zoologique도 창설하였다.

3-2 행정과 구성

이 박물관은 하나의 행정위원회 Conseil d'Administration에 의해 운영 되는데, 그 위원장은 이 국립자연사박물관의 관장이 되나 실제 운영은 교육부 장관이 임명하는 부관장이 한다.

이 박물관은 26개 연구소와 행정, 박물관학, 출판, 문화 등 여러 가 지 봉사 부서로 이뤄지는데 박물관 본부와 인류학박물관에 각각 1개 씩의 큰 도서관이 운영되고 있다. 이 박물관이 수행하고 있는 임무는 크게 세 가지로 나눌 수 있는데, 그 하나가 인간과 자연과학에 관련되 는 것으로 국가 유산을 보존하고 이에 관해 연구하며 지식을 보급하 고 여러 가지 박물관학적인 사업을 하는 것이다. 연구 분야로서는 지 구에 관한 사항(지질학, 광물학, 해양학), 고생물학 분야, 그리고 생명과 학(동물학, 식물학, 생화학, 생물물리학, 생리학, 생태학)이 있다. 이 밖에 4개의 동물공원과 식물원이 있으며 지방의 자연사박물관 운영에서 과 학 분야의 감독을 맡고 있다. 이러한 일련의 활동을 통해 이뤄지는 각종 전시와 연구를 보기 위해 매년 약 250만 명의 방문자가 찾아오고 있다.

이 박물관의 시설들은 파리의 제5구에 본부가 있고 에펠 탑 근처의 제16구에 인류학박물관이 있으며, 기타 동물원과 생태학 연구소 등이 파리 시내와 교외에, 그리고 지방에 동물공원, 식물원, 해양 연구소 등 이 운영되고 있으며 남태평양의 타히티 섬에도 연구소를 갖고 있어 프랑스 국내·외 8개 처에 걸쳐 연구 시설이 흩어져 있다.

표 9-3 프랑스 국립자연사박물관의 조직과 소속 연구소

```
행정위원회 ─ 관  장 ──────── 인류박물관
           │                중앙도서관
   ┌───────┼───────┐         인류박물관도서관
사무총장  교육부  홍보부      프랑스자연사박물관총감독국
                             진화전시관작업반
                             전산센터
                             박물관학센터
                             조류생물학 및 개체군연구센터
                             도서보존연구센터
                             과학연구교육센터
                             방사선피폭동물연구소
                             동·식물상사무국
                             정자은행
                             체질인류학연구소
                             민속학연구소
                             민속학 및 생물지리학연구소
                             유사이전연구소
                             비교해부학연구소
                             해양무척추동물 및 연체동물연구소
                             일반 및 응용곤충학연구소
                             일반 및 응용어류연구소
                             절지동물연구소
                             포유류 및 조류연구소
                             양서·파충류연구소
                             환형 및 인접동물연구소
                             식물학연구소
                             온화식물학연구소
                             현화식물학연구소
                             일반생태학연구소
                             동물종 보존연구소
                             식물원1개  동물원 2개  천연보호구 1개
                             일반 및 비교생리학연구소
                             자연 및 변경된 시스템의 진화연구소
                             생물학적 적응의 물리화학연구소
                             생물체응용용화학연구소
                             생물물리학연구소
                             지질연구소
                             고생물학연구소
                             광물연구소
                            └ 해양물리연구소
```

이 박물관의 운영 예산은 인건비를 제외하고 1988년에 현재 1억 1천 580만 프랑(약 160억 원)이었는데, 자체 예산, 국가 보조, 연구 용역의 비율이 각각 58%, 35%, 7%였다. 종사 직원 2,000여 명 가운데 봉급을 교육부에서 받는 사람이 약 1,000명이고, 기타는 국립과학연구센터 CNRS와 국립보건의학연구원 INSERM 등에서 받는다. 직원 가운데 연구직은 260명이며 기타 행정 및 기능직이 400명, 수위 및 보안직이 80명, 사서가 50명 가량 된다.

3-3 연구

자연에서 수집된 표본을 기재하는 일은 진화와 생태를 연구하는 데 기본적이며 박물관이 수집한 표본으로 누릴 수 있는 최대의 특권이다. 그래서 수집된 표본을 써서 다른 표본을 동정하고 연구하여 생물상을 파악, 연구하는 일이 기본이 되며 따라서 주로 분류학이 이뤄지고 있다. 즉 지구상 생명체의 진화를 유도한 기작들을 연구하기 위해 이 박물관의 연구진은 진화와 계통분류학의 최신 개념 위에서 컴퓨터 및 분자생물학 같은 새로운 기법과 방법론을 응용하고 있다. 그래서 이미지 분석, 전기 영동, 핵산의 염기 서열 분석 등의 기술을 함께 사용하고 있다.

한편 퇴적암의 진화 연구에 몰두하는 지구과학 분야에서는 지구와 외계의 물질 연구를 위해 미세 지질 탐사기를 사용함으로써 연구의 질적인 도약을 도모하고 있다. 또한 생명과학 분야에서는 생물체가 환경과 갖는 상호 관계가 연구되고 있는데, 동물과 동물 간, 동물과 식물 간의 공적응(共適應)과 이러한 상호 관계의 모형화가 시도되고 있으며, 현대와 제4기에서의 자연의 사회화(社會化)를 포함하여 인간의 환경과의 관계도 아울러 분석되고 있다.

지구 역사를 통틀어 나타난 현상들을 암석, 생물, 인류학적 유물들과 민속학적 자료 등을 통해 구체적으로 밝혀내는 것은 이 박물관 연구의 큰 목표가 되고 있다. 이러한 표본 자료의 연구 과정에서 젊은 학생들을 훈련시켜 전문가를 양성하는 것도 이 박물관의 큰 역할 중의 하나이다. 따라서 이 박물관은 많은 국내·외 박사들을 배출하고 있다. 이 밖에도 자연 연구의 결과 얻어진 지식을 여러 가지 교육 프로그램과 전시로 나타내어 일반 대중과 어린 학생들을 계몽하고 꿈을 심어주는 것도 이 박물관의 큰 기능이 되어 있다.

이러한 여러 가지 연구 가운데서도 자연과 문화의 다양성을 비교, 연구하는 일은 가장 중요한 목표가 되고 있다. 그러면서도 가장 전통적인 방법과 아울러 최신 기법으로 생명체를 운영하는 기본 메커니즘에 깊숙이 침투할 수 있는 여러 가지 수단을 동원하여, 지구 역사상 여러 가지 생물들이 출현하고 다양화할 수 있었던 환경과 조건을 밝히려고 한다.

그러나 최근에 학제간 공동 접근이 요구됨에 따라 연구원 재편성이 이뤄지게 되었다. 예를 들면 〈기아나에서의 삼림생태계 연구〉, 〈뉴칼레도니아에서의 진화와 근연종의 분단〉, 〈남아메리카에서의 고생물학〉, 〈마다가스카르 섬의 식물상과 식생〉, 〈기후와 퇴적층의 진화〉, 그리고 〈인도네시아의 화석인간〉 등이 연구 주제들이다.

3-4 표본

1635년에 왕립식물원으로 시작된 이 박물관에 표본 보관 장소로서 처음에 〈약 진열실 Cabinet des Drogues〉이 개설된 이후 1725년엔 〈자연사 진열실 Cabinet d'Histoire Naturelle〉이 되었다가 특히 해외 원정과 식민지로부터의 표본 수집으로 소장 표본의 규모가 막대하게 늘어났다. 그 후 1889년에 〈동물학관 Galleire de Zoologie〉이 세워져 115,000점의 표본이 보관되었다. 결국 표본들의 꾸준한 증가로 오늘날 약 7,600만 점을 보유하게 되었고, 미국의 스미스소니언 국립자연사박물관과 영국의 런던 자연사박물관과 함께 세계 3대 자연사박물관의 위치를 차지하게 되었다. 7,600만 점의 표본 가운데 곤충이 6,000만 점, 5,000점은 생체이고, 식물 표본이 950만 점, 식물 생체가 6만 점, 고생물 표본이 200만 점, 광물 20만 점, 민속인류학 표본이 80만 점이 된다. 이들 표본은 약 20여 개 건물 속의 약 10만 ㎡ 시설에 보관 또는 유지되고 있고 매년 약 300만 점씩 증가되고 있다.

표본 보관을 위해 세계에서 이 박물관만이 갖고 있는 시설로서 〈동물 표본관 Zoothèque〉이 설치된 것은 이 박물관이 자랑하는 특징이다. 즉 현재의 동물학관 전방 13m 지하에 폭 30m, 깊이 73m의 대형 지하 창고가 철근 콘크리트로 만들어져 약 50,000㎥의 지하 공간을 확보하고 있으며, 3층, 6개실로 이뤄져 있다. 표본들이 얹혀 있는 선반의 길이만도 모두 합해 40㎞에 이른다고 한다. 이곳의 온도는 14-15℃이고 상대습도는 55-60%로 유지되어 여러 가지 귀중한 표본들이 자연 태양 광선을 피한 상태에서 보관되고 있다. 뿐만 아니라 이 속에 들어 있는 60만 리터의 알콜 표본들은 화재 발생시 자동 차폐 장치의 작동으로 즉시 화재를 피할 수 있게 되어 있다. 이곳은 대중에게 공개되지 않으며 오직 연구를 위해 표본이 보관되는 곳으로서 포유류와 새 약 8만 점, 어류가 약 100만 점이 들어 있다. 가장 오랜 표본으로서 1770년에 코메르송 Philibert Commerson이 인도양 탐험시에 수집한 어류 표본들이 있는가 하면 18, 19세기간에 세계 각지에서 모은 조류, 파충류, 어류와 기타 무척추동물들이 있다. 또 1800년대에 보딩 Nicolas Baudin 선장이 오스트레일리아 대륙에서 수집한 것들과 1801년에 생틸레르가 나폴레옹의 이집트 원정시 가져온 나일강 거북과 그 유명한 갈대고기 *Polyptre bichir*가 있어, 그 중요성은 퀴비에가 프랑스 학술원에서 발표하는 자리에서 나폴레옹의 이집트 침략은 오직 이 표본의 수집에 의해서만 정당화될 수 있다고 말할 정도이다.

표본의 전산화 작업과 활용

이 박물관이 소장하고 있는 7,600만 점의 방대한 표본에 관해서 프랑스 국내와 세계의 연구자들이 알고 이용하기 위해서는 전산화된 상태가 아니고선 불가능하다. 특히 생물학 이외에 농업, 약학, 지리학, 민속학, 광물학 등 응용 분야에서 어떤 제품을 개발하려 할 때 표본의 기초 조사는 필수적 단계가 되기 때문이다. 이러한 필요와 전망에서 1977년에 전산화 작업을 우선 표본의 수가 지나치게 많지 않다고 보는 어류 표본부터 시작하기로 하고, 이른바 〈국립자연사박물관 어류 표본 전산관리 GICIM〉 계획에 착수하였다. 이 계획은 1983년에 완성되었고, 그 후 어류 외의 다른 분류군들을 전산화하는 데 모형이 되고 있다. 1988년 현재 각 표본마다 10여 가지 자료를 제시하는 이 전산 정보는 모두 전산 센터에 의해 이 박물관의 26개 연구소 가운데 11개 연구소에 연결되었고, 곧 다른 모든 연구소와는 물론, 프랑스의 전국 전산 정보 서비스망인 MINITEL에도 연결되었다.

3-5 동·식물상 사무국

환경 파괴와 자연 훼손이 나날이 심각해지는 최근의 상황은 바야흐로 자연의 안전을 위기로 몰아넣고 있어, 모든 종류의 자연 유산을 보존하고 복원할 필요성을 절실하게 만들고 있다. 이에 따라 프랑스 환경부는 1979년 5월에 프랑스 국립자연사박물관 안에 동·식물상 사무국 Secretariat de la Faune et de la Flore을 설치하여 프랑스 내 각종 생물에 대한 여러 가지 기초 자료를 수집, 전산화하는 작업을 수행해 왔다. 특히 〈생태학적으로 의의 있는 지역의 생물종과 개체군에 대한 조사 계획 ZNIEFF〉이 수립되어, 그 사이 오랜 기간 정보가 축적되었고 또 지도화 Mapping되어, 오늘날엔 유럽에서 가장 효용성이 높은 정보 은행으로서의 자리를 굳히게 되었다. 따라서 프랑스의 자연 보전과 생물다양성 보전은 이 사무국을 중심으로 활발히 전개되고 있다.

3-6 교육

1) 안내훈련과정 Museum-mode d'emploi

매년 이 박물관의 전시와 연구를 잘 익히도록 하는 교육 과정이 펼쳐지고 있는데 초·중등학교 교사와 사범학교 학생들이 이 박물관의 교육부에 등록하여 일정 시간 교육을 받는다. 1년에 약 1,000명이 이 과정을 받은 다음 소속 학교 학생들을 인솔하여 박물관 견학을 시키며, 이때 설문지가 배부되고 학생들은 관람시 설문에 대한 해답을 찾아 써 넣게 된다.

2) 박물관 학급 Classes-Museum

단순한 전시의 관람을 지나 이 박물관의 연구자와 직접 대화하고 연구 현장과 표본을 볼 수 있는 과정이다. 이때 이 박물관이 소장하고 있는 여러 가지 원정 조사 사업(남극 조사 사업 등) 담당 학자들과 직접 이야기하는 기회를 갖는다.

3) 월례 특강

어떤 주제에 대해 공개 강의를 개설하여 일반 대중이 와서 듣고 묻는 과정이다. 여름의 7, 8월을 제외한 연중 기간에 매월 열린다.

4) 야외 탐사

조류 관찰 등 현지 답사를 하는 기회가 된다.

이 박물관 견학에 참가한 초·중등학생은 파리의 박물관 본부에만도 1988년에 4,000학급의 120,000여 명이 되었다.

이 박물관은 하나의 고등 교육 기관으로서 자연 과학과 인류학 분야에서 국내와 외국에서 지원자를 받아 연구자들을 양성한다. 주로 파리 5대학, 파리 6대학, 파리 7대학, 그리고 파리 고등사범학교의 박사 과정에 등록한 학생들을 받아 지질학, 고생물학, 광물학, 진화생물학, 열대식물학, 생태학 등 여러 분야에서 훈련을 시키는데, 1988년 10월 현재 이렇게 등록한 학생은 85명이며 박사 배출은 1986년 13명, 1987년 10명, 1988년에 11명이 되었다.

3-7 출판

이 박물관은 19세기 초반부터 자연과학에 관한 여러 가지 문헌과 정기 간행물을 출판해 왔다. 예를 들면 한때 〈연보 Annales〉 발행(1802-1836) 후엔 〈기록 Archives〉 발행(1832-1970)이 있었으나, 현재로선 19세기 말 이후 출판되기 시작한 다음 간행물을 내고 있다.

1) ≪국립자연사박물관 연구보고 Bulletin bu Museum National d'Histoire Naturelle≫(1895년 이후): 동물학편, 식물학편, 지구과학편의 3가지로 1년에 4번 발행되며 1년에 2,000쪽에 이른다.
2) ≪국립자연사박물관 논문집 Mmoire du Museum National d'Historie Naturelle≫(1935년 이후): 모노그래프와 종설을 발행한다.
3) ≪물체와 세계 Objects et Mondes≫(1961년 이후).

이 밖에 이 박물관에서는 열대지역의 생물상에 관한 보고를 특별히 발행하고 있는데, 마다가스카르와 뉴칼레도니아, 가봉, 카메룬, 캄보디아, 라오스, 베트남에 관한 것이다. 이 밖에 일반 출판사에서 발행을 담당하나, 이곳 각 실험실들이 논문 심사와 편집을 주관하는 잡지로서 ≪유럽 토양생물학 잡지 European Journal of Soil Biology≫, ≪응애학 Acarologia≫, ≪프랑스 곤충학회 연보 Annales de la Société entomolog-ilque de France≫, ≪은화식물 Cryptogamie≫, ≪어류학 Cybium≫, ≪역사와 자연 Historie et Nature≫, ≪척추동물학 Mammalia≫ 등 20여 종류가 있다.

3-8 도서관

박물관 중앙도서관 Bibliothèque central du Museum은 1963년 개관되었으나, 이 박물관 창설 초기부터 수집된 문헌들이 수집되어 있다. 인류박물관 도서관 Bibliothèque du Museé de l'Homme이 따로 있는데 1877년에 설립된 민속박물관의 도서관을 이어받아 1937년에 창설되었다. 그 밖에 각 연구소마다 해당 전문 분야에 관한 도서실이 운영되고 있다. 역대 왕실의 기록과 퀴비에, 쥐시우 등 거장들의 작품과 부고 등 많은 국보급의 기록들이 보관되어 있고, 모두 전산화되어 있으며 그림과 초상화 등은 곧 비디오 디스크화될 계획이다.

이 도서관들의 장서 규모는 96만 권에 이르는데, 정기 간행물만 4,500종이고 부고(訃告)만 3,000여 종이 된다.

3-9 전시

이 박물관의 26개 연구소 가운데 약 1/2이 소장 표본의 일부를 활용해 전시를 하고 있다. 1898년에 건축된 고생물학관에는 6억 년 전을 거슬러 오르는 여러 가지 표본들이 전시되어 있는데 대형 공룡의 일종인 ⟨*Diplodocus carnagiei*⟩의 뼈 표본은 연 25만 명의 관람객을 맞아들이고 있다. 또 같은 건물 한쪽에는 광물과 지질 전시가 이뤄져 각종 희귀 광물과 화석이 전시되어 있으며 현재 특별 전시로 ⟨고비 사막의 공룡과 포유류⟩가 열리고 있는데, 2억 3천만 년 전부터 화석화가 잘

되는 고비 사막의 사질 조건에서 갖가지 다양한 공룡들의 뼈들이 잘 보존된 모습을 보여주고 있다. 그 가운데엔 1억 년 전에 살았던 공룡이 낳은 알 17개도 있다. 그러나 공룡들은 약 6,500만 년 전에 원인 불명으로 모두 멸종되었는데 어째서 그랬을까? 이 전시는 이에 대한 여러 가지 가설을 제시하고 있다. 이 전시는 1991년 7월에 시행된 이태리, 프랑스, 몽고 합동 조사단의 원정 결과 나온 표본들을 토대로 제작된 것이다.

한편 지질학관에서는 〈규소의 시대〉라는 제목의 전시가 열리고 있다. 약 800㎡ 면적에 펼쳐진 이 전시는 육지 지각의 60%를 이루는 화학 원소인 규소는 과연 무엇인가, 그리고 생물계에서는 어떤 위치를 차지하며 오늘날 인간을 위해서는 어떻게 쓰이고 있는가를 보여 주고 있다. 규소는 마침내 오늘날엔 컴퓨터 칩의 재료로 쓰임으로써 인류 생활을 혁신적으로 바꿔놓는 데 기여하였다.

식물관에서는 〈과실과 채소의 전시〉가 열리고 있다. 식물의 열매와 채소가 어떻게 진화해 왔는가? 그리고 이들이 얼마나 다양한가를 보여주는 전시가 약 600㎡의 면적 위에 전개되고 있다. 또 곤충관에서는 〈세계의 가장 아름다운 곤충들〉이 상설 전시되고 있다.

3-10 전시의 일대 확장

이 박물관 파리 본부의 한쪽 끝으로 가장 크게 보이는 건물이 바로 동물학관 Gallérie Zoologique이다. 이 건물은 프랑스 제3공화국이 프랑스 혁명 100주년을 기념하여 만국박람회를 열었던 1889년에 에펠 탑을 준공한지 두 달 후에 완성한 프랑스 영광과 자존심의 상징의 하나이기도 하다. 그러나 귀중한 표본들을 많이 수용하고 있는 이 동물학관은 1965년 이후 표본의 안전상 폐쇄되어 일반에게 공개되지 않았다. 이미 앞에서 말한 바와 같이 이 박물관은 원래 1635년에 시작되었으나 법 제정으로 국립자연사박물관이 된 것은 1793년이어서 1993년에 200주년을 맞았다. 이에 앞서 당시 프랑스의 미테랑 대통령은 정부 예산을 크게 배정하여 200주년을 대비하여 이 건물 내부의 복원과 새로운 전시계획을 착수하게 하였다. 국민교육부와 연구 및 고등교육부는 합동으로 건축가, 과학자, 과학 저널리스트 등으로 구성된 위원회를 만들어, 이 건물의 전시 주제를 〈진화〉로 잡고 실무 작업반인 〈진화관 제작반 Cellule de Prfiguration-Gallérie de l'Evolution〉을 편성케 하여 실제 작업에 들어가게 하였다. 그 후 완성되어 현재 개관 중에 있는 이 전시의 시나리오는 다음 4막으로 이뤄진다.

제1막 환경의 다양성 속에서의 생물종의 다양성

여기에선 지구상에 생명체가 최초로 출현한 이후, 물리화학, 해부, 생리 및 행동상으로 여러 가지 적응을 한 결과, 생물권의 모든 종류의 환경에 살고 번식하게 된 경위와 기작을 설명하게 된다. 우선 관람자로 하여금 여러 가지 생물의 다양성을 보게 한 다음 마치 다윈이 비글 호 세계일주 3년째에 스스로 물었던 것처럼, 이러한 생물의 다양성이 어떻게 해서 이뤄졌으며 그 원리는 무엇일까를 자문하도록 하는 것이다. 그러기 위해 온대, 열대, 극지방, 고산지대, 사막 등을 소개하고 각종 해양 환경과 생물들에 관해 전시한다.

또 한쪽에는 프랑스의 생물상을 소개하는 전시가 이뤄질 것이며 모든 전시는 음향과 시각, 그리고 동작을 가미한 동적 전시와 정적인 전시의 적절한 배합으로 이뤄져 있다.

제2막 생명의 역사

유기물질의 기원에서 시작하여 생물이 어떻게 하여 보다 복잡한 단계로 발전하여 왔는가를 보여준다. 그래서 생명체 구성 물질의 기원, 즉 우주 탄생으로부터 핵산의 생성, 비루스와 여러 가지 박테리아 등의 원핵생물 출현, 그리고 지구상 산소의 출현과 유성 생식의 발달, 이어서 여러 가지 해양생물의 진화, 그 후의 육상으로의 진출, 다시 이어서 곤충, 조류, 포유류 등이 육지와 공중으로 진입하여 오늘에 이른 경로를 설명한다.

제3막 진화의 이론과 메커니즘

진화는 생물계의 다양성을 설명하는 현상이다. 이러한 설명은 역사상 여러 가지로 다양하게 발전되어 왔으며, 그 결과 몇 가지 구체적인 메커니즘들을 발견하게 되었다. 이러한 진화의 과정과 패턴에 대한 설명을 위해 이 3막은 변이의 출현, 역사상 위대한 생물학자들의 진화사상, 그리고 소진화(小進化)와 대진화(大進化)를 설명한다.

제4막 인간과 자연

끝으로 진화의 산물로서의 인간을 따로 다룬다. 인간은 특히 불의 발견 이후 어떻게 문화를 발전시켜 왔고 자연을 이용하였으며 그 문화로부터 어떤 영향을 받아오고 있는가? 인간은 다른 종들을 변화시켜 왔고 오늘날엔 과학 기술의 발달에 따라 자연에 대해 도발적으로 위해를 가하고 있는데, 그 결과 일어나고 있는 환경 파괴와 생물 다양성의 막대한 손실 속에서 앞으로의 운명은 어떻게 될 것인가?

프랑스의 노벨상 수상자인 장 도세 Jean Dausset는 1985년에 교육부 장관에게 보낸 서신에서 자연과 생물 보존의 중요성을 다음과 같이 강조하였다.

지구상에서 가장 강력한 포식자인 인류가 지구의 부(富)를 낭비함으로써 이 작은 지구로 하여금 급격한 변화를 겪게 하고 있는 현시점에서, 우리 인간 각자는 생물계에서 각기 차지하는 위치를 스스로 깨달아야 할 것입니다. 앞으로 자연을 연구하는 일은 한번 잃으면 되돌이킬 수 없는 자연 유산을 지키기 위해 날이 갈수록 더 큰 역할을 수행해야 할 것입니다.

결국 이 박물관의 진화 전시는 환경이 생물에 미친 영향, 생물이 환경에 따라 변한 진화의 모습, 그리고 이러한 진화를 유도한 기작과 이를 설명하는 사상들, 끝으로 인간의 문화 창출과 기술 문명이 가져온 자연 파괴와 이에 따른 인류의 미래상을 그리고 있다. 다시 말해 단순히 진화의 원인, 과정, 그리고 그 패턴에 대한 설명에 그치지 않고 환경과 생물이 서로 주고받은 상호 관계는 무엇인가, 그리고 그 결과 오늘날 인류는 문화를 창출하였으나 문명은 인간의 존속 자체를 위태롭게 하고 있는데, 이러한 위기를 타개할 처방을 어디서 구할 것인가를 진지하게 성찰하고 있다. 즉 인간의 과거와 미래에 대한 총체적 조망(眺望)이자 깊은 자성(自省)을 연출하고 있는 것이다.

4 네덜란드 국립자연사박물관

박물관은 과연 오래 묵은 골동품만을 진열해 놓는 곳인가? 과학박물관이라야 기껏 낡은 기관차나 비행기의 엔진 또는 현미경을 관람객이 그냥 지나간 한 시대의 유물로서 감상적으로 보고 마는 곳인가? 또 그것이 자연사박물관이라 해도 공룡 뼈나 들소의 박제, 그리고 나비들의 표본 전시에 그치는 곳인가? 비록 그렇게 단순한 전시에 그친다 해도 우리는 과연 그것이 무엇을 의미하고 있는가를 깊이 생각해야 하며, 특히 오늘날같이 하루에도 수십 종의 생물이 사라지고 있는 환경 위기에서 지구와 생명의 생생한 역사를 증언하고 있는 이들 표본의 진가를 음미하고 깨달을 수 있어야 할 것이다. 더욱이 최근의 분자생물학 기법은 3,000만 년 전의 화석 곤충으로부터도 DNA를 뽑아 증폭시켜 다른 곤충과의 근연 관계를 연구할 수 있게 해준다. 따라서 죽은 표본들이 이제는 다시 〈살아난〉 재료들이 된 것이다.

유럽의 작은 나라 네덜란드의 국립자연사박물관엔 이러한 표본이 1,000만 점이나 보존되어 있으며, 110년의 역사를 가진 이 박물관은 대거 확장되고 이전되었다. 종래 시내 5군데에 흩어진 7개 건물을 모아 라이덴 시 기차역 가까이 옮겨, 연구와 보존은 물론 종래 없던 전시사업을 함께 벌여 가고 있다. 필자는 이곳을 1992년과 1998년에 방문하여 이들이 수행하고 있는 연구 사업들이 과연 무엇이며 추진하고 있는 새로운 계획에는 어떠한 기본 철학과 지혜가 깔려 있고 또 전시의 주제와 기법은 어떤 것인가를 살필 수 있었다. 이 박물관의 이전 확장을 위해 란트 박사를 반장으로 1990년에 50명을 동원해「수요(需要) 예상 보고서」를 작성하고, 같은 해 4월에 새로 제작될 전시의 개념, 주제 설정을 검토하는 국제 워크숍을 열어 8개국의 전문가가 함께 논의하는 기회를 가졌다. 이 박물관은 그 후 국가 보조의 민간 기관 형태로 지구 개편이 있었고, 현재 그 명칭을 간단히 〈NATURALIS〉로 쓰고 있다. 필자가 방문했을 당시 이 박물관의 크리겐J. Krikken 부관장과 10여 명의 간부 직원들이 문의에 답해 주고 현장 답사를 안내해 주었다.

4-1 자연의 다양성 연구

이 박물관의 목적은 지구 자연의 다양성을 연구하고 이러한 다양성을 지키는 데 인간이 져야 할 책임을 널리 알리는 데 있다고 한다. 최초로 창설된 것은 1820년으로 당시 이름은 왕립자연사박물관 Rijksmuseum van Natuurlijke Historie이었으나, 최근인 1989년에 현재의 이름으로 바뀌었다. 초기부터 이 박물관의 연구는 분류학, 생물지리학, 생태학, 지리학 그리고 광물학에 대한 것이었고, 주로 인도네시아, 수리남, 황

금해안 같은 식민지의 열대우림지역이 대상이 되었다. 식물은 같은 도시에 있는 왕립식물표본관 Rijksherbarium이 따로 있어서 여기엔 포함되지 않았다. 이미 초창기인 1820년부터 이 박물관을 지원하기 위해 자연계위원회 Natuurkumdige Commissie가 설립되어 동인도 제도에 대한 생물상 연구가 이뤄졌는데, 이것은 세계의 모든 자연사박물관 가운데 열대 다우림 연구를 장기 계획으로 시작한 가장 첫번째 사업이 되며, 네덜란드가 열대 지방에 대해 동물, 지질뿐만 아니라 석유학, 민속학, 인류학, 식물학, 광물학 등 광범위한 연구를 시작한 기초가 되었다.

이 박물관은 정부의 사회복지, 문화 및 자연유산부에 소속되어 있다. 현재 직원수는 150명으로 연구 활동은 연구 및 표본관리처가 수행하는데 척추동물부, 무척추동물부, 곤충부, 고생물 및 충서부, 석유 및 광물부가 여기에 든다. 이 밖에 전시부, 안내봉사부와 행정과가 따로 있어 지원하고 있다.

열대 다우림에 대해서는 다음 사업들이 이뤄지고 있는데 모두 합쳐 〈인도, 오스트레일리아 제도 동물상 사업 Fauna of the Indo-Australian Archipelago〉이라 불리우고 있다.

1) 말레이시아 동물상 조사 사업
2) 인도, 오스트레일리아 제도의 곤충 다양성 연구 사업
3) 동남아시아의 갱신세 포유류 연구 사업
4) 인도네시아의 사라져 가는 다우림 연구 사업

이러한 사업들은 대규모 원정대 파견이나 소규모 실무 작업팀의 파견으로 이뤄지는데, 주로 미(未)조사 지역을 선택해 그 지역 생물상에 대한 지식의 공백을 메워 나가는 방향으로 이뤄지고 있다. 대상 지역은 사바, 필리핀, 수마트라, 술라웨시, 자바, 몰루카 섬들이며 그 나라 정부 기관들과의 긴밀한 협조 속에 진행된다.

기타 열대 지역으로서 1980년까지 남아메리카의 수리남에 대한 연구가 이뤄졌으나, 현재는 아마존 유역 전체로 확대되어 파충류를 집중적으로 조사하고 있다. 현재 이 지역에 대해 진행 중인 사업은 다음과 같다.

1) 남아메리카와 동남아시아 등 기타 열대림 지역과의 생물다양성 비교 평가
2) 남아메리카 북부의 파충류 연구
3) 수리남의 양서·파충류 전시와 남아메리카 북부의 도마뱀 분류, 야외 편람 출판 사업

이러한 연구 결과를 종합 검토하고 앞으로의 추진 방향을 찾기 위해 1991년 9월에 네덜란드·벨지움 합동으로 〈열대 다우림: 생물다양성의 창고 Tropical Rainforest: Store House of Biodiversity〉라는 제목의 심포지엄이 열려 논문집으로 출판되었다.

필자가 이 박물관을 방문하였을 때 열대 지역 생물다양성 연구에 관련된 일화 하나를 들었는데 여기에 소개하고자 한다.

이 박물관 동물부의 어류학자 오이엔 M.J.P. Van Oijen 박사는 박사 학위 논문을 위해 1977-1980년 사이 아프리카의 빅토리아 호수의 키클리드과 어류를 채집, 조사했는데, 당시 이곳엔 이 호수 고유의 어류가 300종이었다. 그가 귀국했다가 1985년에 다시 가보니 300종 가운데 200여 종이 전멸되었다. 알고 보니 1960년대에 나일강 농어를 양식 목적으로 도입해 키우던 것이 그간 아무 일 없다가 1984년에 갑자기 대발생(大發生)으로 늘어나 다른 물고기들을 마구 잡아먹은 것이다. 결국 200여 종의 어류가 지구상에서 영원히 사라졌고, 이들을 미리 수집해 놓았던 오이엔 박사는 어느 틈에 지금은 멸종된 귀중한 표본들을 갖고 있는 고생물학자가 되었다. 이와 같이 생물 멸종의 사례는 지금 지구상 도처에서 일어나고 있는 것이다.

이 박물관의 연구 사업으로 유네스코의 국제해양학위원회 사업인 〈대서양 조사 사업〉을 빼 놓을 수 없다. 이 연구는 이 박물관의 해양 학자 란트 J.van der Land 박사 주도로 대서양의 여러 섬과 연안 그리 고 남극에 지속적으로 이뤄져 큰 업적을 남기고 있다.

이 박물관은 또한 〈유럽 무척추동물 조사 European Invertebrate Survey〉 사업의 네덜란드 본부 역할을 맡고 있으며, 정부의 지원으로 생 물지리학적 정보 센터 Biogeographical Information Center를 운영하고 있 다. 또한 곤충부에서는 국내 150여 명의 자원봉사자들의 협조로 메뚜 기류 조사 사업을 시행하고 있고, 문화 및 연구 재단의 지원으로 벌에 대한 연구를, 또 정부의 농업부와 자연보전협회 Nature Conservancy의 지원으로 나비, 잠자리 등 대형곤충 조사 사업을 벌여 나가고 있다. 아울러 유네스코 지원으로 암스테르담 대학의 동물계통분류연구소에 설치된 분류동정전문센터 Expertise Center for Taxonomic Identification (ETI)와도 긴밀히 협조하고 있는데 이 센터는 모든 생물종에 대한 정 보를 멀티미디어 데이터베이스 시스템 Multimedia Database System으 로 입력, 활용하고 있어 앞으로 세계적인 생물정보망 구축에 큰 혁신 을 가져올 것으로 예상되고 있다.

4-2 지구시스템 전시

종래 연구기능만 수행하던 이 박물관이 라이덴 시의 기차역 부근으 로 이전하면서 새로 펼친 전시의 얼개를 여기에서 살펴본다.

1) 태고(太古)의 행렬 Primeval Parade

지구 형성 초기 이후 오늘날의 생물 및 지질학적인 다양성이 이뤄 지기까지의 시간 경과에 따른 과정이 소개된다. 즉 앵무조개에서 공룡 에 이르는 많은 화석을 동원하여 지구상에서 일어난 생명의 진화 모습을 보여준다.

2) 자연의 극장 Nature's Theater

동·식물, 암석, 광물 등의 다양성이 제시되고 분류(동·식물), 형성
(암석), 구성(광물)에 따라 무리가 지워진다. 결국 모든 생물은 세포로
이뤄진다든지 세포 역시 암석이나 광물처럼 분자 구조로 이뤄진다는
사실을 발견하게 한다.

3) 지구 Earth

지진과 화산 폭발은 왜 일어나는가? 암석은 어떻게 형성되고 기상
변화는 어떤 영향을 미치는가? 이를 설명하기 위해 지구의 내부와 표
면에서 끊임없이 일어나는 과정들이 소개되고, 땅속 깊은 곳의 마그마
의 운동과 지구 표면에서의 기류 및 해류의 움직임이 소개된다.

결국 이러한 과정들이 모두 열에너지(지구 내부의 방사능 붕괴 과정
과 햇빛 에너지)에 의함을 알려준다.

4) 생명 Life

생물이 생존을 위해 사용하는 여러 가지 전략이 소개되는데, 예를
들어 식물이 곤충을 유인하기 위해 발달시킨 수단을 동·식물의 공진화
(共進化) 차원에서 설명하여 생물의 어떤 부분의 기본형이라도 얼마든
지 변화할 수 있음을 시사한다. 그 다음 동·식물에서의 변이가 소개되
고 환경 변화에 따라 개체군이 살아남는 데 대한 전략이 소개된다.

5) 생태계 Ecosystem

우선 구체적 수준에서 산호초, 열대다우림, 남극연안지역, 네덜란드
의 강(江) 연안의 산림 등 네 가지 생태계가 소개된다. 그 다음 이들
생태계 각각의 구성과 구조가 설명되고 관람자는 결국 이들 생태계가

모두 물질과 에너지 순환이라고 하는 일반적 원리에서 운영되고 또 끊임없이 변화해 나감을 알게 된다.

결국 이 박물관의 전시가 나타내고자 하는 메시지와 이러한 메시지 전달을 위한 전략을 살펴보면, 다음 세 가지 특징을 엿볼 수 있다.

1) 생물학과 지질과학의 통합적 전개

동·식물의 생활은 지구의 여러 가지 조건에 긴밀히 연결되어 있다. 즉, 나무는 뿌리를 내리지만 그 위에 자랄 흙이 필요하며 바다의 산호초는 굳은 암석층 위에만 발달한다는 사실에서 생물과 지질의 두 가지는 불가분의 관계로 연계되어 있음을 명확히 알 수 있다.

2) 지질학 및 생물학적 과정들에 대한 강조

자연은 균일하지도 않고 고정되어 있지도 않다. 즉, 종자에서 꽃이 피기까지의 단기적 과정이나 대양이 형성되는 장기적 과정이나 모두 연속적 변화의 현상들이며, 따라서 이러한 과정들의 다양성과 유형들에 대한 이해가 중요하다.

3) 사실에서 개념으로의 접근

주제마다 동물의 골격이나 산맥의 단층, 또는 꽃에서 꿀을 빠는 벌새 따위의 자연 속의 어떤 단면들이 등장하여 도입이 이뤄진다. 이 다음에 이들 사이의 상호 작용이 소개됨으로써 관람자는 주제를 좀더 폭넓게 유기적으로 이해하게 되며, 최종적으로 이러한 과정들 사이를 관통하는 일반적 원리들이 종합되어 어떤 모델을 구축하는 단계에 이르게 된다. 즉, 관람자는 구체적인 수준의 관찰에서 시작하여 추상적인 개념을 도출하는 방향으로 유도된다.

이러한 전개를 통해 결론적으로 인간은 산림을 파괴하고 강물을 더

럽히고 인구 과잉을 일으키는 등 여러 가지 〈위력〉을 떨치는 가운데 오늘날엔 자멸(自滅)의 위기를 맞이하고 있다. 따라서 자연과의 새로운 관계 설정을 통해 해답을 얻는 전략 수립이 필요하다. 결국 이 전시는 전체적으로 볼 때, 자연과 인간 생활 어느 하나도 상호 단절됨이 없이 서로 유기적으로 연계되어 있는 데 대한 통합적 관찰을 펼치고 있으며, 따라서 자연에 대한 인간의 간섭에 대해 스스로 책임을 져야 하는 인과 관계를 간절한 메시지로 담고 있다.

5 기타 박물관에서의 인상적인 전시들

이 밖에 필자가 인상 깊게 본 전시를 몇 가지 들어 보기로 한다.

박물관에 따라서는 꿀벌의 집을 전시실의 바깥을 향한 벽에 붙여 놓아 벌들이 건물 안팎으로 드나들 수 있게 한 곳을 볼 수 있다(미국 캘리포니아 아카데미 박물관, 샌프란시스코). 그래서 안쪽에는 벌집 상자를 유리로 덮어 관람자가 벌들의 발생과 분업, 그리고 사회 생활을 엿볼 수 있게 한 것이다. 또 육안으로는 보기 힘든 미생물을 관찰하게 한 경우도 있는데, 특수 슬라이드 안에 아메바 등 원생동물을 키우면서 관람자가 현미경으로 보게 하는 것을 말한다. 즉 슬라이드에 열선을 연결시켜 슬라이드 내가 적당한 온도를 유지하도록 함으로써 원생 동물이 활발히 살아 나가게 장치한 것이다(프랑스 산업과학박물관, 파리). 이 꿀벌과 아메바의 경우 모두 방문자는 생물들이 살아 나가는 모습을 생생하게 지켜볼 수 있으므로 그로부터 느끼는 흥미와 교육적 효과는 지대하다고 할 수 있다.

최근에는 전시실 한쪽에 실제의 실험실을 설치해 관람자가 직접 관찰이나 실험을 할 수 있게 하는 경우도 있다(일본 도쿄 과학박물관, 비와코 박물관). 직접 해보는 관찰이나 실험은 이른바 참여전시로서 흥

미를 돋구어 교육 효과를 높이고, 박물관을 재미있는 여가 선용의 장
으로 만든다.

비록 살아 있는 생물은 아니나 박제 표본에 음향과 조명을 가해 살
아 있는 생물 못지않게 생동감을 주어 전시에 극적 효과를 거두기도
한다. 17세기 스페인 정복자들이 말을 가져오면서 아메리칸 인디언들
은 비로소 말을 타고 들소를 사냥할 수 있었다. 도망가는 들소에 다가
가 말 위에서 창으로 들소의 등을 겨냥하는 현장을 디오라마로 나타
낸 다음, 여기에 말굽소리와 들소들의 거친 숨소리를 음향 효과로 낸
연출은 참으로 극적인 전시 장면이었다(미국 밀워키 시립박물관, Lee,
1973). 이러한 음향 효과는 인체에 관한 전시 중 사람의 혈액 순환에
서 심장 박동을 연출할 때 가장 유용하게 쓰일 수 있다(보스턴 과학박
물관). 또한 생동감으로 치면 로봇으로 제작된 공룡 전시를 빼놓을 수
없다. 쥐라기 숲에서의 공룡들의 생태와 행동을 실감 있게 연출함으로
써 관람자의 주목을 사로잡아 단연 인기 전시로 손꼽히고 있다(영국
국립자연사박물관).

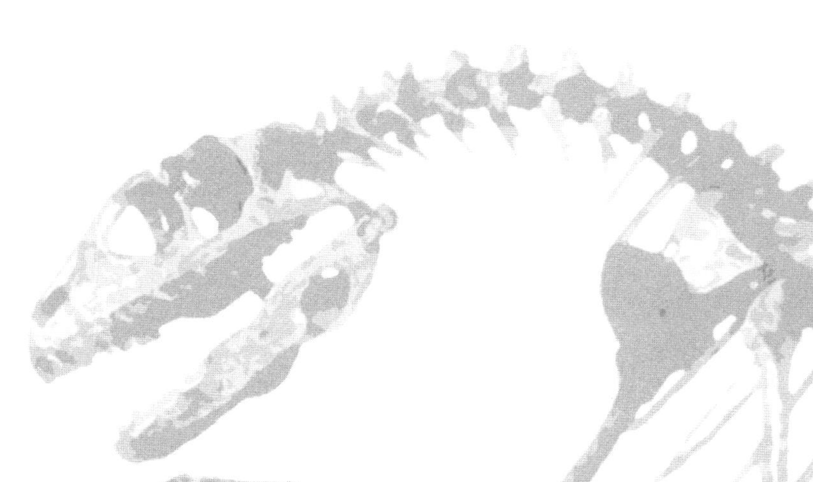

부록

자연사박물관의 부재가 초래하는 가장 실질적인 손실은 어디에 있는가? 그것은 나라의 자연에 대한 정보와 지식의 부족으로 장차 나라의 자연을 제대로 관리, 보존할 수 없고, 따라서 후대에 쾌적한 환경으로서, 그리고 이용 가능한 자원으로서 전달할 수 없다는 데 있을 것이다. 이에 따라 〈국립자연사박물관 설립 추진위원회〉는 필자의 책임하에 한반도의 자연 연구 정보의 수준은 과연 어디까지 와 있으며 문제와 그 해결을 위한 과제는 무엇인가를 탐색하는 연구 과제를 수행한 바 있다. 여기에 그 내용이 담긴 〈국립자연사박물관 설립 필요성에 관한 연구 보고서〉(국립자연사박물관 추진위원회, 1993)의 일부를 자료로서 싣고자 한다.

이어 국립자연사박물관의 설립을 건의한 여러 민간 단체들의 학술회의 보고서 및 건의문과 여론 자료를 국립자연사박물관의 설립을 염원하는 국민의 목소리의 기록으로서 정리하여 보았다. 끝으로 세계의 주요 자연사박물관들의 명단을 싣고 홈페이지로 들어가는 길을 안내하여 독자들의 이해를 돕고자 한다.

* 본 부록에 언급된 기관과 단체의 명칭 및 인물들의 소속과 직책은 당시의 것임을 미리 밝혀둔다.

【부록 1】
한국의 자연 연구 및 교육의 실태와 당면 문제

한국의 자연의 특성을 이해하는 데는 우선 한국의 자연에 대한 연구의 총괄적 개관이 이뤄져야 하고 그러기 위해서는 이제까지의 실적과 분야별 연구 발전의 역사가 살펴져야 한다. 그럼으로써 현재 나타나고 있는 지식 수준의 파악과 더불어 여러 가지 문제점과 앞으로의 과제가 도출될 수 있기 때문이다.

이러한 작업의 첫 단계로 우리는 우선 한국의 자연을 이루는 동물, 식물, 고생물 및 광물, 그리고 인류 등 5개 분야에 대해 근대적 의미의 과학으로서의 그 시작과 현재를 살펴보기로 한다.

동물의 경우 1850년 유럽인이 한국산 연체동물을 처음으로 채집, 보고한 것을 효시로(Adam and Reeve, 1850) 그 후 60년간 구미인들의 단편적인 연구가 산발적으로 이뤄져 왔다. 그 후 한일합방이 이뤄진 1910년을 전후하여 일본인들의 연구 활동이 시작되었다. 36년간 일본인의 한국산 동물의 연구는 1923년에 창립된 조선박물학회를 주축으로 주로 조선박물학회지에 발표되었고 한국인 학자는 4-5명에 불과하였다. 결국 1945년에 한국이 해방되기까지 한국의 동물 연구는 구, 미, 일본 등 외국인 학자들의 전유물이 되다시피 하였고, 한국인의 동물학 연구는 주로 일본인 학자 밑에서 수명의 인사들이 도와주고 공부하는 사이 근대 과학으로서의 동물학을 분류학 위주로 싹을 틔운 셈이다.

물론 한국이 광복된 후 스스로의 발전 시대가 열리긴 하였으나, 학술적 기반이 인력, 취급 가능한 분류군, 그리고 방법론 면에서 빈약하고 또 편중된 여건에서는 그 시발과 진보가 지연될 수밖에 없었다.

이렇게 독자적 자연 연구의 능력이 취약한 기반 위에서 1945년의 해방과 미국의 주둔으로 시작된 한국의 현대사는 18, 19세기의 단단한 자연사 연구의 기반 위에서 첨단 생물학을 활발히 꽃피우고 있는 구미의 현대 생물학의 파도에 휩싸이게 되었다. 해방 이후 한국을 통치한 역대 정부들은 경제 건설을 강조하여 응용성과 산업을 지향하는 연구과제만을 중점 지원하였고, 따라서 단기적 경제 효과를 기대할 수 없는 자연사 연구는 거의 공백으로 남아 채워질 겨를이 없었다.

이러한 상황 전개로 나타난 한 단면을 동물 연구에서 보면 분류학적 전문가는 현재 약 60명에 불과하여 동물 분류군의 1/3도 포괄할 수 없게 되어 있고, 그간 14,000여 종의 동물이 보고된 바 있으나 이것은 실제 서식하는 동물의 1/2에 불과할 것으로 추정된다. 특히 곤충의 경우 전체 분류군 1,000여 개 과 가운데 34%만이 취급된 적이 있고, 지난 30년간 최근 의 분류체계상으로 검토된 것은 불과 16%이다. 그러나 한국산 동물의 고유도는 분류군에 따라 다르나 무작위 표본 집단에서 약 17%라는 높은 비율을 나타내고 있다(Lee and Kwon, 1993). 이렇게 다양하고 고유한 종으로 밝혀진 동물들이나마 대개 19세기와 20세기 전반에 걸쳐 거의 구미와 일본인에 의해 채집, 연구되었고, 따라서 이들 표본들은 거의 그들의 자연사박물관과 대학에 옮겨져 당시 발표된 한국 고유종들의 기준 표본들을 현재 국내에서는 극소수 외에는 찾아볼 수 없게 되었다. 이러한 사실은 특히 앞으로 한국의 자연사 연구에서 우리나라 생물을 스스로 밝히고 연구한다는 자주적 노력에 큰 장애가 될 것으로 전망되며, 사실상 현재 당장의 문제가 되고 있기도 하다.

한편 한반도의 식물 연구는 1854년 독일의 해군 제독 슐리펜바흐

Schlippenbach가 채집한 표본을 러시아의 막시모비치 Maxomowicz 등 분류학자가 발표한 것으로 시작되었다. 대체로 식물상은 한반도와 연결되었던 중국의 북부, 중부 및 일본의 중부, 남부와 가장 유사함을 보이고 있다. 그러나 연구 상황은 앞의 동물의 경우와 비슷하다. 주로 구미, 일본인 학자와 극소수의 한국인 학자에 의해 발표된 식물은 한때 233과 3,176종으로 보고된 바 있으나, 그중에 관속식물 200여 과 가운데 분류학적으로 연구된 것은 43과로 약 1/5에 불과하다. 더욱이 현재 식물 분류에 종사할 수 있는 전문 인력은 30여 명뿐이다. 그러나 한국에 자생하는 유관속식물 약 4,000여 종 가운데 한국 고유종이 640여 종이어서 16%에 이르는 높은 고유도 endemism를 나타내고 있는데, 동물의 경우와 마찬가지로 표본의 상당량이 외국에 보관되어 있다.

한편 본 연구에서 한국의 생태계상에 드러난 특징을 보면 우선 한국의 삼림생태계는 그 수평적 분포가 기온 및 강수량의 분포와 일치함을 볼 수 있는데 대체로 난온대의 상록활엽수림과 온대의 낙엽활엽수림, 그리고 아한대의 침엽수림으로 이뤄져 있다. 그러나 산림, 하천, 연안생태계는 전반적으로 점차 소멸되는 현상을 나타내고 있으며 따라서 원래의 식생을 한라산, 지리산, 설악산 등 수개 산악의 오지에서만 찾아볼 수 있는 실정이다. 또한 원래의 평탄지의 삼림생태계는 농경지와 기타 요인으로 많이 변화해 전국을 통틀어 전북 고창군 일부 지역에만 잔존해 있다.

더욱이 산지초원도 골프장 건설 등으로 막대하게 파괴되고 있으며 산악의 발달도 하천생태계가 매우 다양하게 형성되어 있으나, 이 역시 최근의 오염으로 부영양화 되고 있다. 이들은 또 둑, 댐 등의 공사로 인해 근본적으로 교란되고 있고 하상(河床)이 전반적으로 평탄화 되었으며 소(沼)와 여울이 사라지는 등 극심한 변화를 겪고 있다. 더욱이 간석지가 전국토 면적의 2.7%라는 세계 굴지의 면적비를 갖고 있어 우리 고유의 특징적인 생태계를 이루고 있으나 역시 상당 면적이 매립되거나 오염되고 있다. 또 한국은 3면이 바다인 반도 국가로서 해안선 연장이 8,700km에 이르러 연근해 어업은 수산업 총생산량의 58%를 이루는 높은 생산성의 원천이 되고 있으나, 역시 과다 어로와 수질 오염으로 크게 위협받고 있다.

　결국 한국의 생태계는 전반적으로 쇠퇴 일로에 있어 생물의 다양성을 급격히 감소시키고 있을 뿐 아니라, 국민 생활과 복지를 거의 위협하고 있는 실정이다.

　한편 한국의 고생물과 지질에 대한 연구는 1883년 독일학자 고체 O.C. Gottsche가 조선 반도를 답사하여 삼엽충과 두족류의 화석을 발견하고, 그 이듬해 〈한국의 캄브리아층 발견〉을 발표함으로써 시작되었다. 그 후 일본인의 통치하에 지질 연구는 주로 지하 자원 탐사의 차원에서 이뤄지다가 한국이 독립된 이후 점차 발전되어 왔다. 한국고생물학회가 1984년에 창립되어 활동하고 있으나 현재 전문 인력은 고생물의 경우 35명 정도에 머물고 있고, 그나마 대부분이 미(微)화석 전문으로 거(巨)화석 연구 인력이 극소수임이 문제점으로 나타났다.

　한편 한반도의 지질적 특성은 대체로 선캄브리아기에 구성된 중국의 화북 지방과 유사한 것으로 밝혀지고 있다. 그러나 화석 산출이 가능한 지층으로서의 퇴적암 분포는 국토 면적의 30%에 불과해 구미에 비해 매우 빈약하나, 고생대층의 일부에서 230속 468종의 화석이 보고되어 세계의 다른 지역만큼이나 풍부한 것으로 알려졌다. 그러나 중생대층은 모두 육성퇴적 환경의 산물이어서 해서생물의 화석은 기대하기 어렵고 담수성 연체동물 화석과 육서식물 화석만이 다수 산출되고 있다. 척추동물 화석은 수종의 어류 화석이 발견되었을 뿐이며 최근에 공룡의 뼈, 난각, 족흔(足痕)등이 발견되어 연구되고 있다. 한편 신생대층은 분포가 매우 제한되어 있으나 몇가지 포유동물이 60여 종 발견되어 앞으로 더 많이 발견될 소지를 보이고 있다.

　한국인의 인류학적 연구는 본 연구 주제의 성격상 체질인류학적 연구 분야를 살펴볼 때, 1887년 일본인 고이레 Koire의 한국인에 대한 계측학적 조사, 발표로 시작된다. 한일합병 이후 해방까지 일본통치시대에는 주로 의사들이 임상의학적 목적과 일본인이 비교적 우월함을 나타내는 목적지향성의 주장이 발표되었다. 한편 한국인의 기원에 관한 연구로서는 북방계 기원설과 이원적 또는 삼원적 기원설이 주장되었고 그 시기에 대해 원삼국시대 또는 신석기시대 말경으로 보는 다른 견해들이 생겨났다. 그러나 한편 중요한 연구 분야로 생물학적 특징과 환경과의 관계에 관한 연구가 극소수에 그치다시피 하여 매우 부진한 상태이다.

어쨌든 한반도 내에서 호모 사피엔스 *Homo sapiens sapiens* 단계를 출토시킨 유적을 포함하여 13곳의 유적들이 확인되었는데, 중국의 후기 구석기 문화 소유의 근대 호모 사피엔스와 같은 범주에 들어가는 인류라고 판단되고 있다. 그러나 불행히도 이들의 형태학적 특징을 말해주는 직접적인 자료는 인골인데도 불구하고 거의 발견되지 않는 것은 우리나라 토양이 대체로 산성인 관계로 뼈가 거의 남아 있지 못하기 때문이다. 그러나 인간과 문화는 생물학적 특성과 환경의 상호 작용 속에서 형성되는 만큼 문화인류학적 연구와 함께 체질인류학적 연구가 발달되어야 함에도 불구하고, 우리나라엔 이 분야에 대한 인식과 인력의 부족이 극심한 상태에 있으며 골학과 인체계측학의 학술적 낙후성이 두드러지고 있어 이에 대한 대책이 시급하다. 더욱이 앞으로의 연구에서는 특히 인간의 생물학적 특징과 환경과의 관계에 관한 연구가 이뤄져야할 과제로 남아 있다.

그러면 이렇게 불충분하게나마 연구되어 얻어진 한국의 독특한 자연적 특징과 패턴들은 우리 국민 교육에 어떻게 연결되고 있는가? 학교에서 배우는 과학의 보편적인 원리나 현상으로 한국의 자연이 설명될 수 있어야 하고, 또는 한국에서의 구체적인 사례를 통해 과학적 원리의 타당성이 시험되고 그 가치가 인식되어야 할 것이다. 또한 이러한 구체적 사례를 이해함으로서 우리의 과학적 홍미를 높여 학습 효과를 증대시키는 이상적 교육 방안이 된다는 점에 주목해야 한다. 한 걸음 더 나아가 이와 같이 우리나라 자연의 독특함을 이해하여 국가와 국민의 개성을 발견하는 일은 곧 자아 발견과 자존으로 향하는 지름길이 될 것이다.

그러나 실제 초·중·고등학교 교과 과정을 조사한 바, 지리 교육 이외에는 한국의 자연 환경에 직접 관련되는 부분이 거의 없다는 사실이 발견되었으며 이러한 경향은 초등학교로부터 중, 고교로 올라갈수록 더욱 심화됨이 밝혀졌다. 비록 이러한 취급이 있다 하더라도 대개 소단원 정도가 고작이고 어떤 체계화된 부분으로서 도입되지 않았으며 다만 주변의 단편적인 예로서만 취급되었다.

한편 한국의 자연에 대한 교사들의 인식을 조사한 바에 의하면, 교사들은 압도적으로 한국의 자연 교육이 환경 교육에 크게 기여할 것으로 믿었으며 이에 관한 보강이 필요하다고 생각하였다. 그러나 한국의 자연을 학생들에게 단편적으로나마 보여주기 위해 동물원이나 식물원을 갖춘 학교는 10%에 불과하다. 다만 암석 진열 또는 암석원을 운영하는 학교는 70%가 넘어 생물의 경우와 큰 대조를 이뤘으며, 이러한 차이는 운영상 경비 지출 여부가 큰 요인으로 작용한 때문인 것으로 생각된다.

한편 학교 외 교육을 통한 한국의 자연에 관한 교육은 기존의 국립 과학관이나 과학교육원 또는 교육과학원이 모두 기초나 응용 또는 이른바 첨단에만 치중되어 있어 거의 기대하기 어려운 실정에 있었다. 다만 1개소(청암 청소년 육성회)에서만은 한국의 자연 및 환경에 대한 교육 프로그램이 개설되어 주요 운영 목표로 설정되어 있었다.

이상을 종합해 보면 학교 교육이나 학교 외 교육 모두에서 한국의 자연 및 환경에 대한 교육은 전혀 체계화되지 않은 단편적인 수준에서 산발적으로 이뤄지고 있고, 그나마 매우 하위 수준에 머물고 있는 것으로 나타났다. 결국 과학교육학의 관점에서 볼 때 어떠한 과학적 원리나 현상에 대한 이해는 실험과 관찰을 함으로써 기존의 인식에 연결될 때 비로소 효과적인 학습으로 이어질 수 있으며, 더욱이 통합 과학적 접근을 통해서 보다 포괄적이고 개념적인 이해로 인도될 수 있을 것이다. 그러나 이러한 교육상의 여러 가지 허점들은 한국의 자연 교육이 교육 과정에 투입되어 있지 않다는 제도상의 미비가 낳은 결과로 볼 수 있으며 앞으로 적극 연구되고 실현되어야 할 과제라고 생각된다.

이상에서 우리는 한국의 자연에 관한 연구와 교육뿐 아니라 국가의 자연 유산의 보존 차원에서도 이루 헤아릴 수 없을 만큼 큰 공백과 문제들을 갖고 있음을 확인하였다. 반면에 그 해결을 위한 과제 또한 매우 시급함을 발견하였다. 이제 이러한 문제를 해결하는 데는 국가의 자연을 연구, 보존, 교육하는 국가 중추 시설로서의 국립자연사박물관 과 같은 기관의 설립이 절대적으로 필요함을 강조하지 않을 수 없다.

---

*이 글은 국립자연사박물관 설립 추진위원회가 한국과학재단 지원으로 수행한 〈한국의 자연 특성 연구와 자연 교육을 통한 국민 과학화의 효과적 방안에 관한 연구〉를 토대로 〈국립자연사박물관 설립 필요성에 관한 연구 보고서〉를 편집해서 배포한 내용의 일부분이다. 필자의 책임하에 수행된 이 과제에는 권이구(영남대), 김수진(서울대) 김찬종(한국교육평가원), 배광호(고려대), 이상태(성균관대), 홍재 상(인하대) 교수가 참여하였다. 이 글은 위 참여 연구원들의 연구 결과를 필자가 종합하여 쓴 것이다.
한국산 생물종 수는 최근에 동물 18,029종, 식물8,271종, 균류 1,625종, 원생동물 736종, 원핵생물 1,167종 등 모두 29,828종으로 집계된 바 있다(대한민국, 1997). 여기에는 한국 자생 유관속식물 약 4,000종 가운데 한국 고유종이 약 640종(16%) 이라고 하여 앞서 기술한 바와 다르나, 식물의 경우 종과 아종의 구분이 분명치 않은 경우가 많아 종 수 산정에는 학자에 따라 상당한 차이가 있음을 참작해야 할 것이다.

국립자연사박물관 설립 관련 자료
── 건의문, 여론 자료, 학술 회의 및 연구 보고서

■ 건의문

韓國의 自然 연구와 國立中央自然史博物館의 발전 방향

地球의 進化 가운데 生物이 탄생했고, 생물의 진화 가운데 人類의 精神이 비약, 발전해 나왔다. 이 제3의 文化의 진화는 自然의 역사를 인위적(문화적) 으로 변경시키게 되었다. 自然史가운데 文化史가 있고, 문화는 생명의 〈場〉 인 자연 가운데 調和되고, 평행 발전해야 한다.

그러나 우리나라의 역사와 현실을 보건대 인문, 사회학적 내지 경제지향적 과학과 기술에만 몰두함으로써 자연에 대한 이해와 價値 追求가 소홀히 되어 온 것이 사실이다. 오늘날 대부분의 선진, 중진제국이 오래 전부터 國立自然 史博物館을 운영, 발전시켜온 데 反해 우리는 21세기를 앞에 두고도 이것을 아직까지 갖지 못하고 있다는 사실을 매우 부끄럽게 여겨야 할 것이다.

그간 이러한 문제를 심각하게 성찰해온 학계의 많은 인사들이 이제 공개적 인 토론의 場으로서 〈韓國의 自然연구와 國立中央自然史博物館의 발전 방 향〉 심포지엄을 마련하였다. 그리하여 각 주제 발표자가 밝힌 바와 같이 한국 의 생물 및 지질의 구성과 기능에 대한 연구와 교육이 자연 연구와 환경 보 존의 차원에서는 물론 한국의 자연의 역사적 인식이 國民的 矜持의 기초가 됨을 재확인하였다. 이에 따라 본 심포지엄 주제 관련기관들은 〈國立中央自 然史博物館〉의 설립이 하루속히 이루어져야 함을 천명하고 다음 사항을 정부에 건의하는 바이다.

1. 〈國立中央自然史博物館〉(가칭)이 수도 서울에 설립되어 한국의 自然史 연구와 사회 교육의 중추 기관으로서의 기능을 다해야 한다.
2. 國立中央自然史博物館에는 동물, 식물, 고생물, 지질, 인류, 생태 등에 걸쳐 분야별로 고전적인 방법과 현대적인 방법을 함께 활용, 발전시킬 수 있는 최상급의 연구진을 구성하여 이 박물관이 한국과 세계의 자연사 연구의 학술적 이론 발전의 첨단 기관이 되도록 육성해야 한다.
3. 國立中央自然史博物館은 도서관을 설치 운영하고, 정기 간행 학술지와 자연사에 관한 안내 및 교양용 도서를 출판해야 한다.
4. 國立中央自然史博物館을 중심으로 하여 특별시와 직할시 및 道, 市, 郡 등의 各級 自治團體가 自然史博物館을 설치, 운영하고 상호 유기적 연계 속에서 각각의 地域性을 고려한 적절한 규모의 자연사박물관의 운영을 도모해야 한다.
5. 한국의 자연사 연구에 관한 全 資料를 관리하기 위한 電算室을 설치한다. 한국산 자연사 자료의 系統分類別, 地域別 Data base를 작성하고, 模式標本들의 관리 및 보관 상태의 本籍을 작성하며, 한국산으로 기록된 국내, 외의 全 문헌에 대한 Data base를 作成한다. 이와 더불어 국내 자연사 연구자와 연구 기관의 Net work를 형성하여 資料銀行 시스템 Datat bank System으로 발전시켜야 한다.
6. 國立中央自然史博物館은 박물관 본래의 수집, 보존, 연구의 기능은 물론 주제별로 사실 및 개념적 전시를 하되 전시의 최신 기술을 이용함으로써 시청각 효과를 높여 교육과 즐거운 여가 선용의 場으로서 학계와 국민에 대한 봉사에 최선을 다하도록 고안되어야 한다.
7. 이러한 대중 교육과 학교 교육 지원의 사명을 효과적으로 수행하기 위해 자연사박물관의 전시 및 교육 프로그램은 적어도 도시의 중심지 또는 공원 지대에서 이루어지도록 배려되어야 한다.
8. 이러한 목적과 사명의 실현을 위해 학문 분야별 전문가, 박물관학자, 교육 전문가 및 관계 행정가로 이루어지는 國立中央自然史博物館 推進委員會(가칭)를 구성하여 장·단기 계획을 수립함으로써 이 계획이 진지하게 실현되도록 조치해야 한다.

한국고생물학회 경희대학교 자연박물관
한국동물분류학회 연세대학교 열대의학연구소
한국문화인류학회 이화여자대학교 자연사박물관
한국생태학회 한남대학교 자연사박물관
한국식물분류학회 한국자연보전협회
한국지질학회

한국동물분류학회 회장

노분조

(심포지엄 채택 건의문, 1990. 9. 15.)

인류학적 관점에서 본 사회·문화의 시급 과제

21世紀 委員會 社會·文化分科

崔協 위원

(大統領 懇談會 結果報告, 1991. 1. 28.)

대통령: 인류학적 관점에서 사회·문화 분야의 시급한 과제는 무엇이라 생각하십니까?

최 위원: 인류학은 문화를 연구하는 학문으로 한 사회의 문화만을 대상으로 하는 것이 아니고, 세계의 모든 문화를 비교, 연구하며, 자연환경과 문화의 관계를 연구합니다. 세계 문화들 속에서 한국 문화의 위치를 점검하고 그 속에서 한국 문화의 특수성과 우수성을 찾도록 자라나는 세대를 교육시키는 것은 중요하며, 동시에 우리의 문화는 우리의 생태계 즉 환경을 떠나서 생각할 수 없음을 깨우치는 작업 또한 필요합니다. 이와 같은 일을 위하여 꼭 필요한 것이 民族學博物館과 自然史 및 人類史 박물관입니다. 그런데 불행하게도 우리나라에는 아직까지 민족학박물관이나 자연사, 인류사박물관이 없는 실정입니다. 이는 세계의 제12대 교역국으로 부상한 한국이 아직도 문화적으로는 박물관 미개국으로 남아 있음을 뜻합니다. 작년에 겨우 〈국립과학박물관〉이 대전에 설립되었는데, 그 규모는 선진국의 박물관에 비해 작은 규모입니다. 박물관 숫자를 보더라도 과학박물관의 경우 미국에는 약 1,950개의 과학박물

226

관이 있고 일본에는 360개의 과학박물관이 있지만, 우리나라에는 소규모 지방 과학관을 포함하여 16개소에 불과합니다. 다가오는 21세기는 국제화의 시대이며, 또한 환경 문제에 대한 인식의 재정립이 요구되는 세기일 것입니다. 그러한 관점에서 국민 통합적 필수 교육문화시설로서의 민족학박물관과 자연사, 인류사박물관의 건립은 꼭 필요합니다.

국가 규모의 민족학박물관과 자연사, 인류사박물관의 건립은 건물이 문제가 아니라 소장품, 전시품, 그리고 그와 관련된 연구전문요원의 확보가 문제이므로 10년 정도의 준비 기간을 갖고 추진하는 것이 바람직합니다. 오사카 민족학박물관의 경우 〈오사카 엑스포〉를 준비하면서 엑스포 참가국들에 협조를 요청하여 전시물들을 각국에서 년차적으로 수집하면서 박물관 건립을 추진해 간 사례 등이 있으니 그와 같은 사례를 참고하면 좋을 것입니다. 미국의 스미스소니언 박물관, 멕시코의 인류학박물관, 일본의 민족학박물관 등의 예를 분석하고, 문화부 내에 박물관 건립을 위한 실무 기획단을 빨리 만들어 일을 추진해 나가면 좋을 것입니다.

대통령: 최협 위원의 의견을 듣고 보니, 문화부에서 해야할 일이 많군요. 오늘의 의견을 앞으로의 활동에 참고가 되도록 하겠습니다.

국립자연사박물관 설립 추진위원회 발족취지 및 건의문

가. 발족 취지

인간은 자연에서 태어나고 자연 속에서 성장해 왔다. 그러나 이러한 생물학적 진화와 함께 문화적 진화를 겪어온 복합적 존재라는 점에서 인간 고유의 특징과 존엄성을 지닌다. 따라서 인간의 자아 인식은 인간과 그를 둘러싼 환경이 문화와 갖는 상호관계의 이해에서 비롯되고 달성됨이 자명하다. 그러나 우리나라의 현실을 보건대 경제지향적 기술 개발에만 몰두하여 왔을 뿐 자연 환경에 대한 이해와 가치 추구가 소홀히 되어 온 것이 사실이다.

오늘날 대부분의 선진 제국은 오래 전부터 국립자연사박물관을 설립해 운영, 발전시켜 왔다. 예를 들면 프랑스가 이미 1635년 파리에, 영국은 1753년 런던에, 미국은 1864년 워싱턴에, 호주는 1827년 시드니에, 일본은 1871년 동경에 국립자연사박물관 또는 이와 유사한 자연 연구 기관을 설립하였다. 이에 반해 우리는 21세기를 앞에 두고도 이것을 아직까지 갖지 못하고 있다는 사실이 바로 이러한 허점을 단적으로 가리키고 있다.

다시 말해 우리에게는 한국의 자연을 연구하고 체계화할 연구센터가 없는 동시에 재료와 수집을 통해 생물과 지질 등 자연사에 관한 정보를 축적할 중심 기관이 없는 것이다. 비단 이러한 순수 학술 목적에서뿐 아니라 자연 보존을 위한 천연보호지구 설정, 멸종 생물의 파악과 회복, 유전자원으로서의 야생종의 유지, 환경 변화를 탐지하기 위한 기준자료 확보, 나아가서 유용 광물과 유전공학적 기법 응용을 위한 기초이다. 더욱이 급변하는 과학 문명과 환경의 변화에 대한 범국민적 이해를 도모하고 어린 청소년들이 창의력과 탐구 정신을 함양하며 건전한 여가 선용을 통한 온 국민의 과학화를 실현할 수 있는 장을 마련하기 위해서는 박물관만이 실현할 수 있는 진품과 3차원적 전시의 높은 교육 효과를 통하지 않고는 달성하기 어려운 것이다.

그간 이러한 문제를 심각하게 성찰해 온 학계의 많은 인사들이 공개적인 토론의 장으로서 지난 1990년 9월 15일 국내 10여 개 학회 및 단체의 적극적인 협조와 참여 속에 〈한국의 자연 연구와 '국립자연사박물관'의 발전 방향〉이라는 심포지엄을 열어 건의문을 채택하고 이를 정부 관련 부처와 민간 기관에 배포한 바 있다.

이제 위 심포지엄을 연지도 4개월이 지난 지금 새해를 맞아 우리 학계와 관련 단체는 국립자연사박물관 건립을 실현하기 위한 운동을 보다 구체적으로 추진해야 할 시점에 이르렀다고 생각한다. 그간 외국의 저명한 자연사박물관 관장들이 한국을 방문하고 우리나라에 국립자연사박물관이 아직 없음에 경악을 금치 못한 바가 언론에 보도된 점을 우리는 크게 주목하고자 한다(동아일보, 1990. 10. 10.; 한국일보, 1990. 12. 7.).

우리는 이러한 문화 국민으로서의 수치를 통찰하고 국민과 학계의 열망을 실현시키고자 이러한 뜻에 동참하는 관련 학회 및 단체와 더불어 〈국립자연사박물관 설립 추진위원회〉를 구성하여 실질적인 추진체로 발족, 활동하려는 것이다. 인간과 지구 환경에 대한 것은 물론이나 특히 한국이 생물과 지질의 구성 및 기능에 대한 역사적 인식만이 국민적 긍지이 기초가 됨을 재확인하면서 이 거국적인 과제에 모든 국민은 적극 동참하여 협조, 지원해 줄 것을 촉구하며 아울러 이를 관계 요로와 언론에 건의하고 호소하는 바이다.

나. 건의문

1. 〈국립자연사박물관〉(가칭)이 수도 서울에 설립되어 한국의 자연사 연구
   와 사회교육의 중추 기관으로서의 기능을 다해야 한다.
2. 국립자연사박물관에는 동물, 식물, 고생물, 지질, 인류, 생태 등에 걸쳐
   분야별로 고전적인 방법과 현대적인 방법을 함께 활용, 발전시킬 수 있
   는 최상급의 연구진을 구성하여, 이 박물관이 한국과 세계의 자연사 연
   구의 학술적 이론 발전의 첨단기관이 되도록 육성해야 한다.
3. 국립자연사박물관을 중심으로 하여 특별시와 직할시 및 도, 시, 군 등의
   각급 자치단체가 자연사박물관을 설치, 운영하고 상호 유기적인 연계 속
   에서 지역성을 고려한 적절한 규모의 자연사박물관이 운영되어야 한다.
4. 국립자연사박물관은 박물관 본래의 수집, 보존, 연구의 기능은 물론 주
   제별로 사실 및 개념적 전시를 하되 전시의 최신 기술을 이용함으로써
   시청각 효과를 높여 청소년의 창의력과 탐구 정신을 함양하고, 아울러
   쉽게 과학을 접할 수 있는 건전한 여가 활용의 장으로서 청소년은 물론
   학계와 모든 국민에 대한 봉사에 최선을 다하도록 고안되어야 한다.
5. 이러한 대중 교육과 학교 교육 지원의 사명을 효과적으로 수행하기 위
   해 자연사박물관의 전시 및 교육 프로그램은 적어도 도시의 중심지 또
   는 공원지대에 이루어지도록 배려되어야 한다.
6. 이러한 목적과 사명의 실현을 위해 학문 분야별 전문가, 박물관학자, 교
   육 전문가의 단체들로 이뤄지는 국립자연사박물관 설립 추진위원회를
   구성하여 수립함으로써 정부 관계 부처와의 긴밀한 협조 속에 이 사업
   이 진지하게 실현되도록 최선을 다하고자 한다.

한국동물분류학회	한국어류학회
한국식물분류학회	한국과학사학회
한국고생물학회	한국생물교육학회
대한지질학회	한국지구과학회
한국생태학회	대한광산지질학회
한국문화인류학회	이화여대 자연사박물관
대한동물학회	경희대 자연사박물관
대한식물학회	한남대 자연사박물관
한국광물학회	연세대 열대의학연구소

한국조류학회   한국자연보존협회
한국제4기학회   고려대 한국곤충연구소
한국곤충학회   강원대 곤충계통분류연구센터
한국응용곤충학회   한국거미연구소

(1991. 2. 9.)

국립자연사박물관 설립 추진위원회 역대 임원진

회장(1명)	조완규(서울대), 김윤식(고려대)
부회장(2명)	노분조(이화여대), 김종수(한국동력자원연구소), 김윤식(고려대), 이종혁(강원대), 김동섭(한국광물운석연구소), 이병훈(전북대)
상임위원장(1명)	이병훈(전북대), 이상태(성균관대)
상임부위원장(1명)	이상태(성균관대), 백광호(고려대)
상임위원 (7명)	김수진(서울대), 권이구(영남대), 구태회(경희대), 박규택(강원대), 송상용(한림대), 양승영(경북대), 최병래(성균관대), 심정자(한남대)
감사(2명)	이하영(연세대), 홍재상(인하대), 오용자(성신여대), 김원(서울대)
재정위원장	김주필(동국대)
재무간사(1명)	홍재상(인하대)
총무간사(1명)	홍재상(인하대), 김종원(계명대), 장진성(수원대)

(1991. 2. 9.-1995. 7. 22.)

국립자연사박물관 설립 추진위원회 건의문

인류는 자연 속에서 자연과 함께 자연을 이용하며 삶을 영위하여 왔다. 그러나 인구의 증가와 산업의 발전으로 자연은 본래의 모습을 잃어가고 자원은 고갈되어 바야흐로 그 영향은 인류의 생존을 위협하기에 이르렀다.

우리의 한반도는 다양한 자연 자원의 보고이다. 우리는 자연과 불가분의 관계를 맺고 있으면서도 자연이 무참히 파괴되고 있는 상황에서 그 실상조차 파악하지 못하고 있어, 최근의 국가적 관심사인 자연 보호나 생물다양성 보존은 허울좋은 말일 뿐 기본적인 준비조차 갖추지 못하고 있다.

한편 우리나라가 이미 가입했거나 가입 예정인 각종 국제 환경 협약은 자연과 환경의 문제가 우리만의 것이 아니고 전 지구적인 온 인류의 문제임을 깨우쳐주고 있다. 더욱이 이런 협약은 여러 면에서 구속력을 지니므로, 우리는 이에 적극 대처함은 물론 국민적 홍보에 전력을 다하여야 할 것이다. 만약 우리가 우리에게 주어지는 의무에 소극적으로 대처한다면 경제적 불이익은 물론 국제 사회에서의 고립을 면할 수 없게 될 것이기 때문이다.

자연사박물관은 식물과 동물의 진화와 현재, 그리고 지질과 생태계 및 인류와 문명 등에 관한 자료를 수집하고 연구하면서, 축적된 지식을 전시하고 교육하는 기관이다. 자연사박물관은 자연에 대한 질서와 원리를 밝히고 교육함으로써 국민의 과학화는 물론, 특히 어린이들에게 자연에 관한 인식과 사랑을 고취시켜 자연보호 정신을 함양시킴으로써 종국적으로는 국가 발전에 공헌하는 기관인 것이다.

세계적으로 자연사박물관의 나라별 보유 수는 그 나라 학문 수준과 국력을 반영하고 있는 바, 선진국 진입을 눈앞에 바라보는 우리나라에 아직도 체계적인 자연사박물관이 없음은 실로 안타까운 일이다.

이를 절감한 우리 26개 학회 및 학술 단체는 국립자연사박물관의 설립을 촉구하기 위하여 그간 최선을 다하였으나 정부의 의지가 이에 따르지 못하고 있다. 따라서 금년도 국가 예산에 자연사박물관 설립의 타당성과 기초 조사를 위한 최소한의 예산이 배정되도록 다시 한번 정부당국에 건의하며 촉구하는 바이다.

한국동물분류학회, 한국식물분류학회, 한국고생물학회, 대한지질학회,

한국생태학회, 한국문화인류학회, 한국동물학회, 한국식물학회,

한국광물학회, 한국조류학회, 한국제4기학회, 한국곤충학회,

한국응용곤충학회, 한국어류학회, 한국과학사학회, 한국생물교육학회,
한국지구과학회, 대한광산지질학회, 이화여대 자연사박물관,
경희대 자연박물관, 한남대 자연사박물관, 연세대 열대의학연구소,
한국자연보존협회, 고려대 한국곤충연구소,
강원대 곤충계통분류연구센터, 한국거미연구소

국립자연사박물관 설립 추진위원회 회장 조완규

(1993. 6. 30)

* 국립자연사박물관 설립 추진위원회가 활동을 개시한 1991년에 이어 1992년에도
문화부의 본 박물관 신설을 위한 예산 신청이 경제기획원 또는 국회에서 수용되
지 않자 동 위원회는 1993년에 신청한 1994년도 예산이 통과되도록 촉구하고자
본 건의문을 거듭 채택하여 배포하였다.

국립자연사박물관 설립 촉구 국민서명 취지문

인류는 자연과 더불어 생존, 진화해 왔으며, 자연 생태계는 인간 삶의 장인
동시에 의·식·주도 제공해 주고 있다. 자연계의 모든 생물들은 자연의 역사
와 함께 진화를 거듭하여 현재에 이르고 있다.

인구의 증가와 함께 농경사회에서 산업사회로 변천됨에 따라, 자연은 심한
공해 및 인간 간섭에 의한 파괴로 본래의 모습을 잃어가고 생물의 서식 장소
와 종들이 점차 소멸되어 가고 있으며, 또한 지사적인 귀중한 지질, 광물, 화
석 자료들이 많이 훼손되어 가고 있기 때문에 우리는 이들을 서둘러 수집해
야 하고, 이러한 여러 가지 표본들이 참조 표본으로서뿐 아니라 유전자 자원
으로서도 매우 중요한 것이기 때문에, 자연의 자료는 문화 유산으로서 우리
후손들에게 물려줄 수 있게 잘 보존, 보관되어야 한다.

우리 한반도는 지리적 및 기후적 환경 여건으로 보아, 매우 다양한 자연
자원의 보고이면서도 날로 파괴되고 있는 상황하에서 그 실상조차 파악하고
있지 못하고 있는 실정이며, 자연 보호와 생물다양성 보존이 제대로 되지 못
하고 있다. 그러나 선진국의 예를 보면 프랑스는 1635년, 영국은 1753년, 독

일은 1821년, 미국은 1846년, 일본은 1871년에 그 나라의 수도 중심부에다 국립자연사박물관을 설립하였고, 현재 미국 1,176개, 독일 605개, 영국 297개, 프랑스 233개, 캐나다 206개, 소련 205개, 일본 198개, 남아프리카공화국 54개, 중국 23개 등이 있어 과학 기술과 문화 발전을 실증해 주고 있으나, 우리나라는 선진국 진입의 경제 성장 국가이면서도 아직 자연사 박물관이 하나도 없다는 사실은 최후진국으로서 문화 민족의 커다란 수치가 아닐 수 없다.

국제 정세는 선진국들이 서로 앞다투어 그 나라의 모든 동·식물들의 종류와 분포를 조사하고 생물다양성 보존의 효과적인 모델 개발까지 하고 있으며, 1993년 6월에 브라질의 리우에서 체결된 생물다양성 협약은 이러한 과제를 어느 한 국가의 차원이 아니라 전 지구적인 온 인류의 문제임을 인식시켜 주고 있다. 이러한 시점에서 그린라운드의 가입과 같은 수 많은 국제 협약은 무역의 장벽으로까지 이어지고 있는 실정에 비추어, 우리 정부는 지금까지 예산 타령이나 하고 자연사박물관을 아직 설립하지 못하고 있음은 온 국민과 함께 안타깝게 생각한다.

자연사박물관은 자연을 구성하고 있는 동물·식물·지질·광물·화석 및 인류의 과거와 현재에 관한 표본을 수집·보관하여 생물의 진화와 현재의 상태, 그리고 그간의 변화를 연구하여 누구나 쉽게 이해할 수 있도록 전시하고 교육하는 곳이다. 특히 어린이와 학생들에게 자연사박물관을 통하여 자연의 신비로움을 체험하고 학습케 하여 자연 탐구의 의욕을 고취시키며 자연 보호 정신을 함양시켜 주는 자연의 산 교육장이다.

생태계 진화의 산물인 생물의 다양성과 자연에 대한 역사 및 현재를 이해하기 위해서는 생태계를 이루는 자연의 여러 가지 표본을 사료(史料)로서 수집 보관하고, 이를 연구하며 전시 및 교육하는 기관이 필요하다. 그리하여 1991년 2월 9일 26개의 학회 및 단체로 구성된 국립자연사박물관 설립 추진 위원회가 발족되어 〈자연사박물관의 역할과 세계적 동향〉의 주제로 2회의 국제 심포지엄, 1회의 세미나 및 1회의 연구 발표를 통하여 국립자연사박물관 설립의 필요성을 강조하는 한편, 언론 매체를 통하여 홍보한 결과, 그 필요성에 대한 국민적 인식의 전환도 이룩하였다.

그리고 본 위원회는 정부의 관계 부처인 문화체육부에도 필요성을 호소하고 진정한 결과, 국립자연사박물관의 건립에 대하여 긍정적으로 검토하고 매년 기초 계획의 예산을 올렸지만 재정경제원에서 승인되지 않아 오늘에 이르고 있다.

자연사박물관 설립 추진위원회에서는 〈세계 자연사 서울 전시회 5억년전(展)〉을 통해 자연사박물관 설립의 취지와 목적을 국민들에게 널리 홍보하였고, 그 필요성에 대한 국민적 공감대가 형성되어 국민들의 서명으로써 조속히 국립자연사박물관을 설립할 것을 촉구하는 바이다. 따라서 정부는 자연사박물관의 설립으로 선진 대열에 들어서려는 문화국민의 긍지와 자존을 회복하고, 아울러 자라나는 꿈나무들에게 자연의 신비와 과학 탐구의 의욕을 고취할 수 있는 교육 현장 마련의 길이 될 것이기 때문에, 그 어느 때보다도 시급한 과제라고 보며 다음 사항을 건의하는 바이다.

1. 국립중앙자연사박물관(가칭)을 설립하여 한국의 자연사 연구와 사회교육의 기능을 다하도록 하여야 한다.
2. 국립중앙자연사박물관은 동물, 식물, 생물, 인류, 지질, 광물, 생태 등에 걸쳐 분야별로 국제적인 수준의 연구와 전시 및 교육을 수행하는 자연에 관한 국가의 중추 기관이 되어야 한다.
3. 국가의 최고 통치권자인 대통령의 의지로써 국립자연사박물관이 건립될 수 있도록 정부, 학계 전문가, 박물관학자, 교육 전문가 등으로 구성된 설립 추진위원회를 발족시켜 장·단기 계획을 즉시 수립하여야 한다.
4. 정부는 이 계획의 수립을 위한 예산을 배정하고 조속히 건립할 수 있도록 적극적인 지원을 하여야 한다.

*문화체육부가 예산 확보에 연달아 실패하자 국립자연사박물관 설립 추진위원회는 정부가 동 박물관 설립을 강력히 추진하도록 촉구하는 홍보용 이벤트의 하나로 서울 어린이회관에서 〈세계자연사대전 5억년전〉을 열었다(1995. 6. 17). 이때 국립자연사박물관 추진을 위한 100만 명 서명운동도 함께 예정되었으나(이미 1993. 12. 4. 동 위원회 임원회의 기획 사항이었음) 수일 후(1995. 6. 20) 정부의 설립 발표로 시행되지 않았다.

국립자연사박물관 설립 추진위원회 회장 김윤식

(1995. 6. 17.)

국립자연사박물관 예산 배정 촉구 진정서

수신: 국회 문화관광위원회 ○○○ 위원

우리나라 문화진흥을 위해 진력하시는 귀하에게 진심으로 치하와 감사를 드립니다.

다름 아니옵고, 현재 우리나라 국민의 숙원인 국립자연사박물관 건립을 위한 문화관광부 신청 예산을 취급하고 계신 것으로 알고 있습니다. 한국의 국립자연사박물관이 없음으로 인해 야기되는 물리적, 정신적 피해는 새삼 열거할 필요도 없거니와 이를 통탄한 학계는 1991년부터 국내 26개 학회와 단체의 규합으로 국립자연사박물관 설립 추진위원회(회장: 조완규 당시 서울대 총장, 상임위원장: 본인 이병훈)를 결성하여 각종 행사와 건의로 정부에 그 설립을 촉구하였습니다. 그러던 중 1995년 5월에 당시의 문화체육부는 그 설립을 발표하였고 그 기초 연구가 1996년 후반기부터 시작되었습니다.

실로 5년에 걸친 학계와 국민의 투쟁의 결실이었습니다. 그러나 잘 아시는 바와 같이 정부의 예산 투입은 해마다 1억 5천만 원 정도로 그 기획과 진행에 턱없이 부족할 뿐 아니라 하나의 미봉책에 불과하다는 인상마저 주고 있습니다.

그러나 국립자연사박물관은 국민의 과학 문화 창달과 자연 친화적 환경 조성에도 그 사명과 역할이 지대할 뿐 아니라 생물다양성협약 이행을 위해서도 그 설립과 운영이 매우 시급한 과제입니다.

유감스럽게도 정부는 그 설립을 위한 1999년도 예산 심의 과정에서 문화관광부의 불과 2억 6천9백만 원의 신청을 완전 삭제하였다고 듣고 있습니다. 이는 국민과 학계의 열화 같은 문화적 욕구와 국가의 정체성 그리고 생물다양성 보전을 위한 국민 교육과 활동에 대한 기대를 완전히 저버린 처사라 하지 않을 수 없습니다. 본인은 귀하에게 감히 이러한 절실한 상황을 호소하면서 1999년도 예산에는 최소한 10억의 예산이 투입되어 건립 기획이 제대로 이뤄질 수 있도록 적극 고려해 주실 것을 빌어 마지않습니다.

또한 정부의 건립 발표 이후 정부의 담당 부서엔 전담 사무관 한 명, 아니 전담 기획단 하나 설치가 되지 않아 수년이 지나도록 실무자와 이를 지켜보는 학계가 전전긍긍하고 있음을 간파하시어 이에 관한 조속한 조치를 취해주실 것을 간절히 바랍니다.

＊첨부 : 국립자연사박물관은 왜 설립되어야 하나? (본문 제2부의 〈국립자연사박물
관의 설립 필요성〉을 발송. 본 진정서 서신에서 개인적 지적을 피하고자 수신자
의 실명을 밝히지 않았음)

전북대학교 부설 생물다양성 연구소

소장 이병훈

(1998. 11. 26.)

국립자연사박물관 예산 배정 촉구 진정서에 대한 회신

수신: 생물다양성연구소 소장 이병훈
진정 처리 결과 통지

귀하가 1998. 11. 26. 국회에 제출한 「국립자연사박물관 건립에 관한 진정
서」에 대한 처리 결과를 붙임과 같이 통지합니다.

국회 문화관광위원회

(1999. 2. 8.)

붙임: 진정 처리 결과 1부.

진정 처리 결과

○ 진정인께서는 국민의 과학문화 창달과 자연 친화적 환경 조성에 필수적인
국립자연사박물관 건립 사업에 필요한 예산이 반영되지 않고 있으며, 건립 전담
기획단도 발족되지 않고 있으므로 조속한 조치를 취해 줄 것을 요청하였습니다.

○ 국립자연사박물관 건립 사업은 많은 예산(추정 6,500억 원)이 소요되는
대형 국책사업으로서, 현재 새 국립중앙박물관 건립 사업(용산) 등에 막대한
예산이 투입되고 있음에 따라, 정부의 가용 문화 투자 예산의 한계로 동 건립

사업의 예산 반영이 매우 어려운 형편에 있습니다.

○ 동 박물관 건립 사업에 대한 정부의 입장은 현재 건립 중인 새 국립중앙 박물관의 공정과 투자 소요 등을 감안하고 관련 학계 및 전문가의 의견을 수렴하여 건립 추진 방안을 마련할 계획이며, 전담 기획단 발족은 종합적인 건립 추진 계획의 수립 이후에 추진한다는 것입니다.

○ 우리 위원회에서는 국가적인 국립자연사박물관 건립 사업이 체계적으로 추진될 수 있도록 필요한 정책적 지원과 예산의 반영을 위해 노력해 나갈 것임을 알려드립니다.

國立自然史博物館 우포늪 誘致 광역 추진위원회 發起趣旨文

45억년을 지탱해 온 地球가 이제 世上 사람들의 오만 불손과 돈만을 추구하는 경제 논리 때문에 파괴되고 오염되어져서 종내는 되돌릴 수 없는 지경에 와 있는 것 같습니다.

나라의 경제가 환경 보전에 달려 있고 世界가 種字 전쟁을 예고하고 있는데도, 후진국도 아닌데 국립자연사박물관 하나 없는 나라, 外國에서 自然에 대한 情報 交換을 요구해 왔을 때 대답할 수 없는 나라, 많은 生體遺傳因子들이 알게 모르게 반출되어지는 나라, 수많은 모식표본들이 학자들 개인 연구실에서 위험스러이 잠자고 있는 나라, 포크레인 이빨에 공룡 발자국들이 찢겨 나가고 나타난 화석조차 햇볕에 바스러져 없어져 가도 돌보지 않는 나라, 수장고에 쌓인 유물을 보전 처리할 人力이 부족한 나라, 자연 생태계가 파괴되어 무생물적 도시 환경인 곳에(예: 서울 근교) 자연사박물관의 立地選定을 생각하는 나라.

영국 같은 나라는 300여 년 전부터 자연사박물관을 구상하여 오늘에 이르렀다고 합니다.

지금이라도 살아 있는 生物의 多樣性을 연구 보존하고 정보를 축적 활용하며 국민의 과학적 소양을 넓히고 文化國民의 긍지와 國土 사랑의 의식을 높이기 위하여 國立自然史博物館의 건립은 시급하고 중요한 일입니다.

마침 우포늪은 1억 년을 넘어 지탱해 온 우리나라에서 하나 남은 가장 큰 자연습지로 1997. 7. 26 환경부로부터 생태계 보전 지역으로 지정되었을 뿐 아니라, 1998. 3. 2일에는 Ramsar 협약에 등록되어 IUCN으로부터 世界적인 주목을 받고 있으며, 生物種 多樣性이 매우 높아 우리 후손들에게 自然과 더불어 어떻게 살아야 되는가를 가르치는 자연사박물관 建立의 가장 훌륭한 適地로 알려지고 있습니다.

우리들은 이 우포늪에 國立自然史博物館을 유치함으로써 모든 국민들에게 자연공부의 場으로 제공함은 물론 영구히 우포늪을 保全하고자 하는 것입니다.

작년 10월 13일에 출범한 유치위원회는 부곡온천장에서 1차 자문교수단결 단식 및 심포지엄(1997. 11. 29), 총장단과의 간담회(1998. 1. 15), 2차 심포지 엄을 1998. 5. 17 생물다양성협의회 주최로 서울 세종문화회관 대회의실에서 개최하였습니다. 그간 諮問敎授團 176명, 자문총장단, 기획단 구성 등으로 영 남 일원에 광역 유치위원회 구성 확대와 정부와 관계 기관과의 교류 및 홍보 활동을 해왔으며 지난 1998. 8. 28에는 KBS에서 6시간 동안 〈21C 자연사박물 관 우포늪〉 제목의 생방송을 하고 10월 4일에는 50분간 KBS에서 〈살아 있는 자연사박물관 우포늪〉 제목의 방송을 하여 커다란 반응을 보였습니다.

앞으로는 ① 우포의 生成 年代 조사, ② 황새 복원, ③ 생태학습원 개설, ④ 古植生 연구, ⑤ 현식생 조사 연구, ⑥ 람사 동아시아 연대 회의 및 국제 심 포지엄 개최, ⑦ 우포늪 보전 동우회 구성, ⑧ 우포늪 硏究所 발족 등 사업을 계획 또는 실천해 나가고 있습니다.

이와 같은 일이 국내 많은 학자들의 도움을 받기는 했습니다마는 작은 지 역의 노력으로는 이루기 힘든 일이기에 모두가 함께 나서야 될 것으로 사료 됩니다.

오늘을 사는 사람들이 지구를 保全하고 자손들에게 자연 사랑하는 법을 가르치지 않으면 萬代子孫의 繁榮을 기약하기 힘들 것입니다.

그 일의 작은 발걸음이 자연사박물관의 우포늪 유치에서 비롯된다고 보고, 누가 먼저랄 것도 없이 여러분들이 먼저 일어나서야 되겠습니다.

이에 도내 전 단체, 유지들이 참여하는 〈국립자연사박물관 우포늪 유치 광 역 추진위원회〉를 창립키로 하고 그 취지를 밝힙니다.

국립자연사박물관 우포늪 유치 광역 추진위원회 일동

(1998. 11. 27.)

국립자연사박물관 우포늪 유치 광역위원회 제안 및 결의

　문화적 후진성을 극복하고 자연 유산에 대한 주권적 행사를 올바르게 수행하기 위해 국립자연사박물관의 조속한 설립을 촉구하면서 다음과 같이 제안하고 결의한다.

　하나. 민족의 영원한 삶의 터전, 한반도의 자연 유산에 대한 총체적인 관리 체계를 위하여 정부는 국립자연사박물관의 설립을 위한 구체적인 일정을 조속히 확정하여야 할 것이다.

> 1) 모식 표본 type specimen의 유실 방지 및 한국산 표본 정보의 데이터베이스 구축의 시급성
> 2) 고급 인력의 고용 창출 시급성
> 3) 생태계 보전 및 생물 다양성 보전의 시급성

　하나. 단순한 홍보나 전시적인 업무를 강조하는 박물관이 아닌, 시간의 경과에 따라 끊임없이 변모하는 자연 유산 및 자연 자원의 특성을 고려하여 자료 수집이 용이하고 정보를 효과적으로 축적해 나갈 수 있는 연구 기능이 크게 강화된 한국형 자연사박물관을 구상하여야 한다.

　하나. 고유한 전통과 문화, 고유 자연 유산은 결코 모방될 수 없음을 인식하고 우리나라의 특수성(좁은 국토, 과밀한 인구, 자연 생태계 보존 등)과 자연사박물관의 독특성을 고려한 입지 선정의 평가 항목에 대한 형평성과 투명성을 재고하여야 한다.

　1) 최종 후보지 선정 과정에서는 지금까지의 후보지 연구 과정에서 고려되지 않았던 다음과 같은 요소들이 추가, 검토되어야 한다.
> 가. 과학 시설 및 과학 인력과의 연관성 고려
> 나. 지역 균형 개발이라는 측면에서 입지 검토
> 다. 자연사박물관 시설 입지에 따른 환경에 미치는 영향 검토
> 라. 자연생태계 보전 지역의 경제적 보상 차원의 검토
> 마. 여가 및 오락의 기회 측면을 고려

바. 입지선정 요소별로 가중치를 고려한 평가방법의 활용

2) 박물관 이용 인구는 박물관의 성격과 그와 관련된 대상 입지의 상징성 및 그 인지도에 많은 영향을 받기 때문에 입지 선정 평가 항목에 단순한 인구보다는 박물관의 성격과 관련된 상징성을 우선적으로 고려하여야 한다. 따라서 국립자연사박물관은 접근성이나 이용 인구보다는 자연사라는 박물관의 성격과 긴밀한 관련성이 있는, 우수한 자연생태계 보존 지역이면서 국제적인 인지도가 높은 곳이 바람직하다.

3) 국립자연사박물관의 입지를 선정함에 있어 수도권 인구과밀 억제 지역과 비수도권 지역의 구분을 통해 형평성 있는 정책적 판단이 선행되어야 한다.

4) 현재와 같이 신청 후보지 지역별로 유치 활동의 경쟁이 치열한 상황에서는 정부의 국립자연사박물관 설립에 관한 지혜로운 대안과 적극적인 방안을 개발하여야 한다. 이에 한 개의 국립자연사박물관 설립 재원으로 3대 권역별로 동시 착공하여 연차적으로 국립자연사박물관을 완성하는 방안을 제안한다.

하나. 지자체와 관리 책임을 분담하고 지역대학 후원위원회로 하여금 자료 수집을 적극 지원토록 한다.

국립자연사박물관 우포늪 유치 광역위원회원 일동

(1998. 11. 27.)

국립 자연사박물관 남원(지리산) 유치 건의안

개요
- 면 적: 100천 평(건평 30천 평)　　・기 간: 2002-2008년
- 투자액: 6,500억 원(전액 국비)　　・시행 및 관리청: 문화관광부

국립 자연사 박물관은 우주와 지구의 기원 및 그 변천 과정과 자연계를 구

성하고 있는 동물, 식물, 고생물, 지질, 광물, 천체 및 인류의 과거와 현재에 관한 표본을 수집, 보존하여 생물 진화의 현재와 상태 그간의 생태 변화를 쉽게 이해할 수 있도록 전시하고 교육하며 연구하는 큰 기능을 수행하는 곳으로 선진국에서는 물론 우리나라보다 후진국에서도 이미 많은 자연사 박물관을 건립 보유하여 오고 있는 실정으로 정부에서 추진하고 있는 국립자연사 박물관 건립은 늦은 감이 있으나 그 필요성과 효과성 등 중요성에 깊이 공감합니다.

국립 자연사 박물관은 접근성이나 이용 인구보다는 민족의 영원한 삶의 터전인 한반도의 자연 유산에 대한 효율적이고 총체적 관리 체계의 확립과 국토의 균형 개발 촉진을 위하여 자연사 박물관의 성격과 긴밀한 관련이 있는 우수한 자연 생태계 보존 지역으로 수도권과 비수도권 지역의 구분을 통한 형평성 있는 권역별(3-4개소) 설립이 추진되어야 할 것이며, 또한 민족의 영산 지리산 국립공원은 지난 1967년 우리나라 최초로 국립공원으로 지정되었으며 면적은 440.49㎢로 규모가 큰 국립공원으로 전남, 전북과 경남 등 3개 도와 남원시를 비롯 장수, 곡성, 구례, 하동, 함양, 산청 등 7개 시, 군이 인접하여 있고, 천연기념물 329호인 반달곰, 올벚나무, 하늘다람쥐, 재두루미, 황조롱이, 큰소쩍새, 올빼미 등 8종의 천연기념물과 각종 동·식물 자원을 비롯한 풍부한 천연자원 및 조상들의 숨결이 담긴 345점의 각종 유무형 문화재와 수많은 전란을 통한 호국사상이 깃들어 있는 민족의 자랑스러운 영산이며 자연 생태계 보존 구역으로 지정된 20.2㎢의 심원계곡, 피아골, 뱀사골 등 자연 생태가 잘 보존되어 있는 천혜의 보고이기도 합니다.

이렇듯 역사적, 문화적, 자연 생태적, 보존 상태가 가장 좋은 천혜의 보고이자 민족의 영산인 지리산에 국립자연사 박물관이 건립되어 320만 정도의 관광객과 사통팔달 교통의 중심지로 이용도와 접근성도 매우 좋은 여건입니다.

이에 전라북도 시, 군 의장단 협의회에서는 범도민적인 뜻을 모아 다음과 같이 건의합니다.

1. 국립자연사 박물관은 생태계가 잘 보존된 권역별로 건립되어야 하며,
2. 3개도 7개 시군이 속한 국립공원 1호인 지리산 국립공원의 중심 도시인 남원시에 건립되어야 한다.

이상과 같은 지역주민의 확고한 의지와 충정을 통하여 국민의 문화적 긍지와 정체성을 확립하고 자연 생태계의 효과적인 보존과 국민의 문화 과학적

소양과 생명존중사상을 고양하는 평생 교육의 장인 국립 자연사 박물관을 남원시에 유치, 건립하여 주시기 바랍니다.

전라북도 시, 군의회 의장단 일동

(1999. 2. 25.)

■ 여론 자료(연도순)

김봉균, 「국립자연과학사박물관 설립시급」, ≪과학과 기술≫, 1987년 11월호.

조완규, 高度科學技術社會 실현과 靑少年科學事業, 「靑少年에게 과학 하는 마음과 희망을」, ≪과학과 기술≫, 1988. 7. 21.

이병훈, 「尖端 자랑하는 五輪國民이 國立自然史博物館 하나 없다니」, ≪電子時報≫ (茶 한잔의 생각), 1988. 7. 21.

김형만, 청소년과학사업 발전 방향, 「범국민적 차원에서 적극 추진해야」, ≪과학과 기술≫, 1988. 8. 21.

이창언, 「자연사박물관에 대한 관심의 제기」, ≪분류학회보≫(제9호), 1989. 4. 20.

이병훈, 「國立自然史博物館 세워야」, ≪한국일보≫ 과학시론, 1989. 10. 7.

이병훈, 「國立自然史博物館의 나아갈 방향: 영국, 프랑스, 헝가리를 둘러보고」, ≪과학과 기술≫, 1990. 2.

이병훈, 「自然史博物館이 없는 나라」, ≪동아일보≫ 과학斷想, 1990. 7. 5.

이병훈, 「생태계의 보고, 자연사박물관」, ≪과학동아≫(10월 호), 1990. 10. 5.

런던자연사박물관장 차머스박사, 「韓國도 自然史 연구에 관심 높일 때」, ≪동아일보≫ 인터뷰, 1990. 10. 10.

헝가리 自然史博物館 부관장 산토스 마훈카 박사, 「韓國과 生物資源 자원 연구 교류 희망」, ≪한국일보≫ 인터뷰, 1990. 12. 7.

이상태, 「自然史博物館 건립 급하다」, ≪과학과 기술≫, 1991. 2. 24.

임양재, 「박물학과 自然史박물관」, ≪과학과 기술≫, 1991. 3. 24.

김훈수, 「國立自然史博物館도 없는 나라」, ≪서울大 同窓會報≫, 1991. 2. 1.

이우철, 「自然史博物館 하나 없어서야」, ≪한겨레신문≫, 1991. 2. 9.

「自然史博物館 건립 운동 활발」, ≪조선일보≫, 1991. 2. 17.

이광영, 「시급한 自然史博物館」, ≪한국일보≫ 과학칼럼, 1991. 2. 22.

허승호, 「자연사박물관 건립 급하다」, ≪동아일보≫, 1991. 2. 25.

권이구, 「國立自然史博物館이 건립되어야」, ≪영남박물관회소식≫, 1991. 3. 20.

「國立自然史博物館 설립 建議」, ≪과학과 기술≫, 1991. 4. 24.

송상용,「용산엔 自然史박물관을, 이제 놓치면 영원한 후진국」,≪경향신문≫, 1991.
　　4. 16.

이병훈,「文化國民과 自然史博物館」,≪과학과 기술≫ 時論, 1991. 5. 24.

이상태,「국립공원에 自然史박물관 세우자」,≪한국일보≫, 1991. 6. 4.

헝가리 지리학박물관 쿠바섹 야노슈 관장,「한국도 自然史博物館 세워야」,≪조선일
　　보≫ 인터뷰, 1991. 6. 25.

이병훈,「生物學的 多樣性의 危機와 自然保存 운동: 道立自然史博物館의 건립을 제
　　안함」, 제2회 전북의 자연 보존 학술세미나, 전북대, 1991. 6. 19.

김봉균,「자연사박물관의 역할: 자연 보호와 환경 관리 차원에서」,≪과학과 기술≫,
　　1991. 9. 24.

조완규,「우리도 自然史博物館을 갖자」,≪월간 문화재≫(86호), 1991. 9. 1.

「국립자연사박물관 設立 시급하다」,≪서울신문≫, 1991. 10. 1.

「자연사박물관 건립 목소리 높다: 국내외 학자들 심포지엄서 필요성 강조」,≪한겨
　　레신문≫, 1991. 10. 1.

최선록,「필요한 自然史박물관」,≪서울신문≫, 1991. 11. 29.

이경재,「생물종 다양성의 보존」, 생태계 위기와 한국의 환경 문제, 따님 환경농촌
　　1, 1992, 47-62쪽.

김훈수,「국립자연사박물관도 없는 나라」,≪서울대 동창회보≫, 1992. 2. 1.

배달환경연구소,「대통령께 드리는 글」,≪생명나무≫(7월 호), 1992.

김종원,「이 땅의 자연 역사를 살리는 길: 자연박물관을 설립하라」,≪생명나무≫
　　(7월 호), 1992.

이창진,「세계 자연사박물관 기행 1: 자연사박물관이란?」,≪科學敎育≫(8월 호),
　　1992.

「국립자연사박물관 설립 시급하다」,≪새건강신문≫, 1992. 8. 29.

이창진,「세계 자연사박물관 기행 2: 자연사의 기원과 자연사박물관의 설립 배경」,
　　≪科學敎育≫(9월 호), 1992.

김원,「생물다양성을 논하려면: 자연사박물관 건립이 우선돼야」,≪서울大學新聞≫
　　관악세론, 1992. 9. 28.

이병훈, 문태영,「(연재)세계 국립자연사박물관 1: 영국 국립자연사박물관」,≪과학
　　과 기술≫(9월 호), 1992.

이병훈,「(연재)세계 국립자연사박물관 2: 프랑스 국립자연사박물관」,≪과학과 기술≫
　　(10월 호), 1992.

이창진,「세계 자연사박물관 기행 3: 미국 Smithsonian 연구소」,≪科學敎育≫(10월
　　호), 1992.

이병훈,「생물다양성보전과 자연사박물관의 역할」, 한국교육방송 인터뷰, 1992. 11. 1.

이병훈,「국립자연사박물관 설립의 긴급성과 생물다양성 보전」, KBS 제1 라디오
　　〈지금은 과학시대〉 프로그램 전화 인터뷰 방송, 1992. 11. 26.

이병훈,「(연재)세계 국립자연사박물관 3: 네덜란드 국립자연사박물관」,≪과학과

기술≫(11월 호), 1992.

이창진, 「세계 자연사박물관 기행 4: 미국 국립자연사박물관」, ≪科學敎育≫(11월 호), 1992.

이창진, 「세계 자연사박물관 기행 5: 미국 국립공룡공원」, ≪科學敎育≫(12월 호), 1992.

이창진, 「세계 자연사박물관 기행 7: 미국 덴버 자연사박물관」, ≪科學敎育≫(2월 호), 1993.

이상태, 「세계의 자연사박물관 1: 런던 자연사박물관」, ≪코스모스피어Cosmosphere≫ (4월 호), 1993.

신동호, 「국립자연사박물관 설립 학계 중심 다시 활발, 추진위 30일 '자연다양성 보존' 보고회」, ≪한겨레신문≫, 1993. 6. 22.

조홍섭, 「한반도 생물 해외 유출 심각, 박물관 건립 절실」, ≪한겨레신문≫, 1994. 6. 16.

송상용, 「전쟁기념관과 자연사박물관」, ≪한겨레 21≫, 1994. 6. 23.

김희영, 「자연사박물관 세우나, 안 세우나」, ≪스포츠서울≫, 1994. 6. 30.

「제주도 민속자연사박물관(이색박물관)」, ≪경향신문≫, 1994. 7. 22.

장기홍, 「自然史의 가치관」, ≪과학과 기술≫(9월 호), 1994.

「우리나라 생물 다양성 한눈에」, ≪세계일보≫, 1994. 11. 2.

Natural History Exhibition Opens Today at Children's Park, The Korea Times, June 17, 1995.

「'자연사 박물관 건립 추진' 김 대통령 지시」, ≪중앙일보≫, 1995. 6. 21.

「'국립자연사박물관 건립한다' 정부 내달 추진위 구성」, ≪세계일보≫, 1995. 6 .21.

「자연사박물관, 자료 수집만 5년 이상 걸려: 문체부 설립 계획과 의미」, ≪조선일 보≫, 1995. 6. 22.

「자연사박물관에 기대한다」, ≪문화일보≫ 사설, 1995. 6. 23.

「세계의 자연사박물관 실태」, ≪동아일보≫, 1995. 6. 27.

권오길, 「자연박물관 하나 없다니」, ≪동아일보≫, 1995. 7. 16.

「국립 자연사박물관 건추위 발족」, ≪조선일보≫, 1995. 8. 5.

「자연사 기행/ 최영선 지음(화제의 책)」, ≪중앙일보≫, 1995. 8. 13.

최재천, 「자연사 박물관에 거는 기대」, ≪동아일보≫, 1995. 11. 18.

김윤식, 「자연사박물관 건립 이렇게」, ≪서울신문≫, 1996. 2. 10.

「국립자연사박물관 건립 사업 본격화」, ≪세계일보≫, 1996. 2. 21.

「自然史박물관 '자연도 알아야 사랑하죠'」, ≪신동아≫(5월 호), 1996.

「자연사박물관 건립 추진 본격화」, ≪한국일보≫, 1996. 6. 4.

「영국 자연사박물관: 인터네트 교육 정보를 찾아서」, ≪중앙일보≫, 1996. 6. 27.

「자연사박물관 건립 시급」, ≪한겨레신문≫, 1996. 7. 20.

「자연사 연구 '불모지', 과학 선진국 '헛구호'」, ≪국민일보≫, 1996. 7. 27.

「국내 첫 '공룡박물관' 만든다: 과기처-문체부, 자연사박물관 구체화」, ≪조선일보≫,

1996. 8. 7.

「자연사박물관 3만 평 규모로 2014년까지 완공: 예산 확보 등 난제 많아 '희망사항'
　　에 그칠 수도」, 《조선일보》, 1996. 9. 24.

「미 스미스소니언 자연사박물관, '한국실 내년 말 개관'」, 《경향신문》, 1996. 9. 30.

「자연사박물관 건립 방향 세미나」, 《한겨레신문》, 1996. 10. 14.

「해남 우항리에 익룡박물관 설립 시급」, 《조선일보》, 1996. 10. 30.

「해남 공룡 화석 자연사 연구 보고」, 《중앙일보》, 1996. 10. 30.

「세계 박물관 거미줄 연결(인터넷)」, 《중앙일보》, 1996. 11. 21.

「'문화복지 향상 방안' 용산 공원에 자연사박물관 건립」, 《조선일보》, 1996. 12. 29.

「충남 자연사박물관 세우기로」, 《한겨레신문》, 1997. 1. 21.

「국립중앙과학관에　자연사박물관　신축」, 《중앙일보》, 1997. 2. 9.

「자연사박물관 탐구 교육」, 《중앙일보》, 1997. 1. 26.

최재천, 「자연사박물관」, 《조선일보》, 1997. 4. 30.

「이화여대 자연사박물관 연구소: 정밀공학회」, 《한국경제》, 1997. 5. 27.

「자연사 박물관 국내 최초 건립 계획」, 《경향신문》, 1997. 6. 2.

「楊平군, 국립자연사박물관 유치 본격 추진」, 《중앙일보》 1997.6.25.

「인천, 국립 자연사박물관을 인천에 유치하기 위해 총력을 기울이고 있다」, 《한국
　　경제》, 1997. 6. 18.

「경희대 '자연사박물관' 내달부터 공개」, 《경향신문》, 1997. 8. 18.

「자연사박물관 창녕, 고성, 양평, 고양시 등 유치 경쟁 나서」, 《한겨레신문》, 1997.
　　10. 29.

「창녕 자연사 박물관 유치 운동 경남도내 전역 확산」, 《한겨레신문》, 1997. 11. 17.

「3억 년 전 모습 아직도 그대로 '바퀴'는 진화의 걸작품」, 《한겨레신문》, 1998. 1. 12.

「창녕 우포늪에서 공룡 발자국 8개 발견」, 《한겨레신문》, 1998. 3. 17.

김영환, 「정부는 7,700억 원을 들여 오는 2020년까지 국립자연사 박물관 건립을 추
　　진키로 하고 현재 후보지를 물색 중」, 《한겨레신문》, 1998. 3. 19.

「부천 자연사박물관 유치위원회 발족」, 《한겨레신문》, 1998. 3. 19.

「강화 자연사박물관 추진위 발족」, 《한겨레신문》, 1998. 3. 26.

「귀한 자연사 자료 50만 점 사장 위기」, 《조선일보》, 1998. 5. 11.

민병채, 「자연이 살아 있는 양평 함께 가꿨으면」, 《동아일보》, 1999. 4. 12.

김항묵, 「도심(都心)에 '공룡공원'을 세우자」, 《조선일보》, 2000. 3. 18.

이병훈, 「자연사박물관의 전시 교육과 우리나라에서의 절박성」, 《과학과 기술》
　　(5월 호), 2000.

「국내 첫 동물박제박물관 건립」, 《일요서울》, 2000. 5. 7.

윤성혜, 「자연사 교육 연구의 '살아 있는 박물관' 미 스미스소니언 국립박물관 탐방」,
　　《문화일보》, 2000. 7. 3.

최재천, 「'자연사박물관' 더 미룰 일 아니다」, 《동아일보》, 2000. 9. 28.

■ 학술 회의 및 연구 보고서

1990년에 국립자연사박물관 건립을 촉구하는 학술 회의가 처음 열린 이후, 이에 관한 토론과 연구 보고서가 발표된 것들을 모아서 여기에 수록한다.

한국동물분류학회, 한국의 자연 연구와 국립중앙자연사박물관의 발전 방향에 관한 심포지엄, 서울, 1990, 128쪽.

국립자연사박물관 설립 추진위원회, 자연사박물관의 역할과 세계적 동향에 관한 심포지엄, 서울, 1991, 72쪽.

국립자연사박물관 설립 추진위원회, 국립자연사박물관 설립 필요성에 관한 연구 보고서, 1993, 245쪽.

이병훈, 이상태, 김수진, 권이구, 백광호, 홍재상, 김찬종, 한국의 자연 특성 연구와 자연 교육을 통한 국민 과학화의 효과적 방안, 한국과학재단, 1993, 244쪽.

(개편 배포: 국립자연사박물관 설립 필요성에 관한 연구 보고서, 1993)국립자연사박물관 설립 추진위원회, 자연의 다양성 보존과 국립자연사박물관 설립 필요성에 관한 발표회, 국립중앙박물관, 1993.

BD Korea 2000, 생물다양성 보전을 위한 국가계획안(요약 및 제언). 생물다양성보전계획 연구프로젝트, 1994.

한국건축가협회, 국립자연사박물관 건립 기본방향 연구를 위한 국제전문가 초빙 세미나, 서울 1996, 73쪽.

한국건축가협회, 국립자연사박물관 건립 기본방향 연구를 위한 국내외 사례조사 보고서, 1996, 203쪽.

국립자연사박물관 설립 추진위원회, 세계 자연사 전시회 5억년전(展), 1995. 6. 10.- 1996. 5. 27., 8쪽.

자연사박물관 연구협의회, 자연사박물관의 역할과 과학 교육에 관한 학술 세미나, 서울, 1995.

단국대학교 공업기술연구소, 국립자연사박물관 건립 대지 선정을 위한 연구, 신청 대지 답사 보고서, 1997, 127쪽.

단국대학교 공업기술연구소, 국립자연사박물관 건립 대지 선정을 위한 연구. 1997, 246쪽.

인천사회정책연구소, 국립자연사박물관 인천 유치와 도시 발전 세미나, 인천, 1997, 1-57쪽.

김종원, 최청일 엮음, 한국의 자연사박물관, 한국 생물다양성협의회, 1998, 223쪽.

국립자연사박물관 기초 연구 수행팀, 국립자연사박물관 건립을 위한 기초 연구 심포지엄, 서울, 1998, 110쪽.

인천사회정책연구소, 국립자연사박물관 강화 유치와 입지적 우월성 세미나, 1999, 1-48쪽.

국립자연사박물관 우포늪 유치위원회, 연구 계획서 및 참고자료 IV, 1999, 149쪽.

국립자연사박물관 우포늪 유치위원회, 람사 지역으로서의 생태학적 가치와 보전 방
    법에 관한 국제 심포지엄, 부곡, 1999, 129쪽.
국립자연사박물관 남원, 지리산권 유치위원회, 국립자연사박물관 남원, 지리산권 건
    립 필요성에 관한 연구, 1999, 296쪽.

세계의 주요 자연사박물관

세계에는 약 5,000개의 자연사박물관이 알려져 있다. 그 가운데 국가별로 비교적 중요한 박물관의 명칭을 소개한다. 다음 세 개의 웹사이트에 들어가면 이들의 홈페이지를 찾을 수 있다.

- http://www.musée-online.org/
  -mo가 이름 끝에 나오는 박물관의 홈페이지 검색

- http://www.museumnetwork.com/
  -mn이 이름 끝에 나오는 박물관의 홈페이지 검색

- http://users.pandora.be/today/BVP/englink.html
  -pa가 이름 끝에 나오는 박물관의 홈페이지 검색

나라별 자연사박물관의 수를 메어스 교수의 통계(Mares, 1993)에 따라 국가마다 괄호 속에 표시하였다.

국내의 자연사박물관의 홈페이지는 국내의 주요 검색 엔진에 들어가면 찾을 수 있다.(단, 아래 명단에서는 홈페이지 개설 미확인 또는 미개설로 찾을 수 없는 경우도 있음.)

1. 국제 사이트

- 국제박물관협의회가 개설한 가상도서관박물관 리스트

  http://www.icom.org/vlmp/lists.html

- MuseumNetwork(필라델피아에 본부를 둔 박물관 문화진흥 포탈사이트)

  http://www.museumnetwork.com/

- Musee(필라델피아에 본부를 둔 박물관 문화진흥 포탈사이트)

  http://www.musee-online.org/frames2.htm

- 벨지움 고생물학협회 세계 자연사박물관 링크페이지

  http://users.pandora.be/today/BVP/englink.html

- Virtual Museum of Natural History (VMNH)

  (International CURATOR Project가 운영)

  http://www.curator.org/

2. 국내 자연사박물관

- 이화여자대학교 자연사박물관(1969년 설립)
- 경희대학교 자연사박물관(1978년 설립)
- 한남대학교 자연사박물관(1983년 설립)
- 강원대학교 자연사박물관(1986년 설립)
- 제주도 민속자연사박물관(1980년 설립, 1984년 개관)
- 국립수목원 산림박물관, 광릉(1987년 설립)
- 자원연구소 지질표본관(1992년 설립)
- 배재고등학교 자연사박물관(1973년 설립)

세계 여러 나라의 자연사박물관 명단

※ ( )안은 국가별 자연사박물관의 수(Mares, 1993)

■ 유럽

영국(297)

The Natural History Museum - London -mo

Manchester Museum, University of Manchester, England -mo

Aberdeen University Natural History Museum -mn

Eton College Natural History Museum, U.K. -mn

Oxford University Museum of Natural History -mn

프랑스(233)

Museum National d'Histoire Naturelle, Paris, France -mo

Musée Cantonal d'Histoire Naturelle Musèes Cantonaux du Valais -mn

Musée de la Nature, Nantes -mn

Musée d'Histoire Naturelle, Angers -mn

Museum d'Histoire Naturelle de Bordeaux -mn

Musem d'Histoire Naturelle de Toulouse -mn

Musée de Mineralogie, Ecole des Mines, Paris -pa

독일(605)

Naturmuseum Senckenberg, Senckenberg -mo

Geologisches und Palaentologisches Museum, Kiel. -mo

Geologisches und Paleaontologisches Museum, Muenster. -mo

Museum Mensch und Natur, Munich. -mo

Naturhistorisches Museum, Mainz. -mn

Naturkundemuseum Munster, Muenster -mn

Naturhistorisches Museum, Mainz -mo

Neanderthal Museum, Mettmann. -pa

Staatliches Museum fur Naturkunde, Gorlitz -mo

Staatliches Museum fur Naturkunde, Stuttgart -mo

벨기에(45)

Royal Belgian Institute of Natural Sciences, Brussels Museum of Natural Sciences, Brussels -pa

네덜란드(123)

Naturalis, Leiden(formerly, National Museum of Natural History) Museon, Den Haag(The

Hague) -pa
Natuurhistorisch Museum Maastricht -mn
Teylers Museum, Haarlem -pa
Universiteitsmuseum Utrecht -mn

룩셈부르크(2)
Musee National d'Histoire Naturelle, Luxembourg -mo

스페인(41)
Museo Nacional de Ciencias Naturales(National Museum of Natural History), Madrid -mo

포르투갈(26)
Museu Municipal do Funchal, Madeira Islands. -pa

이탈리아(272)
Museo Civico di Storia Naturale, Milano -mn
Museo Civico di Storia Naturale, Trieste -mn
Museo Civico di Storia Naturale, Venezia -mn
Museo Civico di Storia Naturale, Vernona - mn
Museo de Historia dell'Universita di Pisa, Pisa -mo
Museo di Storia Naturale della Certosa di Calci Calci -mo
Museo di Storia Naturale di Firenze, Florence -mo
Museo di Storia Naturale di Milano, Milano
Museo de Historia dell'Universita di Pisa, Pisa -mo
Museo di Storia Naturale della Certosa di Calci, Calci -mo

스위스(79)
Musée d'Histoire Naturelle, Genve. -mo
Natural History Museum - Berne. -mo
Natural History Museum of Freibourg, Freibourg. -mo
Palaeontologisches Institut und Museum, Zurich -mo

오스트리아(84)
Naturhistorisches Museum, Wien
Haus der Natur, Salzburg
Vorarlberg's Museum of Natural History, Dornbirn
Vorarlberger Natursschau, Dornbirn

체코 공화국(체코슬로바키아: 158)
National Museu, Prague -mo

슬로바키아(체코슬로바키아: 158)
Slovak National Museum - The Natural History Museum, Bratislava, Slovakia

폴란드(100)
Museum and Institute of Zoology, Polish Academy of Sciences, Warsaw
Muzeum Przyrodnicze Instytutu Systematyki i Ewolucji Zwierzat PAN, Krakow
    -mn(Museum of Animal Systematics and Evolution, Polish Academy of Science)

헝가리(29)
Hungarian Natural History Museum, Budapest -mn

아이슬란드(4)
Iceland Institute of Natural History, Westman Islands, Iceland -mo
Icelandic Museum of Natural History, Reykjavik -mn
Vestmannaeyjar Museum of Natural History, Vestmannaeyjar -mo

아일랜드(11)
Celtic and Prehistoric Museum, Kilvieadownig, Ireland -mo

덴마크(22)
Zoological Museum, University of Copenhagen, Copenhagen -mo

핀란드(24)
Finnish Museum of Natural History, Helsinki -mo

스웨덴(26)
Swedish Museum of Natural History, Stockholm -mo
Uppsala Universitet Zoologiska Museum, Uppsala -mn

노르웨이(22)
Bergen Museum, Bergen -mo
Norsk Skogbruksmuseum, Elverum -mo
Vitenskapsmuseet, Trondheim. -mo

그린란드

Ammassalik Museum, Tasiilaq

러시아(205)

Botanic Garden of Irkutsk State University, Irkutsk
Fersman Mineralogical Museum, Moscow
Siberian Zoological Museum, Novosibirsk
State Darwin Museum, Moscow
Zoological Institute and Museum, St. Petersbourg

루마니아(59)

Grigore Antipa National Museum of Natural History, Bucharest −mo

그리스(4)

Historical, Folklore and Natural History Museum of Kozane, Kozane −mo
Natural History Museum of the Lesvis Petrified Forest, Lesvos −mo

터키(5)

Turkish Natural History Museum −mn

에스토니아

Loodusmuuseum, Tallinn −mo
Viljandi Museum, Viljandi −mo

크로아티아

Croatian Natural History Museum, Zagreb −mo

마케도니아

Prirodonaucen Muzej na Makedonija(Macedonian Museum of Natural History)
Skopje −mn

■ 북아메리카

미국(1,176)

National Museum of Natural History, Smithsonian Institution, Washington D.C. −mo.
American Museum of Natural History, New York −mo
California Academy of Sciences, San Francisco, California −mo

Field Museum of Natural History, Chicago. -mo

Natural History Museum of Los Angeles County, Los Angeles, CA. -mo

Academy of Natural Sciences of Philadelphia, Pennsylvania -pa

Alaska Museum of Natural History, Eagle River, Alaskas -mo

Alaska State Museum, Juneau, Alaska

The Raymond M. Alf Museum of Paleontology, Claremont, California -pa

Anniston Museum of Natural History, Anniston, Alabama -mo

Battle Hill Museum of Natural History, Battle Creek, Iowa -mo

Bernice Bishop Museum of Natural History, Honolulu, Hawaii -pa

Bruce Museum, Greenwich, Connecticut -mo

Burke Museum of Natural History and Culture, Seattle, Washington -mo

Calvert Marine Museum, Solomons, Maryland -mo

Cape Cod Museum of Natural History, Brewster, Maine -mo

Carnegie Museum of Natural History, Pittsburgh, Pennsylvania -mo

Centennial Museum, University of Texas, El Paso. Texas -pa

Charles B. Graves Herbarium, New London, Connecticut -mo

Chicago Academy of Sciences Nature Museum, Chicago, Illinois -pa

Chula Vista Nature Center, Chula Vista, California -pa

Cincinnati Museum Center, Cincinnati, Ohio -mo

City of Santa Cruz Museum of Natural History, Santa Cruz, California -pa

Cleveland Museum of Natural History, Cleveland, Ohio -mo

College of the Atlantic Natural History Museum, Bar Harbor, Maine -mo

Connecticut State Museum of Natural History, Hartford, Connecticut -mo

Cumberland Lodge, Museum, and Center for Leadership Studies, Williamsburg, Kentucky -pa

Dakota Dinosaur Museum, Dickinson, Northern Dakota -mo

Dallas Museum of Natural History, Dallas, Texas -mo

Delaware Museum of Natural History, Wilmington -mo

Denver Museum of Natural History, Denver, Connecticut -mo

Emporia State University Geology Museum, Emporia, Kansas -pa

Essig Museum of Entomology, University of California, Berkley -pa

Fernbank Museum of Natural History, Atlanta, Georgia -mo

Fick Fossil and History Museum, Oakley, Kansas -pa

Field Museum of Natural History, Chicago -mn

Florida Museum of Natural History, Gainesville, Florida, USA Georgia Museum of Natural
  History, Athens -mn

Graves Museum of Archaeology and Natural History, Dania, Florida -mo

Harvard Museum of Natural History, Cambridge, Massachussets -mo

Hastings Museum of Natural and Cultural History, Hastings, New England -mo

Heard Natural Science Museum and Wildlife Sanctuary, Mckinney, Texas -mo

Honolulu Community College Dinosaur Exhibit, Honolulu, Hawaii -mo

Houston Museum of Natural Science, Houston, Texas -mo

Humboldt State University Natural History Museum, Arcara, California -mo

Idaho Museum of Natural History, Pocatello, Indiana -mo

Illinois State Museum, Springfield, Illinois -mo

International Wildlife Museum, Tucson, Arizona -mo

Kansas University Natural History Museum, Lawrence, Kansas -pa

Lafayette Natural History Museum, Lafayette, Louisiana -mo

Las Cruces Museum of Natural History, Las Cruces, New Mexico -mo

Las Vegas Natural History Museum, Nevada -mn

Life Science Museum, James Madison University, Virginia -pa

Lindsay Wildlife Museum, Walnut Creek, California -mo

Loursiana State University Museum of Natrual History, Louisiana -pa

Mammoth Site Museum, Hot Springs, South Dakota -mo

Massachusetts Museum of Natural History, University of Massachusetts, Amherst,
    Massachusetts -mo

Milwaukee Public Museum, Milwaukee, Wisconsin -mo

Missouri Botanical Garden, St. Louis -pa

Monterey Bay Aquarium, California -pa

Museum of Biological Diversity, The Ohio State University, Columbus, Ohio

Museum of Jurassic Technology, Culver City, California -pa

Museum of Life Sciences, Shreveport, Louisiana -mo

Museum of Natural History - Detroit, Detroit, Missouri -mo

Museum of Natural History and Cormack Planetarium, Providence, Rhode Island -mo

Museum of Natural History, University of Illinois, Urbana -mn

Museum of Northern Arizona, Flagstaff, Arizona -mo

Museum of Southwestern Biology, University of New Mexico -pa

Museum of Texas Tech University, Lubbock, Texas -mo

Natural History Museum - Ogden, Ogden, Utah -mo

Natural History Museum of the Adirondacks, Tupper Lake, New York -mo

New England Aquarium, Boston, Massachusetts -pa

New Mexico Museum of Natural History, Albuquerque, New Mexico -mo

New York State Museum -pa

Nicoles Arboretum, University of Michigan. Michigan -pa

North Carolina Museum of Life and Science, Durham, North Carolina -mo

Oakland Museum of California, Oakland, California -pa

Old Trail Museum and Paleontology Field School. Chouteau, Montana -pa

The Pacific Grove Museum of Natural History, Monterey County, California –pa

Peabody Museum of Natural History, Yale University, New Haven, Connecticut –mo

Pittsburg State University Natural History Museum, Pittsburg, Pennsylvania –mn

Princeton University Museum of Natural History, New Jersey –mn

Putnam Museum of History and Natural Science, Davenport, Iowa –mo

San Diego Natural History Museum, San Diego, California –mo

Santa Barbara Museum of Natural History, Santa Barbara, California –mo

Santa Cruz City Museum of Natural History, Santa Cruz, California –mn

Sam Noble Oklahoma Museum of Natural History, University of Oklahoma, Norman, Oklahoma –mn

Slater Museum of Natural History, Tacoma, Washington –mo

Southern Oregon University Museum of Vertebrate Natural History. Ashland, Oregon –mn

Southern Vermont Natural History Museum. Marlboro, Vermont –mn

Tallahassee Museum of History and Natural Science, Tallahassee, Florida –mo

Tate Geological Museum, Casper, Wyoming –pa

Tennessee Aquarium, Chattanooga, Tennessee –pa

Texas Memorial Museum, University of Texas at Austin –pa

UC Berkeley Museum of Vertebrate Zoology, Berkeley, California –mo

University of Alaska Museum, Fairbanks, Alaska –pa

University of Arkansas Museum, Fayetteville, Arkansas –pa

University of California Museum of Paleontology, Berkeley, California –mo

University of Colorado Museum of Natural History, Boulder, Colorado –pa

University of Georgia Museum of Natural History, Athens, Georgia –mo

University of Iowa Museum of Natural History, Iowa City, Iowa –mo

University of Kansas Natural History Museum, Lawrence, Kansas –mo

University of Michigan Museum of Paleontology, Ann Arbor, Michigan –mo

University of Michigan Museum of Zoology, Ann Arbor, Michigan –pa

University of Michigan Exhibit Museum of Natural History, Ann Arbor, Michigan –pa

University of Nebraska State Museum, Linkoln, Nebraska –pa

University of Northern Iowa Museum, Cedar Falls, Iowa –mo

University of Oregon Museum of Natural History, Eugene, Oregon –mo

University of Wisconsin–Madison Geology Museum. Madison, Wisconsin –pa

University of Wyoming Geological Museum, Laramie, Wyoming –pa

Utah Museum of Natural History, Salt Lake City, Utah –mo

The Vanderbilt Museum, Centerport, Long Island, New York –pa

Virginia Marine Science Museum, Hampton Roads, Virginia –pa

Virginia Museum of Natural History, Martinsville, Virginia –mn

Virginia Museum of Natural History, University of Virginia Branch –pa

Virginia Museum of Natural History, Virginia Tech Branch -pa
Virginia Museum of Natural History, Charlottesville, Virginia -mo
Wayne State University Museum of Natural History, Detroit, Michigan -mn
Worldwide Museum of Natural History -pa
Wyoming Dinosaur Center, Thermopolis, Wyoming -pa

캐나다(206)

Canadian Museum of Nature, Ottawa, Ontario -mo
Royal Ontario Museum, Toronto
Banff Park Museum, Banff -mo
British Columbia Forest Museum, Duncan, British Columbia -mo
Canadian National Collection of Insects, Arachnids and Nemotodes Ottawa -mo
Frank Slide Interpretive Centre, Blairmore, Alberta -mo
Fundy Geological Museum, Parrsboro, Nova Scotia -mo
Hooper Virtual Paleontological Museum, (Hooper Virtual Natural History Museum),
    Ottawa-Carleton Geoscience Centre Department of Earth Sciences, Carleton University
    and Department of Geological Sciences, University of Ottawa -pa
Insectarium de Montreal , Montreal, Canada -mo
Montreal Botanic Garden and Insectarium, Montreal -mo
National Museum of Man , Ottawa, Ontario -mn
Newfoundland Museum, Deer Lake -mo
Nova Scotia Museum of Natural History, Halifax, Nova Scotia -mo
Provincial Museum of Alberta, Edmonton -mn
Redpath Museum, McGill University, Montreal -pa
Royal British Columbia Museum -mn
Royal Tyrrell Museum of Paleontology, Drumheller, Alberta -pa
Saskatchewan Museum of Natural History -mn
University of Alberta Museum of Zoology -pa
Vancouver Aquarium Marine Science Center, Vancouver -mo

멕시코(10)

Museo de Historia Natural, Mexico City -mo
National Museum of Anthropology, Mexico

벨리즈

Chaa Creek Natural History Museum, Chaa Creek -mo

코스타리카(2)

Museo Nacional de Costa Rica, San Jose -mo

Museo Biologia Marina, Heredia -mo

Museo de Historia Natural del Indio Kurieti, Cartago -mo

Museo de Insectos de la Universidad de Costa Rica, San Jose -mo

쿠바(12)

Cuban National Museum of Natural History, Havana -mo

Felipe Poey Museum of Natural History, Vedado -mo

■ 남아메리카

콜롬비아(27)

Museo Nacional, Bogota -mo

Museo Universitario, Medellin -mo

Museo de Historia Natural, Bogota -mo

Museo de Historia Natural, Medellin -mo

파라과이(2)

Museo de Historia Natural del Paraquay -mn

페루(3)

Museo La Salle, Lima, Peru -mo

칠레(28)

Museo Nacional de Historia Natural, Santiago -mo

Museo de Historia Natural de Valparaiso, Valparaiso -mo

Museo de Historia Natural, Conepcion -mo

아르헨티나(100)

Museo Argentino de Ciencias Naturales, Buenos Aires

Museo Paleotologico Edigio Feruglio, Chubut -mo

Museo Provincial de Ciencias Naturales, Sante Fe -mo

Museo de Ciencias Naturales y Antopologicas, Entre Rios -mo

Museo de Geologia y Paleontologia, Neuquen -pa

Museo de la Plata, La Plata -mo

Museo Ciencias Naturales, Buenos Aires -mo

■ 오스트레일리아

호주(78)
Australian Museum, Sydney -mo
Killer Whale Museum, Eden -mo
Macleay Museum, Sydney -mo
Museum of Victoria, Melbourne -pa
National Museum of Australia, Canberra -mo
National Herbarium of NSW, Sydney
Queensland Museum, Brisbane -mo
South Australian Museum, Adelaid -mo

뉴질랜드(35)
International Antarctic Centre, Christchurch -mo

■ 아프리카

바레인
Bahrain National Museum, Manama -mo

케냐(4)
Kisumu Museum, Kisumu -mo
Kitale Museum, Kitale -mo
Lamu Museum, Lamu -mo
National Museums of Kenya -mn
Nairobi Museum, Nairobi
Serengeti Museum -mn

모리셔스(2)
Natural History Museum(Mauritius) -mn

나미비아(5)
Outjo Museum, Outjo -mo
Schmelenhaus Museum, Windhoek -mo
Sperrgebiet Museum, Oranjemund -mo

오만

Oman Natural History Museum -mn

수단(7)

Sudan Natural History Museum -mn

남아프리카 공화국(54)

Albany Museum, Rhodes University, Grahamstown -mo

South African Museum, Cape Town -mo

Transvaal Museum, Pretoria -mo

아랍 에미리트 연합

Sharjah Natural History Museum and Desert Park, Sharjah -mo

잠비아(3)

National Museum of Zambia -mn

짐바브웨(5)

Natural History Museum of Zimbabwe -mo

■ 아시아

중국(23)

Beijing Museum of Natural History, Beijing

Shanghai Museum of Natural History -mn

Tianjin Museum of Natural History -mn

일본(150)

Ibaraki Nature Museum, Iwai-City, Ibaraki

Kanagawa Museum of Star of Life-Earth, Kanagawa

Kitakyshu Museum of Natural History, Kitakyushu

Kurashiki Museum of Natural History, Kurashiki-shi, Okayama

Kyoto University Museum, Kyoto

Lake Biwa Museum, Kusatsu, Shiga

Museum of Nature and Human Activities, Sanda, Hyogo Natural History Museum and
    Institute, Chiba(Chiba Prefectural Museum)

National Science Museum, Tokyo

Osaka Museum of Natural History, Osaka -mn
Saitama Museum of Rivers, Oosato-gun, Saitama
Toyama Science Museum, Toyama-shi

한국(0)
(본란 앞부분 참조)

북한(1)

대만(2)
National Museum of Natural Science, Taichung, Taiwan
National Museum of Marine Biology & Aquarium, Kaoshiung Taiwan
Provincial Museum, Taipei

필리핀(18)
National Museum, Manila
Museum of Natural History, University of Philippines, College Laguna

인도(16)
National Museum of Natural History, New Delhi
Bengal Natural History Museum -mn
Natural History Museum of Bombay Natural History Society -mn

싱가포르(1)
Raffles Museum of Biological Diversity, National University of Sinpapore

방글라데시(10)
Bangladesh National Herbarium, Dhaka

인도네시아(4)
Museum Zoologicum Bogoriense, Bogor
Herbarium Bogoriense, Bogor

파키스탄(12)
Pakistan Museum of Natural History -mn

이스라엘(19)
Hebrew University Collections of Natural History -mn

이란(7)

Iran National Natural History Museum -mn

이라크(2)

Iraq Natural History Research Centre and Museum -mn

참고문헌

고성철, 「한국의 식물 연구과 표본 보존 현황」, ≪한국의 자연 연구와 국립중앙자연사 박물관의 발전방향 심포지엄 자료집≫, 한국동물분류학회 엮음(서울: 1990. 9. 15.), 28-41쪽.

고홍선, 「척추동물」, 생물다양성 보전을 위한 국가 계획안(서울: 1994. 6. 16.), 23-26쪽.

국립공원관리공단, 「내장산 탐방안내소」, ≪아름다운 국립공원≫(1999, 봄), 62-63쪽.

국립자연사박물관 기초 연구 수행팀, ≪국립자연사박물관 건립을 위한 기초 연구 심포 지엄 자료집≫(서울: 1998. 12. 15.), 110쪽.

국립자연사박물관 설립 추진위원회, 「국립자연사박물관 설립 필요성에 관한 연구 보고 서」, 1993, 245쪽.

국립자연사박물관 설립 추진위원회, ≪자연사박물관의 역할과 세계적 동향 심포지엄 자료집≫(서울: 1991. 9. 28.), 72쪽.

권용정, 「국내 생물다양성 국외 유출 현황과 대책-곤충을 중심으로」, ≪2000년대를 위 한 생물다양성 보전과 국가 발전 심포지엄 자료집≫(서울: 1994. 6. 15-16.), 153-187쪽.

단국대학교 공업기술연구소, 「국립자연사박물관 건립 대지 선정을 위한 연구」, 1997b, 246쪽.

단국대학교 공업기술연구소, 「국립자연사박물관 건립 대지 선정을 위한 연구」, 신청 대지 답사 보고서, 1997a, 127쪽.

대한민국, 생물다양성 국가전략, 1997, 72쪽.

문화관광부, 국립자연사박물관 전시계획 기초연구, 1998, 285쪽.

문화체육부, 한국의 박물관 및 미술관, 1995, 182쪽.

BD Korea 2000, 「생물다양성 보전을 위한 국가계획안(요약 및 제언)」, 생물다양성 보 전계획 연구 프로젝트, 1994.

생물다양성추진위원회, 생물다양성 국가전략(안), 1997, 84쪽.

서상우, 『현대의 박물관 건축론』 I권(기문당, 1995), 199쪽.

신창현, 「국립공원은 이렇게 지키자」, ≪아름다운 국립공원≫(1999, 봄), 80-82쪽.

안완식, 『우리가 지켜야 할 우리 종자』(사계절, 1999), 460쪽.

糸魚川淳二, 『日本の自然史博物館』, 東京大出版會, 1993, 228쪽.

이병훈, 「미국 '생물다양성 전국 토론회'를 보고」, ≪분류학회보≫(1986), 4: 3-6쪽.

이병훈, 「한국의 자연 연구의 현황과 문제」, ≪자연사박물관의 역할과 세계적 동향 심
    포지엄 자료집≫(서울: 1991. 9. 28.), 1-27쪽.

이병훈, 「한국의 자연 연구의 현황과 문제」, ≪한국의 자연 연구와 국립중앙자연사박
    물관의 발전 방향 심포지엄 자료집≫, 한국동물분류학회 엮음(서울: 1990. 9. 15.),
    1-9쪽.

이병훈, 이상태, 김수진, 권이구, 백광호, 홍재상, 김찬종, 「한국의 자연특성 연구와 자
    연교육을 통한 국민과학화의 효과적 방안」, 한국과학재단.(개편 배포: 국립자연사
    박물관 설립 필요성에 관한 연구 보고서, 1993)

21세기위원회, 「인류학적 관점에서 본 사회·문화의 시급 과제」, 대통령 간담회 결과
    보고(21세기 위원회 사회·문화분과, 1991. 1. 28), 30-31쪽.

이창진, 「세계자연사박물관 기행 2-자연사의 기원과 자연사박물관의 설립 배경」, ≪科
    學敎育≫(9월 호, 1992), 60-63쪽.

인천사회정책연구소, 국립자연사박물관 강화 유치와 입지적 우월성 세미나 자료집,
    1999, 1-48쪽.

인천사회정책연구소, 국립자연사박물관 인천 유치와 도시 발전, 1997, 1-57쪽.

임성택 및 이병훈, 「한국의 과학관의 교육 사업에 관한 연구」, 과학교육총론(전북대 과
    학교육연구소, 1978), 3: 25-26쪽.

임양재, 「박물학과 自然史박물관」, ≪과학과 기술≫(1991. 3.), 62-63쪽.

자연보호중앙협의회, 국내생물종 문헌 조사 연구, 1996, 53쪽.

章基弘, 「自然史의 가치관」, ≪과학과 기술≫(1994. 9.), 16-17쪽.

정정원, 「대학박물관의 현황과 과제」, 제3회 박물관학 학술대회 '한국 박물관의 어제와
    오늘 그리고 내일' 자료집, 한국박물관학회 엮음(서울: 1999. 11. 26.), 49-58쪽.

조영복, 심정자, 「자연사박물관의 교육 기능에 관한 연구-어린이 자연 교실 운영을 중
    심으로」, ≪한국박물관학회지≫(1998), 1: 258-259쪽.

崔協, 「인류학적 과점에서 본 사회·문화의 시급 과제」, 大統領 懇談會 結果報告(21世
    紀 委員會 社會·文化分科, 1991. 1.), 30-31쪽.

한국건축가협회, 「국립자연사박물관 건립 기본 방향 연구를 위한 국내외 사례 조사 보
    고서」, 1996, 203쪽.

한국건축가협회, 국립자연사박물관 건립 기본 방향 연구를 위한 국제 전문가 초빙 세
    미나 자료집(서울: 1996. 10. 11), 73쪽.

한국동물분류학회, 한국의 자연 연구와 국립중앙자연사박물관의 발전 방향 심포지엄
    자료집(서울: 1990. 9. 15.), 128쪽.

한국생물다양성협의회, 한국의 자연사박물관, 김종원, 최청일 엮음, 1998, 223쪽.

한국환경정책평가연구원, 생물다양성 보전을 위한 유인 제도 활성화 방안, 조승현, 박
    용하, 김승우, 최용재 엮음, 1999, 213쪽.(「국내 생물 1.4종씩 사라진다」, Donga.com,

2000. 3. 17.)

환경부, 생물다양성 국가전략(초안), 1997, 97쪽.

AAM, (In) The Official Museum Directory, American Association of Museums, 1987.

AAM, Museums for a New Century, American Association of Museums(Washington D.C.: 1984), p.144.

AAM, Shaping the Museum: the Map Institutional Planning Guide, American Association of Museums(Washington D.C.: 1990), p.45.

Allan, D. A., Museums and its Functions, In: The Organization of Museums, Practical Advice. UNESCO,(p.188), 1960, pp.13-27.

Alock, S., Museums and art galleries in Great Britain and Ireland, British Leisure Publ.(London: 1981).

AMNH, Biodiversity, Science and Human Prospect, Center for Biodiversity and Conservation, American Museum of Natural History, 1997, p.30.

AMNH, The Global Taxonomy Initiative: Using Systematic Inventories to Meet Country and Regional Needs, American Museum of Natural History, 1999, p.18.

ASC, (Ed.)K.E. Hoagland, Guideline for Institutional Policies & Planning in Natural History Collections, Association of Systematics Collections, 1994, p.120

ASC, LSU Museums Designated as State Museum, ASC NEWSLETTER 27, 6: 10, Association of Systematics Collections, 1999.

BLP, Museums and Galleries in Great Britain and Ireland, British Leisure Publications, 1989, p.196.

Boylan, P., "Museums, The Community, and Development," (In) International Symposium for the Development of Korean Industry and Technology Museum(Seoul: May 2, 2000), pp. 8-29.

Carson, R., Silent Spring, Houghton Mifflin Co., 1962, p.368.

Castri, di F. and Younes, T., "(Ed.)Biodiversity, Science and Development." Towards a New Partnership, IUBS and CAB International, 1996, p.646.

Cato, P.S. and C. Jones, Natural History Museums: Directions for Growth, Texas

Chalmers, N., The role of natural history museums in the future, In: The International Symposium on the Role of Scinece Museums in Future Society(Daejon Korea: The National Science Museum, Oct. 10, 1990), pp.45-48.

Choe, J. C., What is Natural History?, Korean J. Ecol., 1995, 18(4): 525-531.

CMA, The Official Directory of Canadian Museums, Canadian Museums Association, 1988.

Davis, P., Museums and the Natural Environment, The role of natural history museums in biological conservations, Leicester Univ. Press(London and New York: 1996), p.286.

Day, P.R., Biodiversity and the equitable use of the world's genetic resources, In: K.E. Hoagland and A.Y. Rossman(ed.), Global Genetic Resources: Access, Ownership, and Intellectual Property Rights, Association of Systematics Collections, 1997, pp.3-12.

DeMars, L.L., The Evolution of Exhibitions in a Natural History Museum, In: Cato, P.S. and C. Jones(ed.), Natural History Museums: Directions for Growth, Texas Tech Univ. Press, 1991, pp.125-135.

Duckworth, W.D., Museum-based Science for a New Century, In: Research within the Museum: Aspirations and Realities, Proceedings of the Symposium, Dec. 13-14, 1993, The National Museum of Natural Science, Taichung, Taiwan, pp.13-20.

E. Hooper-Greenhill(Ed.), Routledge, London, 1999, p.346.

E. Hooper-Greenhill, Preface, In: The Educational Role of the Museum, 1999a.

EA, Wildlife Conservation in Japan, The Environment Agency(Tokyo: 1992).

Ehrlich, P.R. and Ehrlich A.H., Extinction: the causes and consequences of the disappearance of species, Random House(New York: 1981).

Ehrlich. P.R and E.O. Wilson, Biodiversity Studies: Science, 253 L 758-762, 1991.

Emery, A.R., Biodiversity and the Natural History Museum, In: Research within the Museum: Aspirations and Realities, Proceedings of the Symposium, Dec. 13-14, 1993, The National Museum of Natural Science, Taichung, Taiwan, pp.21-40.

Erwin, T.L., Tropical Forest Canopies: The Last Biotic Frontier. Bull. ESA, 1993, 29, 1: 14-19.

Farnsworth, N.R,. Screening plants for new medicines, In: Biodiversity, E.O. Wilson(Ed.), National Academy Press, 1988, pp.83-97.

Fowler. C., Unnatural Selection: Technology, Politics and Plant Evolution, Gordon & Breach Science Publishers(Switzerland: 1994), p.317.

Gaston, K.J., Biodiversity: loss, Progress in Physical Geography, 1995, 19, 2: 255-264.

Gaston, K.J., What is biodiversity?, (In.) K.J. Gaston(Ed.), Biodiversity, A Biology of Numbers and Difference, Blackwell Science, 1996, pp.1-9.

Gottfried, J., R. Smith and J. Dacus, The Role of Natural History Museums in Improving Science Education in Rural Schools, In: Cato, P.S. and C. Jones(Ed.), Natural History Museums: Directions for Growth, Texas Tech Univ. Press, 1991, pp.171-198.

Groombridge, B.(Ed.), Global Biodiversity: Status of the Earth's Living Resources, Chapman and Hall, London, 1992.

Hilde Hein, The Exploratorium-The Museum as Laboratory, Smithsonian Institution Press, 1990, p.256.

HMSO, BIODIVERSITY, The U.K. Action Plan, London, 1994.

Hooper-Greenhill(Ed.), Education, communication and interpretation: towards a critical pedagogy in museums, In: The Educational Role of the Museum, E. Hooper-Greenhill(Ed.), Routledge, London, 1999, p.346.

Howie, F. M., Natural Science Collections: Exent and Scope of Preservation Problems, In: C.L. Rose, S.L. Williams and J. Gisbert(Ed.), International Symposium and First World Congress on the Preservation and Conservation of Natural History Collections, Vol. 3,

266

Madrid, May 10-15, 1992, pp. 97-110.

Humphrey, P.S., The Nature of University Natural History Museums, In: Cato, P.S. and C. Jones(Ed.), Natural History Museums: Directions for Growth, Texas Tech Univ. Press, 1991, pp.5-11.

ICOM, International Council of Museums, A Guide Book, Paris, 1965, pp.28.

J.R.R. Christie and M.J.S. Hodge, Companion to the History of Modern Science, Routledge, pp.295-313.

Jarratt, J., External Factors Affecting Organizations, In: Museums for the New Millenium, Smithsonian Institution and American Association of Museums, 1997, pp.17-31.

Kenney, A.P., Hospitable heritage: the report of museum access, Pennsylvania: Lehigh County Historical Society, 1979.

KSSZ, 한국의 자연 연구와 '국립자연사박물관'의 발전 방향, 한국동물분류학회 심포지엄(서울: 1990. 9. 15.), p.128.

Kunin, W.E. and Lawton, J.H., Does biodiversity matter? Evaluating the case for conserving species, (In.)K.J. Gaston(Ed.), Biodiversity, A Biology of Numbers and Difference, Blackwell Science, 1996, pp.283-308.

Kwon, Y.J. and Lee B-H., The present status and perspectives of insect diversity in Korea, In: (Ed.)Lee, B. H. Proc. Symp. "Flora and Fauna of the Korean Peninsula and the Conservation of its Biodiversity," Budapest, Hungary KOSEF, Feb. 6-12, 1994.

Kwon, Y.J., Insect Diversity in Korea and its Management Strategy, In: Lee, B.H., Choe, J.C. and Han, H.Y. (Ed.) Taxonomy and Biodiversity in East Asia, KOBIC and KIBIO, 1997, pp.42-57.

Laerm, J. and A.L. Edwards, What is a State Museum of Natural History?, In: Cato, P.S. and C. Jones(Ed.), Natural History Museums: Directions for Growth, Texas Tech Univ. Press, 1991, pp.13-39.

Leaky, R. and R. Lewin, The Sixth Extinction, Sherma B.V., 1995.

Lee, B.H. and Kwon, Y.J., Biodiversity and Conservation in Korea, (In): Int. Symp. Biodiv. Consv., KEI, Seoul, 1993, pp.149-151.

Lee, B.H., (Ed.) The First Korean-Hungarian Joint Seminar on Flora and Fauna of the Korean Peninsula and its Biodiversity Conservation, Budapest, 6-12 Feb. 1994, p.146.

Lee, B.H., A Study of Science Museums with Special Reference to Their Educational Programs, A Special Publication of the Office of Museum Programs, Smithsonian Institution, Washington D.C., 1973, p.30, 76.

Lee, B.H., Biodiversity in Korea and Tasks of Systematics Community, Korean J. Ecol, 1994, 17(4): 545-551.

Lee, B.H., Y.B. Cho, E.H. Lee, 1997, Biological collection as reference base for biodiversity assessment in the Republic of Korea, In: Sterzynska, M., B.H. Lee and P. Trojan(Eds), Fauna and Flora of the Korean Peninsula: Their Inventory, Systematics and Evolution in

Perspective of Biodiversity Conservation, Polish-Korean Joint Seminar, Pultusk, 16-18 September 1996, Poland, Fragm. Faun, pp.207-213.

Lee, K., Science Centers: A Potential for Learning, Science, 1978, 199, 4326: 270-273.

Lovejoy, T.E., A projection of species extinction, The Global 2000 Report to the President, Entering the Twenty-First Century(Vol. 2), Council on Environmental Quality, U.S. Government Printing Office, Washington, D.C., 1980, pp.328-311.

Lovejoy, T.E., The Role of Natural History Museums in a Changing World, In: C.L. Rose, S.L. Williams and J. Gisbert(Ed.), International Symposium and First World Congress on the Preservation and Conservation of Natural History Collections(Vol. 3), Madrid, May 10-15, 1992, pp.27-34(p.439).

Mares, M.A., Natural History Museums: bridging the past and the future, In: C.L. Rose, S.L. Williams and J. Gisbert(Ed.), International Symposium and First World Congress on the Preservation and Conservation of Natural History Collections(Vol. 3), Madrid, May 10-15, 1992, pp.367-404(p.439)

Ministry of Culture & Sports, Museums & Art Museums of Korea, Information on the Registered Museums & Art Museums, 1996, p.192.

Mintz, A., Media and Museums: A Museum Perspective, In: The Virtual and the Real: Media in the Museum, S. Thomas and A. Mintz(Ed.), American Association of Museums, 1998, pp.19-34.

MNHN, Museum National d'Histore Naturelle, 1989, p.44.

Myers, N., The Rich Diversity of Biodiversity Issues, In: M.L. Reaka-Kudla, D.E. Wilson, E.O. Wilson(ed.), Biodiversity II, Joseph Henry Press, 1997, pp.125-138.

NHM, Science and the Media: Explaining the explanations, In: Nature's Treasurehouses?, Conference Programme, The Natural History Museum, London. 4-7 April, 2000.

NMNH, Mission Statement and Annual Report, Smithsonian Institution, Washington D.C., 1992.(Davis, 1996, p.54.)

Oldfield, M.I., The Value of Conserving Genetic Resources. US Department of Interior, Washington D.C., 1984.

Oliver, J.A., Museum Education and Human Ecology, Museums News, May 1970, pp.27-30.

OTA(US Congress of Technology Assessment), Technologies to Maintain Biological Diversity, US Government Printing Office, Washington D.C., 1987.

Pike, S.J., J.E. Winston, State Natural History Museums: Results of a Survey ASC Newsletter, 2000, 28, 4: 5-8.

Raven, P.H., Biodiversity and the Human Prospect. In: C.H. Chou and K.T. Shao(Ed), Frontiers in Biology: The Challenges of Biodiversity. Biotechnology and Sustainable Agriculture, 1998, pp.1-9.

Reid, W.V., How many species will there be?, In: Whitmore, T.C, and Sayer, J.A.(Ed.),

Tropical Deforestation and Species Extinction, Chapman Hall, London, U.K., 1992, pp.55-73.

Reis, J.J., Man, Nature and Museums, Museum News, April 1972, pp.25-27.

Richter, F.D., What Do Schools Want from Museums?, In: B.Sheppard.(Ed.) Building museum and school partnerships. American Association of Museums, 1993, pp.7-13.

Rivere, G.H., The Ecomuseum: an evolutive definition, Museum, 1985, 37(4): 182-183.

Robbins, R.K. and P.A. Opler, 1997. Butterfly Diversity and a Preliminary Comparison with Bird and Mammal Diversity. In: Biodiversity Ⅱ, 1997. (Ed.) Reaka-Kudla, M.L., D.E. Wilson and E.O. Wilson. pp. 69-82.

Sandlund, O.T., Hindar K. & Brown A.H.D.(eds), Conservation of Diversity for Sustainable Development. Scandinavian University Press, Oslo, 1992.

Savage, J.M., Systematics and the Biodiversity Crisis, BioScience, 1995, 45, 10: 673-679.

Sheppard, B., The Perfect Mix: Museums and Schools, In: B. Sheppard(Ed.), Building museum and school partnerships, American Association of Museums, 1993, pp.1-5.

Shiba, Directory of Organizations in Japan, 1989.

Sloan, P.R., Natural History 1670-1802, In: (Ed,) R.C. Olby, G.N. Cantor, 1990.

Smithsonian Institution and American Association of Museums, Museums for the New Millenium, 1997.

Snider, H.W., Museums and handicapped students, Guidelines for educators, Smithsonian Institution, Washington D.C., 1977.

Soule, M.E., Conservation tactics for a constant crisis, Science, 1991, 253: 744-749.

Stork, N., Measuring Global Biodiversity and Its Decline, In: M.L. Reaka-Kudla, D.E. Wilson, E.O. Wilson(ed.), Biodiversity II, Joseph Henry Press, 1997, pp.41-68.

Sullivan, R.D., Keynote Speech: Vision 2000, In: Research within the Museum: Aspirations and Realities, Proceedings of the Symposium, Dec. 13-14, 1993, The National Museum of Natural Science, Taichung, Taiwan, 1994, pp.1-12.

Tech Univ. Press, 1991, p.252.

Thomas, S., Introduction, In: The Virtual and the Real: Media in the Museum, S. Thomas and A. Mintz(Ed.), American Association of Museums, 1998, pp.viii-xi.

Tilden, F., Interpreting Our Heritage, Chapel Hill, NC, Univ. of North Carolina Press, 1977.

Tirrell, P.B., Travelling Exhibits as a Strategy for Univeristy-State Museum of Natural History, In: Cato, P.S. and C. Jones(Ed.), Natural History Museums: Directions for Growth, Texas Tech Univ. Press, 1991, pp.159-170.

Trojan, Lee B.H., Sterzynska M., (Ed.) Fauna and Flora of the Korean Peninsula: Their Inventory, Systematics and Evolution in Perspective of Biodiversity Conservation. Polish-Korean Joint Seminar, Pultusk, Poland, Fragm. Faun, 16-18 September 1996, pp.140.

UNEP, The Convention on Biological Diversity, 1994, p.34.

UNESCO, International Programme in Environmental Education, Paris, 1977, p.20.

Vietmeyer, N.D., Lesser-Known Plants of Potential Use in Agriculture and Forestry, Science, 1986, 232: 1379-1384.

Wilson, E.O., Biophilia, Harvard Univ. Press, 1984, p.157.

Wilson, E.O., The Current State of Biological Diversity In: Biodiversity, National Acadenry Press, Washington D.C., 1988, pp.3-18.

Wilson, E.O., Threats to Biodiversity, Sci. Amer., 1989, (September): 108-116.

Zhou, G., The Status and Role of Science Museums in Future Society, National Science Museum, Daejon, Oct. 10, 1990,

자연사박물관과 생물다양성

1판 1쇄 펴냄 2000년 11월 20일
1판 3쇄 펴냄 2014년 1월 24일

지은이 이병훈
펴낸이 박상준
펴낸곳 (주) 사이언스북스

출판등록 1997. 3. 24.(제16-1444호)
주소 135-887 서울시 강남구 신사동 506 강남출판문화센터
대표전화 515-2000 팩시밀리 515-2007
편집부 517-4263 팩시밀리 514-2329
www.sciencebooks.co.kr

© 이병훈, 2000. Printed in Seoul, Korea.

ISBN 978-89-8371-047-5 93060